U0172765

中间型海洋-大气耦合模式及其 ENSO 模拟和预测

张荣华　高　川　王宏娜　陶灵江　著

科 学 出 版 社

北 京

内 容 简 介

本书介绍了中国科学院海洋研究所发展和改进的一个中间型热带太平洋海洋-大气耦合模式（简称"IOCAS ICM"），以及基于此模式开展的厄尔尼诺-南方涛动（El Niño-Southern Oscillation，ENSO）数值模拟和实时预测试验，包括一些与 ENSO 发生和发展相关的过程分析和机理认知等研究；为进一步改进模式模拟和实时预测而成功发展的一个基于 IOCAS ICM 的四维变分资料同化预测系统，开展基于四维变分资料同化方法对模式初始场和模式参数的最优分析及基于条件非线性最优扰动方法的可预报性研究等。书中给出了基于 IOCAS ICM 对 ENSO 演变及相关的热带太平洋海表温度场的数值模拟、过程分析、历史回报、实时预测、同化改进和可预报性等研究结果，对更深入研究热带太平洋海洋-大气年际异常时空演变和海气相互作用过程等具有普遍的参考价值，也为开展相关数值模拟和预测提供了理论与模式基础。

本书可供海洋、大气、全球变化和地球系统科学等相关专业的研究人员参考。

图书在版编目（CIP）数据

中间型海洋-大气耦合模式及其 ENSO 模拟和预测 / 张荣华等著 . —北京：科学出版社，2021.1
　ISBN 978-7-03-067235-3

　Ⅰ.①中… Ⅱ.①张… Ⅲ.①太平洋-海气相互作用-气候预测-研究
Ⅳ.①P732.6

中国版本图书馆 CIP 数据核字（2020）第 253743 号

责任编辑：杨明春 / 责任校对：张小霞
责任印制：肖　兴 / 封面设计：图阅盛世

科 学 出 版 社 出版
北京东黄城根北街 16 号
邮政编码：100717
http://www.sciencep.com

北京九天鸿程印刷有限责任公司 印刷
科学出版社发行　各地新华书店经销
*
2021 年 1 月第 一 版　开本：787×1092　1/16
2021 年 1 月第一次印刷　印张：18
字数：427 000
定价：238.00 元
（如有印装质量问题，我社负责调换）

序

预测未来天气和气候等的变化，是地球系统科学研究的主要目的之一。气象学家们对大气运动所满足的大气流体动力学和热力学定律进行理论推演，得到了一组表述大气运动和状态演变的偏微分方程，在已知的大气当前状态和一定的环境条件下，求解这些方程以获得未来 1~2 周大气状态的数值解。目前数值天气预报理论与方法已相当成熟，取得了令人瞩目的巨大成功和实际应用效果。

但是，目前气候预测的基础理论和技术方法等还处于艰难的探索阶段。如果说天气预报只是"猜老天爷将来的心思"，那么气候预测则同时还要"揣摩海龙王将来的心思"，这是因为气候预测涉及大气与海洋间的耦合和相互作用，难度会更大。厄尔尼诺-南方涛动（El Niño-Southern Oscillation, ENSO）是发生在热带太平洋中最强的年际变率信号，通过大气遥相关过程，可引发全球天气、气候异常，将对环境和社会产生深远影响。20 世纪 60 年代以来，关于 ENSO 理论和模式发展方面的进步，使得当前 ENSO 预测时效可达 6 个月以上，并基于 ENSO 预测结果可进一步开展相关的短期气候预测，如美国哥伦比亚大学国际气候研究所（International Research Institute for Climate and Society, IRI）整合了世界各国 20 多个 ENSO 模式关于热带太平洋海表温度异常的预测产品，定期发布 ENSO 实时预测结果。

ENSO 预测是继数值天气预报之后，地球科学预测研究和实际应用中最成功的范例之一。尽管如此，在 ENSO 实时预测方面，仍然存在着较大的不确定性和模式误差，特别是春季预报障碍现象的存在导致 ENSO 预测技巧快速下降。进一步有效地改进 ENSO 实时预测是一个国际性难题和前沿科学研究重点，需要从多方面开展研究，包括海气耦合模式的发展和改进、物理过程的更合理表征和可预报性理论研究等。

《中间型海洋-大气耦合模式及其 ENSO 模拟和预测》主要介绍了张荣华及其合作者所发展的一个中间型海洋-大气耦合模式及其应用。该模式为 ENSO 分析和预测打造了一个创新的模式平台。自 2003 年以来，一直通过 IRI 网站向国际学术界提供 ENSO 实时预测结果。自 2015 年 8 月起，该模式经过优化改进后，以中国科学院海洋研究所命名（Institute of Oceanology, Chinese Academy of Sciences intermediate coupled model, IOCAS ICM），成为首个以我国国内单位命名的海气耦合模式为国际学术界提供 ENSO 实时预测结果，彰显了我国在 ENSO 数值模拟和预测方面的成果，提升了我国在该领域的国际地位和影响力。

该书的内容很好地体现了张荣华博士的个人研究风格与特征。对 IOCAS ICM 的介绍全面具体而详细，包括模式的构建、ENSO 数值模拟、动力学过程机制研究、实时预测、资料同化方法应用和可预报性研究等，展示了 ENSO 相关研究的一些最新成果，并试图回答以下一些问题：为什么能做 ENSO 预测？ENSO 预测是怎样做出来的？影响 ENSO 预测的主要因子有哪些？目前利用海气耦合模式对 ENSO 模拟和预测的现状和挑战是什么？存在的瓶颈问题和亟须解决的技术难点有哪些？等等。该书可为大气和海洋科学等相关领域的科研人员全面了解 ENSO 相关理论和模拟及预测等提供很好的参考，为更深入地开展 ENSO 研究提供理论基础和方法引导；另外，该模式在国内相关单位已有不少的应用，该书也可以为广大科技工作者使用这一模式提供帮助。

我与张荣华博士相识于 20 世纪 80 年代，当时他在中国科学院大气物理研究所攻读研究生，开始致力于海洋模式的发展和改进，其在博士论文导师曾庆存院士和张学洪研究员的指导下，在国际上率先发展了一个自由表面大洋环流模式，并成功地利用自由表面大洋环流模式对太平洋环流的季节和年际变化等进行了数值模拟。这一创新成果为推动大洋环流模式从"刚盖"近似向自由表面模式的发展和改进奠定了科学基础；中国科学院大气物理研究所发展的自由表面大洋环流模式中的处理方法，也为后来国际上发展自由表面大洋环流模式所广泛采用。2013 年，我在中国科学院海洋研究所工作期间，又竭力向胡敦欣院士与时任所长孙松推荐他，促成了他全职归国工作，并有幸与他在中国科学院海洋环流与波动重点实验室工作数载，见证了他初心不改，归来仍然少年的奋发英姿。

还应该指出，张荣华博士三十余年来已发展了不同类型的热带海洋–大气耦合模式，如中间型海气耦合模式（ICM）、混合型海气耦合模式（HCM）和环流型海气耦合模式（CGCM）等，并十分有效地改进了海洋–大气耦合模式中的参数化过程和关键性耦合技术，如次表层海温反算技术、单个海表温度方程的嵌套技术、利用卫星资料进行气候反馈过程参数化和海洋生物引发的加热效应参数化等。近年来，张荣华博士等进行了热带太平洋海洋–大气耦合模式与地球系统其他圈层（如海洋生物和化学过程等）间的耦合，发展了一个简化的热带地球系统模式，为进行跨学科数值模拟研究奠定了基础。该书所介绍的中间型海气耦合模式及其对 ENSO 的模拟和预测应用，只是他所发展和改进的众多海气耦合模式中的一种。我们期望他与他的团队再接再厉，今后把更新、更丰富的大作贡献给广大读者。

复旦大学大气与海洋科学系/大气科学研究院

2020 年 11 月 3 日于复旦大学江湾校区林太钰楼

前　言

厄尔尼诺–南方涛动（El Niño-Southern Oscillation，ENSO）是仅次于季节变化的最强年际气候变率信号，是热带太平洋海洋–大气相互作用的产物，其发生和演变受地球流体动力学和海气相互作用过程所控制，具有明确的动力机理，可用大气–海洋耦合模式来进行数值模拟；同时，因热带太平洋海洋年际异常的可持续性及所提供的低频记忆，ENSO现象具有一定的可预报性。虽然ENSO发生在热带太平洋海区，但其可通过大气遥相关过程，对全球天气、气候产生重大影响，是气候系统年际异常的主要引导源和贡献者，也对环境和社会产生深远影响。由此，ENSO为短期气候预测提供了物理基础。

近几十年来，学者们对ENSO开展了广泛而深入的研究，并已取得巨大进展。例如，已发展了各类海洋–大气耦合模式来进行数值模拟和实时预测（用于ENSO模拟的海气耦合模式可按复杂程度分为中间型、混合型以及环流型等），特别是目前已开展了提前半年至一年的ENSO实时预测试验。然而，目前ENSO数值模拟和实时预测仍有很大的偏差和不确定性。一方面是由于ENSO本身的多变性、多样性和复杂性；同时，人们对ENSO时空演变特征和影响ENSO预测的因素等还认识不足，需对ENSO特性和可预报性进行深入的理论分析。另一方面，数值模式对影响ENSO的多尺度和多圈层过程的表征还不够准确，导致模式模拟误差和预测的不确定性和差异性等，模式需要有效的改进；另外，预测过程和方法也需要进一步完善（如各类观测资料的应用和相应的同化方法的开发构建等）。总之，目前学术界对ENSO准确模拟和实时预测仍面临着巨大的挑战，需进一步改进和提高。

在中国科学院海洋研究所、海洋大科学研究中心、青岛海洋科学与技术试点国家实验室、中国科学院第四纪科学与全球变化卓越创新中心和国家自然科学基金委等的资助下，我们已发展和改进了一个中间型海气耦合模式（ICM），并应用于ENSO相关的数值模拟和实时预测研究。特别地，考虑到次表层海洋热力异常对海表温度有决定性的影响，该模式的关键部分是如何表征海洋次表层海水上卷进入混合层中的海水温度，为此开发了次表层海水上卷温度反算优化方法，结果表明，该模式对ENSO模拟性能良好。在此基础上，进一步发展了中间型ENSO实时预测系统。自2015年以来，中国科学院海洋研究所发展的中等复杂程度海洋–大气耦合模式（简称"IOCAS ICM"），每月定期进行ENSO实时预测试验，其结果收录于美国哥伦比亚大学国际气候研究所（International Research Institute for Climate and Society，IRI），以作进一步的集成分析和应用（详情请见：https://iri. columbia. edu/our-expertise/climate/forecasts/enso/current/），这是首个以我国国内单位命名的海气耦合模式为国际学术界提供ENSO实时预测结果。IOCAS ICM为ENSO分析和预测打造了一个创新的模式平台，提升了我国在ENSO实时预测方面的国际地位。

基于上述工作，本书较详细地介绍了IOCAS ICM以及基于IOCAS ICM所开展的数值模拟和实时预测研究成果。本书共包括 7 章：第 1 章为绪论，简要介绍了 ENSO 的研究进展及意义；第 2 章为模式介绍，重点介绍了 IOCAS ICM 相关的主要组成部分；第 3 章给出了一些基于 IOCAS ICM 对 ENSO 的动力过程所进行的分析和数值模拟结果，如对 2010–2012 年拉尼娜事件二次变冷和 2014–2016 年厄尔尼诺事件二次变暖的过程分析；第 4 章为 ENSO 历史回报试验和实时预测试验结果分析；第 5 章为模式的扩展应用，主要介绍了基于 IOCAS ICM 的四维变分资料同化方法的应用；第 6 章介绍了条件非线性最优扰动方法在 IOCAS ICM 中的应用，及对 ENSO 可预报性和预测改进的相关研究；第 7 章为本书的总结与展望。

本书相关工作得到中国科学院战略性先导科技专项"地球大数据科学工程"子课题"全球海洋时空过程模拟及预测模型"（XDA19060102）、中国科学院战略性先导科技专项（XDB40000000，XDB4200000）、"全球变化与海气相互作用"专项（GASI-IPOVAI-06）、国家自然科学基金项目［41690122（41690120），41705082，41421005，41490644（41490640）］、国家重点研发计划项目［2017YFC1404102（2017YFC1404100）］、中国科学院战略性先导科技专项"热带西太平洋海洋系统物质能量交换及其影响"子课题"ENSO 模拟和实时预测模式研制"（XDA11010105）、青岛海洋科学与技术试点国家实验室"鳌山人才"计划和山东省"泰山学者"计划等的资助。感谢穆穆、陈大可、张人禾、胡敦欣、吴立新、戴永久、王会军、戴民汉、智海、方向辉、王凡、孙松、尹宝树、刘秦玉、唐佑民、王东晓、段晚锁、王彰贵、金飞飞、吴新荣、王强、郑飞、朱杰顺、胡增臻、朱江、俞永强、乔方利和任宏利等老师对本书工作所提出的宝贵意见，也要特别感谢 N. Keenlyside、R. Kleeman、S. Zebiak、A. J. Busalacchi 和 T. Barnston 等对发展 IOCAS ICM 所提供的帮助。

本书对 ENSO 数值模拟和预测、ENSO 动力学和热带海气相互作用过程分析等具有一定的参考价值，可供大气和海洋科学等相关专业的研究人员参考。本书亦可作为中国科学院大学海洋学院教学的参考用书。由于时间仓促，难免存在不足之处，恳请读者指正。

目　　录

第1章 绪 论

厄尔尼诺（El Niño）是指赤道中东太平洋海表温度大范围异常升高现象，而拉尼娜（La Niña）是指相应的海表温度异常降低现象；南方涛动（Southern Oscillation，SO）是指热带东太平洋（对应的大气表层为高压区）与西太平洋（对应的大气表层为低压区）之间海平面气压的年际变化呈相反趋势的现象，可用塔希提岛（12°S，150°W）和达尔文（12°S，130°E）两地地面站的海平面气压来定量化这种相反的年际变化信号（其差值定义为SO指数）。厄尔尼诺事件对应的南方涛动为负位相，而拉尼娜事件对应的南方涛动为正位相（Philander，1990；巢纪平，2003）。厄尔尼诺和南方涛动的组合（El Niño-Southern Oscillation）简称"ENSO"，是热带太平洋年际时间尺度上的海气耦合现象，具有2~7年的准周期振荡，是地球气候系统中最强的年际变率信号。虽然ENSO是热带太平洋海气耦合和相互作用的产物，但其可通过大气遥相关引发全球天气和气候异常（Hoskins and Karoly，1981；Wallace et al.，1998），也对我国天气和气候异常产生重大影响（曾庆存等，1990，1999；李崇银等，2008；王会军等，2012；丁一汇和王会军，2016；Yang et al.，2018）。如2015年热带太平洋经历了一次超强厄尔尼诺事件，引发全球范围的气候异常和极端天气过程的产生。因此，准确、及时、有效地预测ENSO事件的发生、发展和演变具有重大的科学和现实意义。过去几十年来，学术界和相关业务部门已对ENSO进行了广泛而深入的研究，并取得了重大进展，包括理论认知、模式发展和模拟预测等。随着海洋观测技术的发展和资料的积累（张人禾等，2013；Chen et al.，2018），海洋资料同化已被广泛应用于ENSO实时预测试验中，极大地推动了ENSO模拟和预测研究的深入开展（Zhang et al.，2020）。

目前，世界各国研究和业务单位都已开发了相应的海气耦合模式，用于ENSO数值模拟和预测试验研究。正是基于各类复杂程度不同的海气耦合模式的发展和应用，使得对ENSO进行实时预测成为可能，目前已经有超过20个模式用于对ENSO现象提前半年至一年的实时预测试验（图1.1），详情请见美国哥伦比亚大学国际气候研究所网站：https://iri.columbia.edu/our-expertise/climate/forecasts/enso/current/，ENSO实时预测成为目前国际上短期气候预测领域最为成功的范例之一（McPhaden et al.，2006；张荣华和王凡，2016）。以下对ENSO相关的一些问题作进一步展开介绍。

1.1 ENSO研究历史简要回顾

在早期的ENSO相关研究中，人们发现有些年份秘鲁沿岸会出现一支向南流动的季节性暖洋流［因其大多发生在圣诞节前后而被当地渔民称为"圣婴"（即厄尔尼诺）］，学者们当初对这一现象的认知是相当粗浅的，认为它是单独受局地大气强迫作用所产生的。例

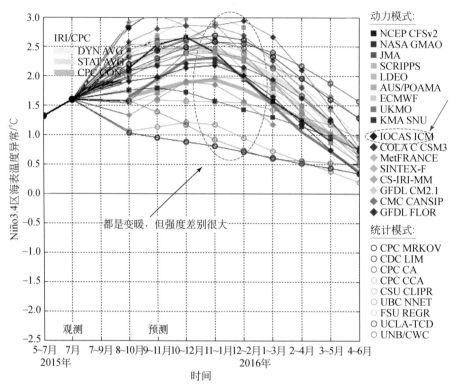

图 1.1　不同海气耦合模式以 2015 年 8 月作为初始场进行实时预测得到的
2015～2016 年热带太平洋海表温度异常随时间的分布

纵坐标为 Niño3.4 区（5°S～5°N，170°～120°W）区域平均的海表温度异常；横坐标为时间；黑线为观测值；其他有
色曲线为不同模式（包括 IOCAS ICM）预测的结果，是由 IRI 和 CPC 提供的［其中 IRI 是美国哥伦比亚大学国际气候
研究所（International Research Institute for Climate and Society，IRI）的缩写，十几年来一直致力于 ENSO 预测及其相关
气候预测分析和应用；CPC 是美国海洋和大气管理局（NOAA）的气候预测中心（Climate Prediction Center，CPC）的
缩写］。图中给出了目前国际上主要研究和业务机构所发展的模式对 2015 年厄尔尼诺事件的实时预测结果，其中以中
国科学院海洋研究所冠名的中等复杂程度海气耦合模式（IOCAS ICM）也被收录其中。该图取自美国哥伦比亚大学的
IRI 网站（https：//iri. columbia. edu/our-expertise/climate/forecasts/enso/2015- August-quick-look/）

如，在 20 世纪 60 年代以前，基于有限观测资料的分析，研究人员揭示出热带太平洋海表
面温度场和海表大气要素场（如海平面气压）等年际异常特性，但厄尔尼诺和南方涛动是
各自作为海洋和大气中的两个独立现象被分别研究的，其中海洋学家常把热带太平洋海表
温度异常归因于其上吹动的风场的改变，而气象学家会把海表风应力变化归因于太平洋海
表温度的变化，这种把大气异常归因于海洋、而把海洋变化归因于大气的绕圈解释类似于
"是先有鸡还是先有蛋"的问题，是很难明确区分其因果关系的。进入 20 世纪 60 年代以
后，学者们发现赤道东太平洋和南美沿岸海表增暖现象不是孤立出现的区域性海洋现象，
而是受整个热带太平洋海气过程及其相互作用的影响（图 1.2），厄尔尼诺发生、发展和
影响具有全球尺度，秘鲁沿岸和赤道东太平洋海表温度异常仅反映了整个太平洋海气系统
年际变化的一个窗口；特别是认识到厄尔尼诺和南方涛动是热带太平洋大尺度海气相互作
用中一个现象的两个方面，开始把海洋、大气作为一个相互作用的整体来加以研究，开创

了从简单统计分析到动力过程诊断研究的新纪元，从而奠定了现代 ENSO 动力学的基础（Bjerknes，1969；图 1.3）。其后的 70 年代到 80 年代初，学者们发现了西太平洋风场强迫对赤道东太平洋海表温度的远程影响（Wyrtki，1975）；发展了海气相互作用不稳定性理论，同时提出了大气遥相关的概念［即热带海洋海表温度异常可通过大气中的哈德莱（Hadley）环流等影响副热带和中高纬地区的天气、气候等；Hoskins and Karoly，1981］，总结出经典 ENSO 模型及其发生、发展和演变的基本规律（Rasmusson and Carpenter，1982）；发展了各种 ENSO 循环理论，包括延迟振子理论（Schopf and Suarez，1988）、充放电理论（Jin，1997）、西太平洋延迟振子理论（Weisberg and Wang，1997）和平流-边界反射理论（Picaut et al.，1997）等。开始用统计模式和简化的海气耦合模式对 ENSO 的发生和发展过程进行定量分析和模拟（McWilliams and Gent，1978；Philander，1990，1999）。然而，1982～1983 年发生了一次"出人意料"的强厄尔尼诺事件，其强度、发生发展方式和相关海气异常传播方向等均与传统的厄尔尼诺事件明显不同（Rasmusson and Carpenter，1982），这种 ENSO 所表现出来的不同事件间的差异性对当时 ENSO 的认知和理论模型等都提出了严峻的挑战（符淙斌和弗莱彻，1985）。

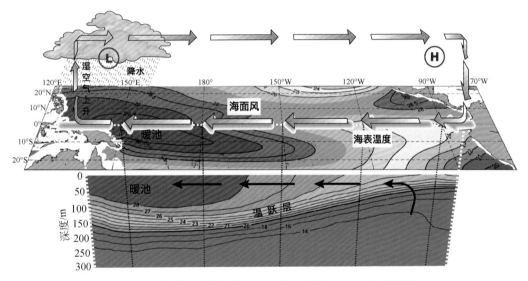

图 1.2　热带太平洋海洋-大气耦合系统平均态分布示意图

基本要素包括海面风、海表温度、海洋温跃层、西太平洋暖池、西太平洋降水和湿空气上升区、赤道东太平洋和南美沿岸的海洋上升流等。其中 L 表示低压、H 表示高压；大气中垂直-纬向的大气环流圈被称为"沃克环流"，包括大气低层自东向西的表层信风带、在西太平洋暖池上空的上升流、大气高层自西向东的西风带及其在中美洲区域的下沉区等。海洋中包括沿赤道自东向西的南赤道洋流、赤道东太平洋和南美沿岸的海洋上升流区等

　　为全面认清 ENSO 的可变性和复杂性，国际上开展了观测、理论和数值模拟等多方面的综合研究。如由国际气候研究计划（World Climate Research Programme，WCRP）提出并于 1985 年实施的为期 10 年的研究热带海洋和全球大气的国际合作计划（tropical ocean and global atmosphere，TOGA；McPhaden et al.，1998；Trenberth et al.，1998；Wallace et al.，1998），掀起了研究 ENSO 形成机制和海气相互作用动力学的高潮｛参见 *Journal of Geophysical Research：Oceans* 的 TOGA 专刊［103（C7）］；McPhaden et al.，1998｝，并可提

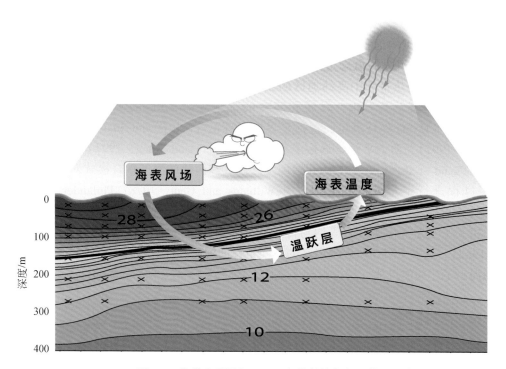

图 1.3　热带太平洋与 ENSO 相关的海气相互作用示意图

ENSO 是热带太平洋海气耦合作用的产物, 起源于海表大气风场 (信风)、海表温度场和海洋温跃层之间的相互作用 [即所谓的温跃层反馈机制 (thermocline feedback)]。图的下半部分给出上层海洋温度的气候平均态沿赤道 (2°S～2°N 之间的平均) 随深度–纬圈的分布, 其中温跃层在热带西太平洋海区比较深厚, 沿赤道自西向东逐渐抬升, 而到东边变得浅薄。这种温跃层结构使得赤道东太平洋海区次表层海洋热力异常更能影响到海表温度场

供热带太平洋大气和海洋实时观测数据 (图 1.4)。自 20 世纪 80 年代中后期以来, 广泛开展了基于海洋–大气耦合模式的模拟研究, 特别是借助于简化的海气耦合模式分析了不稳定海气相互作用机理、ENSO 起源机制和循环过程等 (Neelin et al., 1998; Wang, 2018), 并开始对 ENSO 事件进行基于海气耦合动力模式的预测试验, 如在 1986 年首次用动力模式对 1986-1987 年厄尔尼诺事件进行了预测研究 (Cane et al., 1986), 并获得了令人鼓舞的初步成功, 为后来采用动力模式开展实时 ENSO 预测奠定了数理基础。并且, 进一步发展了不同类型的海气耦合模式 (Zhang et al., 2020), 包括中等复杂程度的耦合模式和环流型模式 (general circulation models, GCMs) 等, 这些耦合模式已可以合理地表征热带太平洋海区与 ENSO 相关的海气年际异常 (图 1.5), 并广泛应用于 ENSO 数值模拟和过程认知等研究中。同时, 开展 ENSO 可预报性研究以为实时预测提供理论指导 (穆穆等, 2017), 如确定模式初始场误差最不稳定增长特征和目标观测的敏感性等。进一步开展 ENSO 实时预测试验 (Chen et al., 1995; Zhang et al., 2003, 2013; Barnston et al., 2012)。

随着对 ENSO 认知的逐渐深入和实时预测的广泛开展, 人们从观测和基于模式模拟研究中发现了更多有关 ENSO 令人捉摸不透的特性。由于海气相互作用以及各种相关动力过程的复杂性和非线性, ENSO 事件的发生和发展具有极大的可变性和多样性, 如 ENSO 不

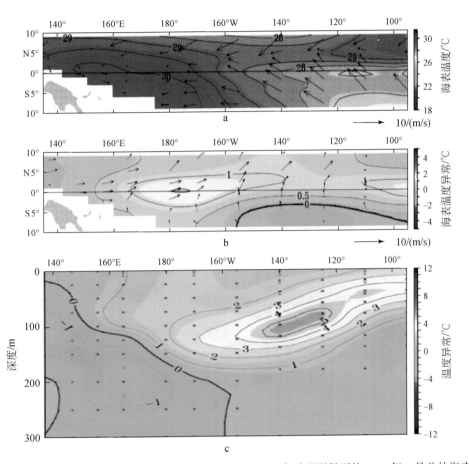

图 1.4　热带大气和海洋（Tropical Atmosphere Ocean，TAO）实时观测得到的 2015 年 4 月总的海表温度和风应力（矢量）水平分布（a）和相应异常场的水平分布（b）；沿赤道（2°S~2°N 之间平均）的上层海洋温度年际异常随深度–纬圈的分布（c）

这些图直接取自 TAO 实测网站（http：//www. pmel. noaa. gov/tao/；由 global tropical moored array program office，NOAA/PMEL 所运行和管理）

规则性、ENSO 季节锁相特性、ENSO 冷暖位相的不对称性、两类厄尔尼诺事件、ENSO 年代际变化、多时间尺度和跨区域海气过程对 ENSO 的调制影响等。ENSO 所表现出的这些多样性和复杂性对 ENSO 现象的理解和表征等提出了新的挑战（Zhang et al.，1998；Capotondi et al.，2015；Chen et al.，2015；Timmermann et al.，2018），人们对 ENSO 现象的研究重点从早期 Rasmusson 和 Carpenter（1982）所描述的共性问题转移到个性问题上来，进一步发现 ENSO 事件的发展和演变与 Rasmusson 和 Carpenter（1982）所描述的 ENSO 经典模型有所不同。如上所述，在 1982~1983 年，热带太平洋产生了一次超强厄尔尼诺事件，这次事件的演变与以往经典的厄尔尼诺事件有着显著差异，包括它的发生时间以及海表温度异常在赤道太平洋中的传播方式等。同样地，最近一次 2015 年强厄尔尼诺事件的演变也与 1997-1998 年和 1982-1983 年厄尔尼诺事件的形成过程和增温方式不同。例如，2015 年厄尔尼诺事件可能与在 2014 年早期发生于赤道中太平洋的较弱的持续性增暖信号有关：这一增暖信号在 2014 年年中和年末逐步减弱；随后于 2015 年春季，赤道中东太平洋海表温度迅速二次变高，并在 2015 年年末达到最强（Zhang and Gao，2017）。确实，观测和模拟表明，ENSO 活动强弱有活跃期和不活跃期之分：在有些时期，ENSO 活动频繁，对应的海表温度年际变率振幅显著增强；而在有些时期，厄尔尼诺活动明显减弱，年际变率振幅变小。同时，ENSO 特性也会发生改变，有些时段海表温度异常沿赤道以东传或准静止为主，但有些时段以西传为主。另外，ENSO 两个位相（厄尔尼诺和拉尼娜）及其转换和循环有时会发生不对称性，如有些情况，厄尔尼诺或拉尼娜可持续多年，而另一位相难以出现等。关于为什么 ENSO 会在某一个时段活跃而在另一时段不活跃甚至消失等问题涉及 ENSO 年代际变化及调制作用。当前，ENSO 经典理论难以解释这些不同类型 ENSO 事件的发生和 ENSO 年代际变化等，现行的耦合模式对 ENSO 多样性的表征、模拟和预测仍有困难。

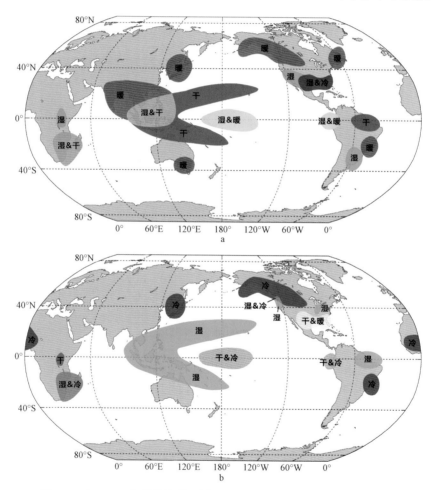

图 1.5　与 ENSO 相关的海洋-大气异常通过大气遥相关过程所产生的
全球众多区域季节降水和温度变化示意图

图中给出厄尔尼诺（a）和拉尼娜（b）现象发生时所伴随的全球气候异常的分布。这些区域性气候异常与 ENSO
间的关系是从历史资料中提炼出来的，为基于 ENSO 现象开展相应的气候年际异常预测提供了观测基础和经验指导

影响 ENSO 演变的因素很多，包括热带太平洋气候系统中各种强迫和反馈过程的调制影响，如大气中的随机高频强迫作用（如西风爆发等；Lian et al.，2014；Chen et al，2015）。此外，ENSO 还受到热带太平洋以外其他海区的强迫和反馈过程、全球变暖以及自然变率与人类活动所导致的气候变化之间相互作用等的影响（Zhang et al.，1998；Cai et al.，2018）。其中 ENSO 表现出年代际和更长时间尺度上的变化，这可能反映了全球变暖与 ENSO 之间的相互作用，导致气候态及海气变量之间关系等的年代际改变。例如，一方面，ENSO 调制及相关过程表现出对全球变暖的响应（即在全球变暖背景下 ENSO 特性有所改变）；另一方面，ENSO 同时对全球增暖产生反馈影响，如持续多年的厄尔尼诺事件会增强全球增暖的强度。这样，全球增暖可与年际尺度的 ENSO 模态相互作用，导致 ENSO 的复杂性和多样性。从对大气的遥影响来看，ENSO 本身受多种因素的调制影响而发生改变，其对大气的遥影响方式也会发生改变，包括海表温度异常所产生的遥影响的时空结构和演变等。但全球增暖是怎样调制 ENSO 和相关遥影响等问题还不是十分清楚，对 ENSO 变化起主导作用的具体过程仍未有很好的认知，这为利用耦合模式开展 ENSO 多样性模拟及其实时预测提出了极大的挑战，需从理论和数值模拟等方面来探索和认知。

1.2　ENSO 预测的物理基础

目前，我们所熟知的数值天气预报已非常成功，它是建立在数学物理基础之上的大气科学的分支学科，其理论基础是大气动力学（即大气作为一种旋转地球上的自然流体，其大尺度运动遵循地球流体动力学的基本规律），其研究对象是天气现象时空演变及相关动力过程。从数学角度来看，数值模式是建立理论（如天气系统演变规律和相关动力学）和解决实际问题（天气预报）必不可少的工具。大气科学家已通过对大气运动所满足的大气流体动力学和热力学定律进行理论推演，得到了一组表述大气运动和状态的偏微分方程（称之为"大气运动基本方程组"），包括运动方程、热力学方程、连续方程、状态方程和水汽方程等，在已知大气当前状态和一定的环境条件（包括边界条件）下，求解这些方程组可获得未来（1 周之内）大气状态的数值解，这就是所谓的数值天气预报。作为一个初值问题，一定区域的天气现象（如降水等）受局地天气系统的控制（如低压系统和锋面系统等），认知和预报这些天气系统的形成和发展是准确做好天气预报的前提。影响未来天气预报精度的因素众多，包括大尺度物理过程和局地过程（如地形作用）等在模式中的合理表征、从观测资料获取模式预报所需的初始场、同化技术和预报方法等。其中，在空间尺度上，数值天气预报主要是要考虑局地大气过程的影响；因时间尺度比较短（在 1 周之内），大气的初始状态对未来天气系统的演变至关重要，预报时刻需要有准确描述大气运动状态的初始场，目前的天气系统观测网已能为天气预报提供所必需的初始场。几十年的相关研究已形成了跨学科的天气数值预报系统，包括完整的数学物理理论体系和完善的观测体系等。近几年，随着观测技术和计算技术的蓬勃发展，数值天气预报理论已相当成熟，其实践经验也十分丰富，为未来天气预报提供科学依据。数值天气预报已在世界各国得到了广泛的应用，包括理论研究和业务应用，特别是提供日常的气象预报服务等。

对于 ENSO 而言，其数值预测在原理和方法上与数值天气预报基本上是类同的，如

ENSO 预测也是一个初值问题,即在已知大气和海洋当前状态及一定的环境条件(包括边界条件)下,同时求解大气和海洋耦合所组成的地球流体动力学方程组来获得未来(季节到年际)大气和海洋状态的数值解。但 ENSO 预测远比天气预报要困难得多,具有更大的不确定性和模式误差,其原因是多方面的,包括 ENSO 本身的多样性和复杂性。从过程而言,ENSO 可预报性源自海气相互作用,ENSO 相关海气状态(如海表温度)受多种外界强迫和内部反馈过程等的直接和间接影响。以往的数值试验表明,海气耦合系统正是通过边界条件的变化及其与海气内部过程间的相互作用有效延长了 ENSO 的可预报性(即比单独的大气系统或海洋系统在给定的边界条件作用下具有更长的可预报性)。因此,ENSO 预测不仅受大气和海洋本身过程的影响,还受海气耦合过程及其相互作用的共同影响。从空间尺度上,海洋异常信号会在整个洋盆范围内传播,并对海表温度产生远程影响,所产生的海表温度异常进而可引发大气响应和海气相互反馈效应。因此,ENSO 过程涉及整个热带太平洋不同海区的海气过程及其相互作用。在时间尺度上,ENSO 是一个季节到年际时间尺度上的缓慢过程,在这么长的时间尺度上,海表温度受洋盆范围内的海气过程及其相互作用的共同影响,其时空演变以一种缓慢动态的方式在进行,这些为 ENSO 的产生提供了低频记忆,即当前海表温度状态是各种过程作用下的一种动态平衡,其时空演变反映了先前各种过程共同作用的净影响,海表温度变高或变低取决于各种海气过程相互作用的相对大小。当海气过程相互作用的时空特征发生改变时,其对海表温度影响的方式也会发生改变;同时,海表温度在其沿洋盆时空演变过程中还会受到一些意想不到的过程的影响,导致 ENSO 的演变出现极大的不确定性。当利用耦合模式对 ENSO 进行提前半年到一年的预测时,耦合模式时间积分要跨越这么长的时间尺度,由于海气过程及其相互作用的可变性,使得模式对这些过程及其对海表温度影响等的模拟会有极大的不确定性。例如,热带太平洋海表温度未来变化(倾向)受风场强迫、多种内部反馈过程和海洋平流等的综合影响,未来海表温度变低还是变高取决于哪个过程占主导,其变化的振幅和方向取决于各种相互作用过程的相对作用大小。在这一时间尺度上,当主导海表温度变化的过程发生改变时,导致海表温度异常的符号和走向也都会发生改变。因此,对年际尺度上的 ENSO 预测更为重要的是如何合理表征海气耦合过程的共同作用,特别是模式中对各种过程要以一种相对平衡的方式来表征,使系统产生年际尺度的海气耦合振荡。另外,这些海气过程对海表温度的影响方式有明显的季节、年代际变化特征及区域的依赖性,目前耦合模式对这些相关过程的合理表征仍有极大的不确定性和模式误差。从初始场的角度而言,ENSO 数值预测不仅要确定大气状态的初始场,还要确定海洋状态的初始场,即需要同时从观测得到大气和海洋两者的初始场来做 ENSO 的数值预测。目前海洋观测资料非常匮乏,难以给定准确的海洋初始场。进一步就初始化技术而言,与 ENSO 相关的资料同化技术和预测初始化方法等也都有待于改善。总之,对 ENSO 这种年际尺度现象的预测而言,其预测基础理论和技术等都还不成熟,还有着很大的改进和提高空间。

几十年来 ENSO 研究已极大地拓展了 ENSO 预测方面的理论认知,这里简要讨论一些与 ENSO 预测有关的物理基础。热带太平洋海气相互作用产生多时间尺度的气候模态,包括气候平均态、季节变化和年际变化(如 ENSO)等,其中 ENSO 是最强的年际变化信号,涉及海表温度、海表风场和温跃层等之间的相互作用。海表温度是影响大气的主要强迫场，大气中风场和降水等对海表温度异常的响应是快速的，而且具有非局地和非线性等特性。大气表层风场是海洋环流和温跃层变化的主要驱动力，海洋对风应力强迫的响应产生各种时间尺度的海洋运动（包括环流和波动等）。相比于大气，海洋响应的频谱要宽广得多，其变化也要缓慢得多。特别地，海洋具有巨大的热容量和热惯性，对气候及其低频变化具有决定性影响。例如，风场所激发出来的海洋波动响应信号会在整个洋盆上传播，对其他区域的温跃层和海表温度产生非局地的远程影响。热带海气相互作用中另一要素是海洋温跃层，它是海洋上层温度垂直梯度最大的区域，由于海洋温跃层在热带区域有特定的空间结构，其对风应力的响应和时空演变在 ENSO 过程中起重要作用，是决定海表温度的主要因素之一。例如，由风场引起的温跃层的垂直升降不仅直接影响局地的海表温度，温跃层变化信号和相关次表层热力异常信号还会在上层海洋中传播，引发远程效应（如在一些敏感区域产生海表温度异常），并且这种温跃层变化对海表温度的影响是非局地和非线性的，相关的波动传播对海表温度的影响具有季节到年际时间尺度的滞后性。

具体就热带太平洋而言，其所特有的一些环境状况和大尺度海洋-大气环流特性等（图 1.2），造就了 ENSO 的产生。热带太平洋所具有的动力-热力结构和环流系统，如西太平洋的暖池和东太平洋的冷舌、赤道温跃层纬向分布结构（其在热带西太平洋海区深厚，而在东太平洋海区变浅），使得赤道东太平洋的海表温度更易受温跃层变化的影响，所产生的海表温度异常引发大气响应，会激发出热带海气相互作用。特别地，太平洋有宽广的洋盆，局地所产生的动力和热力异常可在辽阔的热带太平洋上传播，海洋异常产生后会在海洋中维持相当长的时间（如上层海洋温度异常信号可在季节到年际尺度上持续存在）；同时，海洋异常信号会以海洋赤道波动的形式在整个洋盆中传播（Rossby，1937；Matsuno，1966），产生非局地的远程影响。使其有足够长的时间通过海气相互作用得以发展和加强，形成强的年际异常。就动力过程而言，海洋赤道开尔文（Kelvin）波穿越赤道太平洋约需 3 个月时间，而海洋罗斯贝（Rossby）波穿越赤道外太平洋（如在 10°N 处）需 8 ~ 9 个月时间，这些波动传播性构成了一个连接东西方向海洋变化的纬向通道（Zhang and Levitus，1997；巢纪平，2009）；同时，这些波动信号还会在热带太平洋低纬度东西边界区域产生反射和 Kelvin-Rossby 波之间的转换，使波动信号可连续传播，形成一个沿整个热带太平洋的回路通道，这些波动的传播会在一些敏感海区对海表温度产生影响，进一步引发海气相互作用（巢纪平和王彰贵，1993；张人禾等，2003）。这样，海洋异常产生后可在季节到年际时间尺度上得以维持，为热带太平洋气候系统提供低频记忆，为 ENSO 预测提供了物理基础。此外，ENSO 相伴随的海表温度变化通过大气遥相关性对全球大气产生远程影响（其中对大气的遥影响具有确定的区域结构，其相关性还具有对 ENSO 位相和季节的依赖性；张荣华和巢纪平，1988），这使得通过海表温度异常时空演变来预测全球气候变化成为可能，为季节到年际时间尺度上气候预测提供了物理基础（曾庆存，1999；李崇银等，2008；王会军等，2012）。

这里可进一步用热带太平洋有时会出现的一种有趣现象来进行说明。在某些时段海表面看起来风平浪静：赤道中东太平洋海表温度和风应力场都没有显示出强的年际异常信号，但赤道中西太平洋次表层会有显著的温度异常（如图 1.6a 所示的 2015 年 3 月海表温度异常分布和沿赤道的次表层温度异常分布）；随着时间推移，这些次表层海洋温度异常信号会沿赤道传播到赤道东太平洋；由于那里的温跃层比较浅而更接近海表，到时候（in due course）就会自然而然地在赤道东太平洋引发出海表温度异常（如图 1.6b 所示的 2015 年 9 月上层海洋温度异常分布），进一步激发大气响应和海气相互作用，使所产生的海洋–大气信号得以发展和加强；同时，海洋异常信号沿热带太平洋海洋波动路径跨洋盆传播，还会自发产生负反馈过程，使海表温度年际异常位相发生改变，从而产生 ENSO 的准周期性现象。

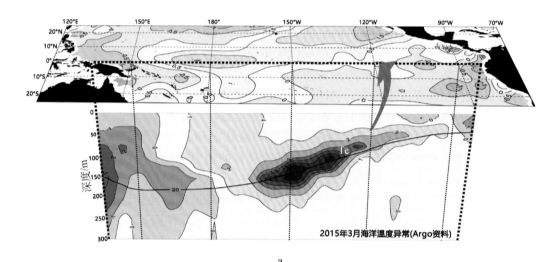

a

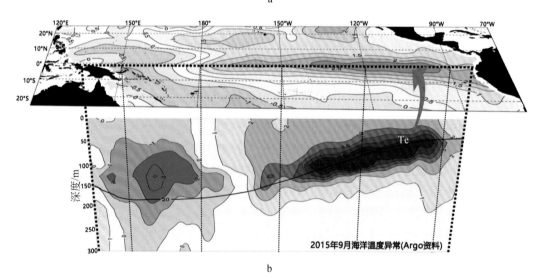

b

图 1.6　Argo 观测的热带太平洋海表温度异常分布和上层海洋温度异常沿赤道的深度–纬向剖面图
a. 2015 年 3 月；b. 2015 年 9 月

1.3　用于 ENSO 研究的海气耦合模式简述

基于地球流体动力学方程组的数值模式是研究大气和海洋环流及 ENSO 的主要工具

（曾庆存，1979；Pedlosky，1979；李崇银，1995），由于对 ENSO 的模拟性能强烈地依赖于模式的动力框架、参数化方案和分辨率等因素，过去几十年中学者们已开发了复杂程度不同的海气耦合模式来表征与 ENSO 相关的海气相互作用过程，并成功地进行了 ENSO 实时预测试验，包括中等复杂程度的耦合模式（intermediate coupled models，ICMs）、混合型耦合模式（hybrid coupled models，HCMs）和完全耦合的环流型模式（coupled general circulation models，CGCMs）等。其中用于 ENSO 研究最为复杂的模式是基于原始方程组的大气环流模式（atmosphere general circulation models，AGCMs）和大洋环流模式（ocean general circulation models，OGCMs），这类模式变量取为全变量形式（如总的海表温度场等），还考虑了尽可能详尽的物理过程及其参数化方案。同时，考虑到与 ENSO 相关的海洋和大气变量年际变化特征，可对复杂的大气和海洋原始方程模式进行高度简化，这不仅可以提高计算效率，还更有利于物理过程的表征、物理意义的认知和机制的解释。其中模式简化重点关注的是与 ENSO 相关的年际异常部分，可把模式变量场取为距平形式（如海表温度异常等），相应的模式方程组也取为距平形式；同时，海气耦合时采用异常耦合（anomaly coupling），可以有效避免模式模拟中气候漂移现象的出现。

就大气模式而言，统计模式和动力模式在 ENSO 研究中都有广泛的应用。例如，热带海气耦合模式中经常采用统计的大气模式来表征变量年际异常之间的关系，这是因为与 ENSO 相关的大气年际异常场主要反映了其对热带太平洋海表温度年际异常的响应。例如，ENSO 产生海表温度年际异常，引发大气风场和降水等的反馈响应，可利用统计方法基于历史数据来构建海表温度与海表风场年际异常等间的统计模式，用于 ENSO 的模拟中。在采用动力大气模式用于 ENSO 研究层面上，AGCMs 是基于原始地球流体动力学方程组的模式（曾庆存，1979），它的数值计算非常耗时，并且不同过程都混合在一起，模拟结果不容易得到清晰的解释。考虑到与 ENSO 相关的大气年际变率特征，可对大气模式进行非常有效的简化（Gill，1980；Lindzen and Nigam，1987；Zebiak and Cane，1987；Wang and Li，1993），例如，热带大气动力学研究中经常采用浅水方程近似（Gill，1980）来表征大气对由 ENSO 所引发的热带太平洋海表温度异常的响应。另外，考虑到 ENSO 演变中大气异常场响应的垂直结构特征，可以采用两层近似来描述大气对海表温度异常场响应的垂向结构，这样可以把一个复杂的三维问题转化为一个二维问题，进一步用浅水方程模式来求解，如已由 Gill（1980）、Zebiak 和 Cane（1987）等所证实的，基于这些简化大气模式对 ENSO 相关的大气年际变率的模拟非常成功，可以再现与 ENSO 演变相关的大气对海表温度强迫响应的基本特征，特别是所得到的大气对海表温度异常响应的半解析解的形式，便于物理上解释和数学上求解。

就海洋模式而言，由于海洋动力过程对 ENSO 模拟非常重要，需要采用动力海洋模式来表征与 ENSO 相关的过程和机制。类似于大气动力模式，目前也已构建了复杂程度不同的海洋动力模式并成功地应用于 ENSO 研究中（Zhang et al.，2020），其中最为复杂的是基于原始方程组的 OGCMs，模式变量采用全变量形式，其数值计算非常耗时（张荣华，1994）。如 Zhang 和 Zebiak（2002）所描述的，海洋环流模式根据其所采用的垂直坐标不同可分为等深面坐标系（或 z－坐标系）海洋模式（level OGCM）和分层型海洋模式（layer OGCM）。前者（等深面海洋模式）包括美国国家海洋和大气管理局地球物理流体动力学实验室（Geophysical Fluid Dynamics Laboratory，GFDL）所开发的模块化海洋环流模式（modular ocean model，MOM；Griffies et al.，2004），这种模式的垂直坐标取在固定深度上，其每层的垂直位置（深度）和厚度是固定不变的，模式输出直接得到等深面（如50m）上的结果。如 Chen 等（1994）所描述的，后者（分层型海洋模式）在垂直方向上按一定的要求进行分层，垂直坐标点在空间上是不固定的，其每层的深度和厚度随海洋状态演变是可变的，如取等密度面坐标系、地形追随坐标系以及二者联合所构成的混合型坐标系等（张学洪和曾庆存，1988；张荣华，1995；Zeng et al.，1991）。由于 OGCM 型海洋模式非常复杂，对其可进行有效的简化和近似以用于 ENSO 研究，包括约化重力（reduced gravity）近似、浅水方程近似和线性近似等（Moore and Philander，1977）。例如，考虑到上层海洋对大气风应力响应所具有的特定的垂向结构，可采用两层近似来简化表征上层海洋动力和热力场对风场响应的垂直结构。特别地，垂向模态分解方法可把一个三维空间问题转化为一个二维问题（详见本书第 2 章），从而极大简化了上层海洋对大气风场强迫响应问题的求解，如仅保留几个垂向模态就可以真实地再现上层海洋对风应力强迫响应的主要特征（Zebiak and Cane，1987；Keenlyside and Kleeman，2002）。简而言之，在 ENSO 研究中采用简化的海洋模式，不仅可以提高计算效率，还可以更清楚地表征其所涉及的各种物理过程和机制，特别是便于结果的解释。

这些单独的海洋模式或大气模式可用来进行与 ENSO 相关的数值模拟，当给定大气强迫场（表面风场、热通量和淡水通量）来驱动海洋模式时，单独的海洋模式可以模拟出厄尔尼诺和拉尼娜事件及其位相转变过程中海表温度年际异常等海洋状态的演变；当给定海洋强迫场（如海表温度场）来驱动大气模式时，单独的大气模式可再现出与南方涛动相关的表面风场等大气变量场的时空演变。因为 ENSO 起源于热带太平洋海气相互作用，表征 ENSO 时需要采用海气耦合模式。这样，可将复杂程度不同的海洋和大气模式进行组合，构建不同类型的海气耦合模式，用于海气相互作用和 ENSO 模拟及预测研究。值得一提的是，当海洋模式与大气模式两者耦合时，性能良好的分量模式却不能保证由它们所构成的海气耦合系统能够模拟出 ENSO 循环。换言之，构建耦合模式模拟 ENSO 性能不仅取决于其中单独的海洋和大气分量模式的性能，还取决于海气相互作用过程的表征。影响耦合模式中 ENSO 模拟性能的因素有很多，包括如何表征各种强迫和反馈的强度及年际异常间的位相关系、各种不同的正负反馈过程的补偿效应等。实际上，当大气和海洋模式耦合时，需要对海气耦合部分小心调试，保持海气界面通量的协调一致（如为了减小气候漂移现象，可采用通量修正方法）；还需关注海洋模式中海洋温跃层影响海表温度的程度和海气相互作用间强度等的表征，以平衡影响海表温度年际变化中各种强迫和反馈过程的强度及其相对作用的大小，确保表征热带太平洋气候系统的数值模式能维持 ENSO 循环过程。

根据模式的复杂程度不同，海气耦合模式可以分为 ICMs、HCMs、CGCMs 等（Zebiak and Cane，1987；McCreary and Anderson，1991；Chen et al.，1995；Neelin et al.，1992；张荣华等，1997；Stockdale et al.，1998；Wu et al.，2010；Zhang，2015；Zhang and Gao，2016）。作为最复杂的海气耦合模式，CGCMs 是指由 AGCM 和 OGCM 耦合所组合形成的环流型耦合模式，其中大气和海洋分量模式都采用了原始方程组。相比之下，简化的 ICMs

和 HCMs 计算成本很低。例如，Zebiak 和 Cane（1987）所构建的 ICM，其中大气分量采用 Gill 类型的定常大气动力模块，而海洋分量采用一个两层线性化海洋动力模块，这是用于 ENSO 预测的第一个动力学模式（Cane et al.，1986）。如本书所要重点描述的，我们发展了另一个 ICM 用于 ENSO 研究。另外，HCMs 也是一类简化的海气耦合模式，其中海洋或大气分量模式中有一个采用了简化的距平模块，而另一个分量采用环流型模式。例如，可采用统计的大气模块与 OGCM 间耦合而构建一类 HCM（Zhang，2015），也可采用简化的海洋模块与 AGCM 间耦合而构建另一种类型的 HCM（Hu et al.，2019）。

显而易见，所构建的 ICMs、HCMs 和 CGCMs 等用来进行 ENSO 研究时各有其优势和劣势：计算效率是一个方面；同时还应考虑模式性能以及能否提供一些简单而清晰的方式来表征和解释相关物理过程等的便利。由 OGCM 和 AGCM 耦合而构建的 CGCMs，因包含了尽可能完整的物理过程，运算非常耗时；并且两者耦合时容易出现所谓的气候漂移现象（是指模式长时间积分得到的气候态模拟会漂离相应的观测结果，导致对气候平衡态等的模拟具有系统性偏差，也导致对 ENSO 相关年际异常模拟的失败）。这其中一个主要原因是 CGCMs 中变量取为全变量形式，海气之间耦合时采用了完全耦合（full coupling），使得模式随着时间向前积分时，模式模拟的平衡态会逐渐偏离观测到的气候态而产生系统性偏差（如海表温度变化范围变得很低；Zhang et al.，1995）。而 ICMs 和 HCMs 中采用了某种近似或简化，其中一个模式分量采用距平形式，相应的模式变量取为距平变量（其中大气或者海洋的气候态是由观测给定的，模式模拟时只考虑年际异常部分作为预测量），海气耦合时采用异常耦合（anomaly coupling），即在海气界面上进行海气通量交换时，只使用模拟得到的年际异常部分，而相应的气候态部分取值于观测场，这就给海气耦合系统附加了一个有效的约束，限制了变量场时空演变的自由度，使得年际异常只能在观测到的气候态附近摆动。这种处理方法可有效避免气候漂移问题的出现，使得简化的海气耦合模式（ICMs 和 HCMs）在 ENSO 数值模拟和预测上具有良好的模式性能，被广泛应用于 ENSO 研究中。显而易见，这些简化模式不能给出全变量场的模拟，使得模拟结果不够全面，其中有些简化和近似也会影响模拟结果的可用性和真实性等。

1.4 ENSO 实时预测现状及挑战

数值模式是预测 ENSO 最为有效的方法之一。目前，从方法上来看，用于 ENSO 实时预测的模式主要包括两大类。

第一类是统计模式，利用历史数据来构建 ENSO 的演变，通常采用 Niño3 区（5°S～5°N，150°～90°W）或 Niño3.4 区（5°S～5°N，170°～120°W）海表温度异常指数等来表示。统计模式包括线性统计模式和非线性统计模式：前者通过使用诸如多元线性回归方法、经典的相关分析方法、主振荡模态分析、经验正交函数分解法和马尔科夫链等线性方法进行构建；而后者主要采用神经网络和其他机器学习方法进行构建。基于统计模式对 ENSO 预测已取得了相当的成功，并且有些统计方法仍被用于目前的实际应用中。然而，由于缺乏表征 ENSO 相关的显式动力过程和机制，纯统计模式预测技巧提升空间有限，目前统计模式的开发和应用已显著减少。

第二类是基于地球流体动力方程的海气耦合模式（Pedlosky，1979），到目前为止已经发展了各种类型的海气耦合模式并用于 ENSO 的模拟和预测，包括 ICMs、HCMs 和 CGCMs 等。自从 1986 年前后美国哥伦比亚大学的 Zebiak 和 Cane（1987）开发第一个 ENSO 预测动力模式以来，逐步发展了各类 ENSO 预测系统。目前，已有 20 多种不同复杂程度的模式用于 ENSO 实时预测，这使得 ENSO 的有效预测可以提前到 6 个月甚至更长时间。

目前，中国国内已有几个复杂程度不同的海气耦合模式被用来开展 ENSO 实时预测业务和科学研究，主要有如下两个业务系统。一个是由中国气象局国家气候中心（BCC，CMA）开发的用于 ENSO 监测、分析和预测的系统（称为"SEMAP2"；Ren et al.，2019）。该系统包括业务化季节预测模式（BCC_ CSM1.1m）和以两类 ENSO 的物理机制为基础的统计预测，由五个子系统组成，包括热带大气–海洋的实时监测、动力诊断、基于数学物理方程的动力预测、模式集合预测和模式预测结果的校正等部分。近年来，经过对模式本身、同化技术和预测方法等的改进，该系统显著提高了对 ENSO 的监测和预测能力。20 年的独立回报试验显示了其良好的预测技巧。例如，该系统可提前约 6 个月成功预测 2015-2016 年超强厄尔尼诺事件的发生。另一个是国家海洋环境预报中心（NMEFC，MNR）基于美国国家大气研究中心（NCAR）地球系统模式（CESM）所开发的业务化预报系统，包括一个插值同化系统，用于多个海洋变量（包括次表层海水温度）的初始化，其在 ENSO 预测方面也有较好的表现（Ren et al.，2019）。

此外，还有其他几个正在运行的简化型 ENSO 预测系统。一个是由中国科学院海洋研究所（IOCAS）开发的中间型海气耦合模式（IOCAS ICM；以下章节将重点展开描述）。该模式由一个中等复杂程度的海洋模块和经验风应力模块所组成，其关键组成部分是次表层海水上卷到混合层温度（T_e）的参数化方案（即 T_e 是根据温跃层变率来显式计算的）。以前的实时预测试验表明，IOCAS ICM 是能成功预测出 2010～2012 年热带太平洋海表温度二次变冷的少数几个耦合模式之一。另一个预测系统是在 IOCAS ICM 早期版本的基础上（Zhang et al.，2003），由中国科学院大气物理研究所（IAP）开发的，包含了一个海洋资料同化系统和一个集合预测系统（Zheng et al.，2009）。为期 20 年的回报试验表明，该系统在提前一年的 ENSO 预测中具有良好的技巧，可与一些性能良好的 ENSO 预测模式相媲美。上述四个预测系统每个月定期发布 ENSO 实时预测产品，其中，IOCAS ICM 的预测结果从 2015 年开始就被收录于 IRI/CPC（图 1.1）。

最近，自然资源部第二海洋研究所开发了一个基于多模式的超级集合系统以用于 ENSO 预测（Tang et al.，2018），该系统由一个以集合为基础的耦合数据同化系统和一个包含多个 ENSO 预测模式的超级集合系统所组成，包括 LDEO5［美国哥伦比亚大学的拉蒙特–多尔蒂地球观测所（LDEO）第 5 版 ZC 模式；Chen et al.，2000］、一个混合型耦合模式和两个完全耦合的环流型模式（GFDL-CM2.1 和 NCAR CESM）。该系统可提供确定性和概率性两种形式的预测产品。目前，LDEO5 集合预测系统已经开始运行，包括一个海洋和大气观测资料的弱耦合同化系统和基于随机最优扰动的集合预测系统。根据 1856～2016 年的长期回报试验表明，该系统可以提前 6 个月捕获几乎所有的暖事件和冷事件，其相关技巧与目前国内外最优预测水平相当，并且优于最新版本的 LDEO5。另外，中国科学院大气物理研究所大气科学和地球流体力学数值模拟国家重点实验室（LASG）也发展了基于GCM 的海洋–大气耦合模式并用于 ENSO 的模拟研究（Yu et al.，2011）；自然资源部第一海洋研究所（FIO）发展了一个地球系统模式并用于 ENSO 预测试验（Song et al.，2015），这两个模式都参与由政府间气候变化专门委员会（IPCC）组织实施的第 6 阶段耦合模式间比较计划（CMIP6；Eyring et al.，2016）。

ENSO 实时预测还存在很大的模式误差和不确定性，如当前模式仍不能对 ENSO 演变的全过程进行准确、有效的实时预测。这里以 2015-2016 年超强厄尔尼诺事件为例，来说明当前的耦合模式对 ENSO 预测的现状。图 1.1 给出了 IRI 收录的不同模式对 2015-2016年超强厄尔尼诺事件实时预测结果。实际观测表明，2015-2016 年超强厄尔尼诺事件的一个显著特征是 2014 年到 2015 年年初热带太平洋西部海温正异常持续存在；随后，在 2015年春季，相关的海洋–大气异常相互耦合并增强，于 2015 年春末快速发展为一个暖事件；最终，这个暖事件在接下来的几个月里进一步发展成为超强厄尔尼诺事件。这些耦合模式对 2015 年厄尔尼诺事件的预测表明，从 2015 年 8 月初始化进行预测时，可以很好地模拟出观测到的 2015 年夏季到冬季的海表温度异常演变过程，但也可清楚地看到耦合模式的预测存在很大的不确定性。例如，这些耦合模式对 2015 年夏季和秋季海表温度异常的强度预测表现出很大的差异性，特别是从 2015 年年初进行预测时，几乎所有模式都未能预测出海表温度快速增高现象，这可能是由春季预报障碍现象、西风爆发或者其他问题所造成。对于 2014 年 ENSO 预测的不确定性也非常明显（图 1.1 中未显示）。尽管 2014 年年初赤道西太平洋出现了海温正异常，但在 2014 年年中，海温正异常减弱，使得在 2014 年年末并没有发展成为厄尔尼诺事件。然而，许多耦合模式却预测在 2014年会出现强厄尔尼诺事件，这一误报让 ENSO 数值模拟和预测研究者感到非常尴尬。2014 和 2015 年的预测例子清楚地表明，即便使用最先进的耦合模式和同化技术等，ENSO 实时预测仍然具有挑战性和不确定性，显然需要进一步理解 ENSO 的可预报性并进一步改进耦合模式的实时预测技巧。

值得一提的是，ENSO 表现出年代际和更长时间尺度的变化，其预测技巧也表现出相应的年代际变化（Chen et al.，1995），这可能反映了年代际气候变化和全球变暖等与ENSO 间的相互作用，导致气候态及变量之间关系等的年代际改变，进一步对 ENSO 可预报性产生影响，这些不同时间尺度过程间的相互作用对 ENSO 认知和模式预测能力等也提出了新的严峻挑战。确实，虽然各类海气耦合模式对 ENSO 一些基本特征的模拟已非常成功，但对 ENSO 多样性和多变性等的预测能力仍很有限。影响 ENSO 预测技巧的因素众多，包括模式动力框架、过程表征、分辨率和预测方法等；同时，年代际变化和全球增暖也影响 ENSO 的可预报性，但全球增暖是怎样调制 ENSO 及其可预报性的等问题都还不清楚，需从理论上进行系统性探索和认知。这些都表明进一步加强对 ENSO 实时预测相关研究的必要性和紧迫性，这些挑战激发了全球新一轮的 ENSO 研究热潮。

1.5 本书内容简述

已有的分析和研究表明，影响 ENSO 模拟和实时预测精度的因素很多，包括 ENSO 事件本身的复杂多变性、模式中相关过程的合理表征、海洋资料同化技术和方法等。特别是，ENSO 模拟和预测能力强烈地依赖于模式（包括模式动力构建和物理过程的表征等），导致不同模式对 ENSO 模拟和预测存在很大的差异性。因此，想要有效地改进模式对 ENSO 模拟和预测能力，需发展复杂程度不同的模式，改进模式中多尺度和多圈层过程的表征，提升对 ENSO 可预报性的理论认知，优化预测方法和技术等。

在过去十几年中，我们发展和改进了一个中间型（按模式复杂程度分类）的海气耦合模式（ICM），并广泛应用于对 ENSO 相关的数值模拟和实时预测研究中。该模式的大气部分是一个描述风应力对海表温度年际异常响应的统计模块，海洋部分包括海洋动力模块、海表温度距平模块（嵌套于海洋动力模块中）和次表层海水上卷温度距平模块三部分。考虑到次表层海洋热力异常对海表温度有决定性的影响，该模式的一个关键部分是如何表征海洋次表层海水上卷进入混合层中的海水温度。为此，我们开发了次表层海水上卷温度反算优化方法，并嵌套到海洋动力模块中，结果表明该模式对 ENSO 的模拟性能良好；在此基础上，进一步发展了一个中间型 ENSO 实时预测系统，每月定期进行 ENSO 实时预测试验。自 2015 年以来，其结果以中国科学院海洋研究所冠名的中等复杂程度海气耦合模式（IOCAS ICM）被收录于美国哥伦比亚大学国际气候研究所，以做进一步的相关集成分析和应用（详情请见：https://iri.columbia.edu/our-expertise/climate/forecasts/enso/current/；图 1.1），这是首个以我国国内单位命名的海气耦合模式为国际学术界提供 ENSO 实时预测结果。IOCAS ICM 为 ENSO 分析和预测打造了一个创新的模式平台，提升了我国在 ENSO 实时预测方面的国际地位和影响力。

在以下章节中，我们将详细介绍 IOCAS ICM 以及基于 IOCAS ICM 所开展的数值模拟和实时预测研究结果，如该模式已应用于 ENSO 相关的过程分析和机理认知研究。

第 2 章详细介绍 IOCAS ICM，主要包括模式的组成部分、海气耦合过程和所用到的数据，并对模式的一些基本性能进行检验和评估，并与国际上著名的 Zebiak-Cane（Zebiak and Cane，1987）模式进行比较。

第 3 章是基于 IOCAS ICM 对 ENSO 的数值模拟及过程分析，主要包括：揭示次表层海水上卷到混合层中的海水温度在 ENSO 循环中的重要作用，提出了 ENSO 事件起源的一个新机制；考虑到 IOCAS ICM 能成功预测 2010-2012 年拉尼娜事件中的二次变冷现象，对 IOCAS ICM 模拟结果进行了详细分析，阐明了海洋次表层热力强迫在 2010-2012 年拉尼娜事件的二次变冷现象中所起的重要作用，合理解释了当时大部分海气耦合模式都未能准确预测其二次变冷现象的原因；在对 2014-2016 年厄尔尼诺现象预测试验中表明，IOCAS ICM 对 2015-2016 年厄尔尼诺事件的发展演变有很好的模拟和预测能力，IOCAS ICM 也被用来分析 2015-2016 年厄尔尼诺事件的二次变暖的物理过程等；同时，利用 IOCAS ICM 考察 ENSO 模拟对所构建的风应力异常和次表层海水上卷温度异常的经验模块的季节变化性、对海表大气风应力随机强迫和次表层海水上卷温度异常的年代际变化等的响应等。

第 4 章是 ENSO 回报和预测试验，主要包括：检验了 IOCAS ICM 对 ENSO 的历史回报技巧，详细评估了模式预测性能；进一步对一些有代表性的主要历史 ENSO 事件（如1997-1998 年厄尔尼诺事件、2010-2012 年拉尼娜事件的二次变冷和 2015-2016 年超强厄尔尼诺事件的二次变暖等）的实时预测效果进行细致的分析，并给出当前最新的 ENSO 实时预测结果。

第 5 章和第 6 章是 IOCAS ICM 的进一步应用介绍，主要包括：我们成功建立了一个基于 IOCAS ICM 的四维变分资料同化预测系统，并开展了模式对初始场和模式参数等的优化分析研究，还进行实际观测资料的同化对 ENSO 实时预测效果的论证；同时，为改进模拟和预测提供理论依据，开展了基于条件非线性最优扰动方法的可预报性研究（穆穆等，2017），即在 IOCAS ICM 中引入条件非线性最优扰动分析方法，开展模式初始场和参数不确定性对 ENSO 模拟和预测的影响研究，如确定 IOCAS ICM 初始误差最快增长区域、识别初始场的敏感区域（即目标观测）等，这样可通过误差订正方法有效改进 IOCAS ICM 对 2015 年厄尔尼诺事件的数值模拟和预测技巧等。

本书最后一章给出了对 ENSO 数值模拟和预测的展望。众所周知，影响 ENSO 模拟和预测的因子很多，包括 ENSO 本身的多样性和可变性，与海洋有关的反馈和强迫过程等对 ENSO 的调制作用，以及 ENSO 年代际变化与全球增暖相互作用等，这些前沿研究方向会在不久的将来取得重要进展。

综上所述，本书描述了一个自主开发和改进的中等复杂程度的海气耦合模式（IOCAS ICM）及其对 ENSO 模拟和预测的应用，这为 ENSO 数值模拟和实时预测提供了一个模式平台，为过程分析和机理认知研究提供了一个有用的数值模拟工具；基于 IOCAS ICM 所建立起来的四维变分资料同化预测系统及与条件非线性最优扰动方法的结合，为利用 IOCAS ICM 改进 ENSO 预测和开展可预报性理论研究提供了一个重要的数值分析框架；同时，基于 IOCAS ICM 的模式资料为进一步分析 ENSO 相关过程和应用提供了数据产品。

参 考 文 献

巢纪平，2003. ENSO 循环机理和预测研究 [M]. 北京：气象出版社.

巢纪平，2009. 热带大气和海洋动力学 [M]. 北京：气象出版社.

巢纪平，王彰贵，1993. 简单的热带海气耦合波——Rossby 和 Kelvin 波的相互作用 [J]. 气象学报，51（3）：257-265.

丁一汇，王会军，2016. 近百年中国气候变化科学问题的新认识 [J]. 科学通报，61（10）：1029-1041.

符淙斌，J 弗莱彻，1985. "厄尔尼诺"（El Niño）时期赤道增暖的两种类型 [J]. 科学通报，30（8）：596-599.

李崇银，1995. 气候动力学引论 [M]. 北京：气象出版社.

李崇银，穆穆，周广庆，等，2008. ENSO 机理及其预测研究 [J]. 大气科学，32（4）：761-781.

穆穆，段晚锁，唐佑民，2017. 大气-海洋运动的可预报性：思考与展望 [J]. 中国科学：地球科学，47（10）：1166-1178.

王会军，范可，郎咸梅，等，2012. 我国短期气候预测的新理论、新方法和新技术 [M]. 北京：气象出版社.

曾庆存，1979. 数值天气预报的数学物理基础 [M]. 北京：科学出版社.

曾庆存，1999. 气候系统模式，气候数值模拟及气候预测理论研究 [J]. 中国科学院院刊，14（1）：51-53.

曾庆存，袁重光，王万秋，等，1990. 跨季度气候距平数值预测试验 [J]. 大气科学，（1）：10-25.

张人禾，周广庆，巢纪平，2003. ENSO 动力学与预测 [J]. 大气科学，27（4）：674-688.

张人禾，朱江，许建平，等，2013. Argo 大洋观测资料的同化及其在短期气候预测和海洋分析中的应

用 [J]. 大气科学, 37 (2): 411-424.

张荣华, 1994. 自由表面海洋环流模式的正、斜压模分解算法 [J]. 大气科学, 18 (3): 310-319.

张荣华, 1995. 一个自由表面热带太平洋环流模式及其应用 [J]. 中国科学: B 辑, 25 (2): 204-210.

张荣华, 巢纪平, 1988. 大气位势场对海表温度异常线性定常响应的数值试验 [J]. 气象学报, 46 (3): 276-284.

张荣华, 王凡, 2016. 海洋多尺度和多圈层过程及其相互作用研究: 一个应用于厄尔尼诺模拟和预报的成功范例 [J]. 中国科学院院刊, 31 (12): 1308-1315.

张荣华, 曾庆存, 周广庆, 1997. 一个混合型热带海洋–大气耦合模式 I. 模式构成及热带太平洋气候态模拟 [J]. 大气科学, 21 (2): 129-140.

张学洪, 曾庆存, 1988. 大洋环流数值模式的计算设计 [J]. 大气科学, 12 (s1): 149-165.

Barnston A G, Tippett M K, L'Heureux M L, et al., 2012. Skill of real-time seasonal ENSO model predictions during 2002-11: Is our capability increasing? [J]. Bulletin of the American Meteorological Society, 93 (5): 631-651.

Bjerknes J, 1969. Atmospheric teleconnections from the equatorial Pacific [J]. Monthly Weather Review, 97 (3): 163-172.

Cai W J, Wang G J, Dewitte B, et al., 2018. Increased variability of eastern Pacific El Niño under greenhouse warming [J]. Nature, 564 (7735): 201-206.

Cane M A, Zebiak S E, Dolan S C, 1986. Experimental forecasts of El Niño [J]. Nature, 321 (6073): 827-832.

Capotondi A, Wittenberg A T, Newman M, et al., 2015. Understanding ENSO diversity. Bulletin of the American Meteorological Society, 96 (6): 921-938.

Chen D, Cane C M, Zebiak S E, et al., 2000. Bias correction of an ocean-atmosphere coupled model [J]. Geophysical Research Letters, 27 (16): 2585-2588.

Chen D, Lian T, Fu C, et al., 2015. Strong influence of westerly wind bursts on El Niño diversity [J]. Nature Geoscience, 8 (5): 339-345.

Chen D, Rothstein L M, Busalacchi A J, 1994. A hybrid vertical mixing scheme and its application to tropical ocean models [J]. Journal of Physical Oceanography, 24: 2156-2179.

Chen D, Smith N, Kessler W, 2018. The evolving ENSO observing system [J]. National Science Review, 5 (6): 805-807.

Chen D, Zebiak S E, Busalacchi A J, et al., 1995. An improved procedure for El Niño forecasting: Implications for predictability [J]. Science, 269 (5231): 1699-1702.

Eyring V, Bony S, Meehl G A, et al., 2016. Overview of the Coupled Model Intercomparison Project Phase 6 (CMIP6) experimental design and organization [J]. Geoscientific Model Development, 9 (5): 1937-1958.

Gill A E, 1980. Some simple solutions for heat-induced tropical circulation [J]. Quarterly Journal of the Royal Meteorological Society, 106 (449): 447-462.

Griffies S M, Harrison M J, Pacanowski R C, et al., 2004. A technical guide to MOM4, GFDL ocean group technical report No. 5. Available online at www. gfal. noaa. gov.

Hoskins B J, Karoly D J, 1981. The steady linear response of a spherical atmosphere to thermal and orographic forcing [J]. Journal of the Atmospheric Sciences, 38 (6): 1179-1196.

Hu J Y, Zhang R H, Gao C, 2019. A hybrid coupled ocean-atmosphere model and its simulation of ENSO and atmospheric responses [J]. Advances in Atmospheric Sciences, 36: 643-657.

Jin F F. 1997. An equatorial ocean recharge paradigm for ENSO. Part I: Conceptual Model [J]. Journal of the Atmospheric Sciences, 54 (7): 811-829.

Keenlyside N, Kleeman R, 2002. Annual cycle of equatorial zonal currents in the Pacific ［J］. Journal of Geophysical Research: Oceans, 107 (C8): 8-1-8-13.

Lian T, Chen D K, Tang Y M, et al., 2014. Effects of westerly wind bursts on El Niño: A new perspective. Geophysical Research Letters, 41 (10): 3522-3527.

Lindzen R S, Nigam S, 1987. On the role of sea surface temperature gradients in forcing low-level winds and convergence in the tropics ［J］. Journal of the Atmospheric Sciences, 44 (17): 2418-2436.

Matsuno T, 1966. Quasi-geostrophic motion in the equatorial area ［J］. Journal of the Meteorological Society of Japan. Ser. II, 44 (1): 25-43.

McCreary Jr J P, Anderson D L T, 1991. An overview of coupled ocean-atmosphere models of El Niño and the Southern Oscillation ［J］. Journal of Geophysical Research, 96 (S1): 3125-3150.

McPhaden M J, Busalacchi A J, Cheney R, 1998. The tropical ocean-global atmosphere observing system: A decade of program ［J］. Journal of Geophysical Research, 103 (C7): 14169-14240.

McPhaden M J, Zebiak S E, Glantz M H, 2006. ENSO as an integrating concept in Earth Science ［J］. Science, 314 (5806): 1740-1745.

McWilliams J C, Gent P R, 1978. A coupled air-sea model for the tropical Pacific ［J］. Journal of the Atmospheric Sciences, 35 (6): 962-989.

Moore D W, Philander S G H, 1977. Modeling of the tropical ocean circulation ［J］. The Sea, 6: 319-361.

Neelin J D, Battisti D S, Hirst A C, et al., 1998. ENSO theory ［J］. Journal of Geophysical Research: Oceans, 103 (C7): 14261-14290.

Neelin J D, Latif M, Allaart M A F, et al., 1992. Tropical air-sea interactions in general circulation model ［J］. Climate Dynamics, 7 (2): 73-104.

Pedlosky J, 1979. Geophysical Fluid Dynamics ［M］. New York-Heidelberg-Berlin: Springer-Verlag.

Philander S G, 1990. El Niño, La Niña and the Southern Oscillation ［M］. San Diego: Academic Press.

Philander S G, 1999. A review of tropical ocean-atmosphere interactions ［J］. Tellus Series B-chemical & Physical Meteorology, 51 (1): 71-90.

Picaut J, Masia F, Du Penhoat Y, 1997. An advective-reflective conceptual model for the oscillatory nature of the ENSO ［J］. Science, 277 (5326): 663-666.

Rasmusson E M, Carpenter T H, 1982. Variations in tropical sea surface temperature and surface wind fields associated with the Southern-Oscillation/El Niño ［J］. Monthly Weather Review, 110 (5): 354-384.

Ren H L, Wu Y J, Bao Q, et al., 2019. The China multi-model ensemble prediction system and its application to flood-season prediction in 2018 ［J］. Journal of Meteorological Research, 33 (3): 540-552.

Rossby C G, 1937. On the mutual adjustment of pressure and velocity distribution in certain simple current systems. I ［J］. Journal of Marine Research, 1: 15-18.

Schopf P S, Suarez M J, 1988. Vacillations in a coupled ocean-atmosphere model ［J］. Journal Atmospheric Sciences, 45 (3): 549-566.

Song Z Y, Shu Q, Bao Y, et al., 2015. The prediction on the 2015/16 El Niño event from the perspective of FIO-ESM ［J］. Acta Oceanologica Sinica, 34 (12): 67-71.

Stockdale T N, Busalacchi A J, Harrison D E, et al., 1998. Ocean modeling for ENSO ［J］. Journal of Geophysical Research: Oceans, 103 (C7): 14325-14355.

Tang Y M, Zhang R H, Liu T, et al., 2018. Progress in ENSO prediction and predictability study ［J］. National Science Review, 5 (6): 826-839.

Timmermann A, An S I, Kug J S, et al., 2018. El Niño-Southern Oscillation complexity [J]. Nature, 559 (7715): 535-545.

Trenberth K E, Branstator G W, Karoly D, et al., 1998. Progress during TOGA in understanding and modeling global teleconnections associated with tropical sea surface temperatures [J]. Journal of Geophysical Research, 103 (C7): 14291-14324.

Wallace J M, Rasmusson E M, Mitchell T P, et al., 1998. On the structure and evolution of ENSO-related climate variability in the tropical Pacific: lessons from TOGA [J]. Journal of Geophysical Research, 103 (C7): 14241-14259.

Wang B, Li T, 1993. A simple tropical atmosphere model of relevance to short-term climate variation [J]. Journal of the Atmospheric Science, 50 (2): 260-284.

Wang C, 2018. A review of ENSO theories [J]. National Sciences Review, 5 (6): 813-825.

Weisberg R H, Wang C, 1997. A western Pacific oscillator paradigm for the El Niño-Southern Oscillation [J]. Geophysical Research Letters, 24 (7): 779-782.

Wu L, Sun Y, Zhang J, et al., 2010. Coupled ocean-atmosphere response to idealized freshwater forcing over the western tropical Pacific [J]. Journal of Climate, 23 (7): 1945-1954.

Wyrtki K, 1975. El Niño—the dynamic response of the equatorial Pacific Ocean to atmospheric forcing [J]. Journal of Physical Oceanography, 5 (4): 572-584.

Yang S, Li Z N, Yu J Y, et al., 2018. El Niño-Southern Oscillation and its impact in the changing climate [J]. National Science Review, 5 (6): 840-857.

Yu Y Q, Zheng W P, Wang B, et al., 2011. Versions g1.0 and g1.1 of the LASG/IAP flexible global ocean-atmosphere-land system model [J]. Advances in Atmospheric Sciences, 28 (1): 99-117.

Zebiak S E, Cane M A, 1987. A model El Niño southern oscillation [J]. Monthly Weather Review, 115 (10): 2262-2278.

Zeng Q C, Zhang X H, Zhang R H, 1991. A design of an oceanic GCM without the rigid lid approximation and its application to the numerical simulation of the circulation of the Pacific Ocean [J]. Journal of Marine Systems, 1 (3): 271-292.

Zhang R H, 2015. Structure and effect of ocean biology-induced heating (OBH) in the tropical Pacific, diagnosed from a hybrid coupled model simulation [J]. Climate Dynamics, 44: 695-715.

Zhang R H, Gao C, 2016. The IOCAS intermediate coupled model (IOCAS ICM) and its real-time predictions of the 2015-16 El Niño event [J]. Science Bulletin, 61 (13): 1061-1070.

Zhang R H, Gao C, 2017. Processes involved in the second-year warming of the 2014-15 El Niño event as derived from an intermediate ocean model [J]. Science China Earth Sciences, 60 (9): 1601-1613.

Zhang R H, Levitus S, 1997. Interannual variability of the coupled Tropical Pacific ocean-atmosphere system associated with the El Niño/Southern Oscillation [J]. Journal of Climate, 10: 1312-1330.

Zhang R H, Rothstein L M, Busalacchi A J, 1998. Origin of upper-ocean warming and El Niño change on decadal scale in the tropical Pacific Ocean [J]. Nature, 391 (6670): 879-883.

Zhang R H, Yu Y Q, Song Z Y, et al., 2020. A review of progress in coupled ocean-atmosphere model developments for ENSO studies in China [J]. Journal of Oceanology and Limnology, 38 (4): 930-961.

Zhang R H, Zebiak S E, 2002. Effect of Penetrating Momentum Flux over the Surface Mixed Layer in a z-coordinate OGCM of the Tropical Pacific [J]. Journal of Physical Oceanography, 32: 3616-3637.

Zhang R H, Zebiak S E, Kleeman R, et al., 2003. A new intermediate coupled model for El Niño simulation and prediction [J]. Geophysical Research Letters, 30 (19): 2012.

Zhang R H, Zeng Q C, Zhou G Q, Liang X Z, 1995. A coupled general circulation model for the tropical Pacific Ocean and global atmosphere [J]. Advances in Atmospheric Sciences, 12: 127-142.

Zhang R H, Zheng F, Zhu J, et al., 2013. A successful real-time forecast of the 2010-11 La Niña event [J]. Scientific Reports, 3 (1108): 1-7.

Zheng F, Zhu J, Wang H, Zhang R H, 2009. Ensemble hindcasts of ENSO events over the past 120 years using a large number of ensembles [J]. Advances in Atmospheric Sciences, 26 (2): 359-372.

第2章 模式（IOCAS ICM）介绍

本章将详细介绍书中所使用的数值模式——IOCAS ICM，即以中国科学院海洋研究所（Institute of Oceanology, Chinese Academy of Sciences, IOCAS）冠名的中间型海洋–大气耦合模式。IOCAS ICM 是一个改进的中等复杂程度的海气耦合模式（Zhang and Gao，2016），用于对热带太平洋 ENSO 的模拟和预测。模式早期版本从 2003 年起就定期提供 ENSO 实时预测结果并取得良好的声誉（Zhang et al.，2003）；2015 年，根据 ENSO 模拟和历史回报等对模式性能进行了优化和改进，然后以中国科学院海洋研究所冠名开展 ENSO 实时预测试验，其预测结果被收录于美国哥伦比亚大学国际气候研究所，以用于对 ENSO 预测做进一步集成分析和应用研究（详情请见 http：//iri. columbia. edu/our-expertise/climate/forecasts/enso/current），这是首次以我国国内单位命名的海气耦合模式为国际学术界提供 ENSO 实时预测结果和分析。

2.1 中间型海洋–大气耦合模式（ICM）

IOCAS ICM 主要由一个统计大气模块与一个简化的海洋模式耦合所组成，大气部分是一个描述对海表温度年际异常响应的风应力异常统计模块，海洋部分包括了海洋动力模块、海表温度距平模块（嵌套于海洋动力模块中）和次表层海水上卷到混合层的温度（the temperature of subsurface water entrained into the surface mixed layer；T_e）距平模块三部分（图 2.1）。IOCAS ICM 的特点之一是开发了一个次表层海水上卷温度反算优化

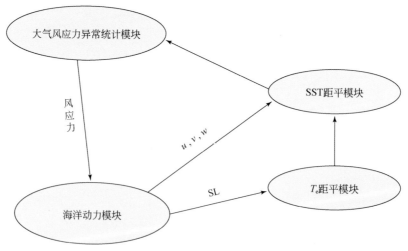

图 2.1 IOCAS ICM 构成框架示意图

IOCAS ICM 包括海洋动力模块、海表温度（SST）距平模块、由海面高度（SL）计算 T_e 异常的统计模块和一个计算风应力异常的统计模块，其中 u、v、w 分别为纬向、经向和垂向流速

据第 11～30 个模态计算出表面两层的水平速度场和两层交界面上的垂直速度场。因为模态振幅随深度衰减得很强烈，风的影响取为简化的埃克曼（Ekman）形式，同时忽略局地加速度和水平扩散等的影响。另外，高阶模态的垂直结构表明它们对压力和密度整个场的贡献很小，所以在这里也忽略了高阶压力和密度场的变化，这样可得到以下表达式：

$$
\begin{cases}
\vec{u}_{H_m} = \dfrac{1}{\Delta H_1} \underline{\underline{A}}_{H_m} \cdot \vec{\tau} \\[2mm]
\vec{u}_{H_2} = \dfrac{1}{\Delta H_2} \underline{\underline{A}}_{H_2} \cdot \vec{\tau} \\[2mm]
w_{H_m} = \nabla \cdot (\underline{\underline{A}}_{H_m} \cdot \vec{\tau})
\end{cases}
\tag{2.6}
$$

其中，$\vec{u} = (u, v)$ 是在某一层内的水平速度；下标 H_m 和 H_2 分别表示表面两层的上层（即混合层）和下层；$\Delta H_1 = H_m$ 和 $\Delta H_2 = H_2 - H_m$ 分别是上下两层的厚度；$\vec{\tau} = (\tau_x, \tau_y)$ 是风应力矢量。变量 w_{H_m} 是上层底部的垂直速度（当海表垂直速度取为零时，这项也是上层流的辐散的垂直积分）。

矩阵 $\underline{\underline{A}}_{H_m}$ 和 $\underline{\underline{A}}_{H_2}$ 的定义如下：

$$
\begin{cases}
\underline{\underline{A}}_{H_m} = \left(\displaystyle\sum_{n=11}^{30} \dfrac{\psi_n(0)}{D_n} \int_{-H_m}^{0} \psi_n(z)\,\mathrm{d}z \right) \underline{\underline{A}}_n \\[4mm]
\underline{\underline{A}}_{H_2} = \left(\displaystyle\sum_{n=11}^{30} \dfrac{\psi_n(0)}{D_n} \int_{-H_2}^{-H_m} \psi_n(z)\,\mathrm{d}z \right) \underline{\underline{A}}_n
\end{cases}
\tag{2.7}
$$

上式代表了第 11～30 个模态单独贡献的总和，垂直模态的分解允许不同垂直层之间有直接的相互影响。Ekman 作用的矩阵形式如下：

$$
\underline{\underline{A}}_n = \frac{1}{(r_n^2 + f^2)} \begin{pmatrix} r_n & f \\ -f & r_n \end{pmatrix}
\tag{2.8}
$$

表示了流场的水平部分的模态分布；$\underline{\underline{A}}_n$、$\vec{\tau}$ 是 Ekman 方程的处理方案，取自方程组（2.5）。这种对高阶模态的计算在模式时间积分时可每个月进行一次，相应的影响也每月更新一次。

2.1.1.2　动量方程的非线性部分

动量方程的非线性部分是作为动量方程的线性部分的剩余项来考虑的，因而是高度简化的、只在表面两层中进行计算的。非线性部分的解是通过把线性解的非线性平流项作为源汇项来驱动动量方程而得到的，从而对不适用于赤道区域的线性假设进行了修正。

非线性部分满足以下方程：

$$
\begin{cases}
u_t^{nl} + \vec{u} \cdot \nabla(u) = v_h \nabla_h^2(u^{nl}) + (v_v u_z^{nl})_z \\[2mm]
\nabla \cdot \vec{u}^{nl} = 0
\end{cases}
\tag{2.9}
$$

类似于前面对于高阶线性模态的处理，这里非线性部分也只在表面的两层中加以考虑。记 u^{nl} 是非线性部分的纬向速度，$u = u^l + u^{nl}$ 是总的纬向速度，u^l 是从线性方程中得到的线性部分的纬向速度。方程组（2.9）可以直接从原方程中扣去线性部分而剩余的非线性动量方程和边界条件中得到（假设 ρ^{nl}、p^{nl} 和 v^{nl} 是可以忽略的，通过定义余差的方程可以描述在线性近似中被忽略的项），所以这些方程可以通过非线性平流项作为强迫项来求解

（其中这些非线性平流项不是通过边界条件而是通过线性方程来得到的）。尺度分析表明忽略 v^{nl} 是较为合理的。如上所述，非线性部分是被高度简化了的，考虑它只是为了表征主要的非线性过程及其对赤道潜流、南赤道流和纬向环流等的影响。

模式中具体计算公式如下：

$$
\begin{cases}
\dfrac{\partial}{\partial t}(\Delta H_1 u_{H_m}^{nl}) = -\dfrac{\partial}{\partial x}(\Delta H_1 u_{H_m} u_{H_m}) - \dfrac{\partial}{\partial y}(\Delta H_1 u_{H_m} v_{H_m}^{l}) \\
\qquad\qquad\qquad -[u_{H_m} wM(w) + u_{H_2} wM(-w)] \\
\qquad\qquad\qquad + v_h \nabla_h \cdot \Delta H_1 \nabla_h u_{H_m}^{nl} + 2 v_v \left(\dfrac{u_{H_2}^{nl} - u_{H_m}^{nl}}{\Delta H_1 + \Delta H_2}\right) \\[2mm]
\dfrac{\partial}{\partial t}(\Delta H_2 u_{H_2}^{nl}) = -\dfrac{\partial}{\partial x}(\Delta H_2 u_{H_2} u_{H_2}) - \dfrac{\partial}{\partial y}(\Delta H_2 u_{H_2} v_{H_2}^{l}) \\
\qquad\qquad\qquad + [u_{H_m} wM(w) + u_{H_2} wM(-w)] \\
\qquad\qquad\qquad + v_h \nabla_h \cdot \Delta H_2 \nabla_h u_{H_2}^{nl} + 2 v_v \left(\dfrac{u_{H_m}^{nl} - u_{H_2}^{nl}}{\Delta H_1 + \Delta H_2}\right) \\[2mm]
w^{nl} = -\dfrac{\partial}{\partial x}(\Delta H_1 u_{H_m}^{nl})
\end{cases}
\tag{2.10}
$$

其中，上标 nl 和 l 分别表示非线性和线性部分的变量；u 和 w 分别是总的纬向速度和总的上下层交界面上的垂向速度；$M(\delta)$ 是赫维赛德（Heaviside）函数［当 $\delta \geq 0$ 时，$M(\delta)=1$；当 $\delta<0$ 时，$M(\delta)=0$］。

综上所述，线性和非线性部分共同组成海洋动力模块，可求解得到海洋动力变量场，包括混合层内的水平流速、混合层底的垂向速度及海洋压力场等。

2.1.1.3　海洋动力模块设置和参数

海洋模式区域包括热带太平洋和大西洋海盆（31°S ~ 31°N，124° ~ 30°E），水平取为真实的海陆分布，垂向假定是 5500m 深的平底海洋。模式纬向分辨率为 2°；经向分辨率由南北纬 10°内的 0.5°逐渐向南北边界变低至 3°，如图 2.2 给出的热带太平洋区域水平网格分布。

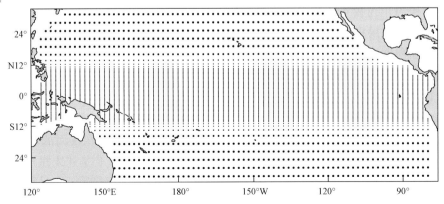

图 2.2　海洋模式的热带太平洋区域水平网格格点分布

模式所计算的物理变量都是三维场，其垂直结构是基于 Levitus（1983）平均温度和盐度资料计算所得到的密度场来确定的。线性部分的垂向模分解是在 Levitus（1983）定义的标准海洋等深面上进行的，共有 33 层，其中海洋上层 125m 深度内占 8 层。动量方程非线性和高阶斜压模的影响只在表面的两层中加以考虑（其总厚度为 125m）：第一层为混合层，第二层为其下的次表层，混合层深度是从 Levitus（1983）年平均的温、盐数据根据稳定性判断定义计算而得的，在模式中是给定的（随空间位置而变）。

线性和非线性动量方程中的水平扩散系数取值是相同的，其中水平扩散系数在纬向动量方程中取 $2.5 \times 10^4\,\mathrm{m^2/s}$；在经向动量方程中内部网格点取 $2.5 \times 10^3\,\mathrm{m^2/s}$，但到南北边界区域（距南北边界的 $10°$ 纬度内），扩散系数取为随纬度呈线性增大（到 $1.275 \times 10^5\,\mathrm{m^2/s}$）。线性动量和密度方程中的垂直扩散参数 A 取 $1.0 \times 10^{-7}\,\mathrm{m^2/s^3}$，这等价于垂直扩散系数在混合层内取 $(4 \sim 6) \times 10^{-2}\,\mathrm{m^2/s}$，在赤道潜流核心区域取 $3 \times 10^{-4}\,\mathrm{m^2/s}$；非线性动量方程中的垂直扩散系数取 $1.0 \times 10^{-3}\,\mathrm{m^2/s}$。

海洋模式由给定的海表风应力场来驱动，得到海洋状态的时空演变。对于大尺度海洋气候相关的模拟及预测等研究，我们感兴趣的是相对于气候态的年际异常。相应地，一个状态变量可分为随季节变化的气候态部分和其年际异常部分。同样，海洋动力模式可构建为两种形式：一种是计算出总变量的完全模式（full model；对应地由总的风场来驱动），得到总变量后可再计算相对于气候态的年际异常；另一种是直接计算出状态变量的年际异常的距平模式（anomaly model）。海洋距平模式构建如下：首先用气候态风场驱动完全的海洋动力模式得到海洋气候态；然后，从完全模式中扣除海洋气候态部分可得到直接计算年际异常场的距平模式方程组〔包括计算海表温度异常的距平方程，如公式（2.11）所示〕，其中海洋气候平均场部分在距平模式中是给定的；接下来，距平模式直接用风应力年际异常场来驱动可得到海洋异常场。在以下模拟中，我们都用距平模式进行计算。在求解时，利用状态变量的垂直模态分解方法，由物理空间分解成为模态空间，时间积分等运算是在模态空间中进行的；再由模态空间场转换回到物理空间场。另外，模式性能还与这些场相互交换的频率有关，如可每月更新或每天更新，为节省时间，非线性部分可采用每月更新一次（即在 1 个月的时间积分中非线性项保持不变）。

2.1.2　海表温度年际异常模块及 T_e 的优化参数化方法

在 IOCAS ICM 中，海表温度（SST）距平模块嵌入到海洋动力模块中，表征表层混合层的热力过程。决定海洋混合层温度年际异常（T'）的控制方程可写为

$$
\begin{aligned}
\frac{\partial T'}{\partial t} = & -u'\frac{\partial \overline{T}}{\partial x} - (\overline{u} + u')\frac{\partial T'}{\partial x} - v'\frac{\partial \overline{T}}{\partial y} - (\overline{v} + v')\frac{\partial T'}{\partial y} \\
& - \left\{ (\overline{w} + w')M(-\overline{w} - w') - \overline{w}M(-\overline{w}) \right\} \frac{(\overline{T}_e - \overline{T})}{H_m} \\
& - (\overline{w} + w')M(-\overline{w} - w')\frac{(T'_e - T')}{H_m} - \alpha T' \\
& + \frac{\kappa_h}{H_m}\nabla_h \cdot (H_m \nabla_h T') + \frac{2\kappa_v}{H_m H_2}(T'_e - T')
\end{aligned} \tag{2.11}
$$

其中，u、v 和 w 分别为纬向、经向和垂向流速；T_e 为海洋次表层海水上卷到混合层的温度场；H_m 为海洋混合层深度（H_2 为表面第一层和第二层的厚度之和，取 $H_2 = 125\text{m}$）；带 "–" 的项为气候平均场，带 "′" 的项为年际异常场；$M(\delta)$ 为 Heaviside 阶梯函数 [当 $\delta \geqslant 0$ 时，$M(\delta) = 1$；当 $\delta < 0$ 时，$M(\delta) = 0$。引入这一函数以表征只有当次表层海水上卷进入海洋混合层时，才对海表温度产生影响]；κ_h 和 κ_v 分别为水平扩散系数和垂直扩散系数（κ_h 取值为 $2.5 \times 10^4 \text{m}^2/\text{s}$，$\kappa_v$ 取值为 $1.0 \times 10^{-3} \text{m}^2/\text{s}$）；$\alpha$ 为热耗散系数 [表层热通量的参数化，与局地海表温度异常成负比例关系，取 $\alpha = (100\text{d})^{-1}$]。方程左边为海表温度倾向项，方程右边为各种贡献项（包括水平平流项、水平扩散项、垂直平流项、垂直扩散项和热耗散项等）。在赤道中东太平洋海区，影响海表温度及其变化的较大项是海洋混合层底的夹卷混合过程和垂直平流项（如当次表层海水上卷进入海洋混合层时，次表层海温异常就直接影响海表温度），其对海表温度的影响还受其他项的平衡作用。对海表温度年际异常诊断分析表明，其中与 T_e' 相关联的项是方程右边项中的大项（即垂直扩散项和垂直平流项）。由于次表层温度场不能直接由海洋动力模块所获得，T_e 必须根据其他海洋动力变量来进行参数化以用于海表温度距平模块的计算。

资料分析和模式研究表明，热带太平洋海表面海洋压力场（sea surface presure，SSP）和海面高度场（sea level，SL）与 T_e 的年际变化间的相关性很高（Meinen and McPhaden，2000；Zhang et al.，2006），海洋动力过程对风应力的响应特征主要表现为温跃层的垂向升降，并直接引起混合层底上卷温度的变化。因此，温跃层的垂直扰动直接影响赤道太平洋的 T_e 和海表温度。这样，海洋动力过程对赤道太平洋区域 T_e 和海表温度的变化有着决定性的影响。对这些过程及相互关系的认知为建立温跃层变化与 T_e 场间的参数化提供了物理基础，从而可根据温跃层的变化来建立一个对 T_e 参数化的非局地经验方案。

鉴于热带海洋中温跃层的变化可通过夹卷过程及垂直扩散过程是影响海表温度变化的主要因子，Zhang 等（2003）发展了一个用于 IOCAS ICM 中计算次表层海水上卷温度异常（T_e'）的优化参数化经验方案，以在给定的海表温度距平方程中优化海表温度的模拟。T_e' 优化算法在线下分两步进行。

第一步是反算法：从观测的海表温度场计算出海表温度倾向场 [即方程（2.11）的左边]；从观测和模式模拟数据确定出方程（2.11）右边除 T_e' 外的其他各项，于是便可以从方程（2.11）右边反算出 T_e' 场，如下：

$$
\begin{aligned}
\left[\frac{2\kappa_v}{H_m H_2} - \frac{(\bar{w} + w')M(-\bar{w} - w')}{H_m} \right] T_e' &= \frac{\partial T'}{\partial t} - \left\{ -u' \frac{\partial \bar{T}}{\partial x} - (\bar{u} + u') \frac{\partial T'}{\partial x} - v' \frac{\partial \bar{T}}{\partial y} \right. \\
&- (\bar{v} + v') \frac{\partial T'}{\partial y} - \left[(\bar{w} + w')M(-\bar{w} - w') \right. \\
&\left. - \bar{w}M(-\bar{w}) \right] \frac{(\bar{T}_e - \bar{T})}{H_m} \\
&+ (\bar{w} + w')M(-\bar{w} - w') \frac{T'}{H_m} - \alpha T' \\
&\left. + \frac{\kappa_h}{H_m} \nabla_h \cdot (H_m \nabla_h T') + \frac{2\kappa_v}{H_m H_2} T' \right\}
\end{aligned} \quad (2.12)
$$

值得指出的是，若将这样得到的T_e'场再返代入方程（2.11）的右边来计算海表温度倾向场［方程（2.11）的左边］，那么就可得到与观测几乎完全一样的海表温度倾向场，可见采用这种基于海表温度方程对T_e'进行反算的方法可以得到最完美的海表温度数值模拟结果。

第二步是用奇异值分解（singular value decomposition，SVD）或经验正交函数分解（empirical orthogonal function，EOF）等常用的统计方法，建立一个由上述方程（2.12）计算得到的T_e'场与海洋动力变量场（如海面高度）间的统计关系。从而通过海面高度场就可直接估算出T_e'场，继而可用于计算海表温度倾向和海表温度场。对T_e'所采用的反算法构建的经验模块已成功应用于 ICM 和 HCM 中（Zhang et al.，2003，2005），模拟结果表明这样构建的T_e'模块可有效地改进海表温度场的模拟和预测结果。

基于 EOF 的统计方法计算T_e'的过程如图2.3所示。首先将月平均的T_e和 SL 异常数据进行标准化处理（除以空间平均的标准差），构造二者的方差矩阵来进行 EOF 分解，得到主要的空间模态（e_n和p_n）及对应的时间系数（主成分分量；α_n和β_n）；再根据后者获得关于两个场的回归系数矩阵（γ_{nm}）。这样，给定 SL 异常场就可通过所得到的空间 EOF模态（e_m）和时间回归系数（α_m）转化为T_e异常场。利用历史资料来构建T_e模式可有两种形式：一是 EOF 分析时未考虑季节变化的年模式（annual model），即对历史资料进行EOF 分析时未区分年际异常场的季节依赖性，因此得到各月份都相同的一个T_e模块；二是考虑随季节变化的月模式（monthly model），即 EOF 分析时要考虑变量场的季节变化特性（即对历史资料中每个不同月份分别进行相应的 EOF 分析），因此每个月份都对应有不同的T_e模块，共有 12 个。

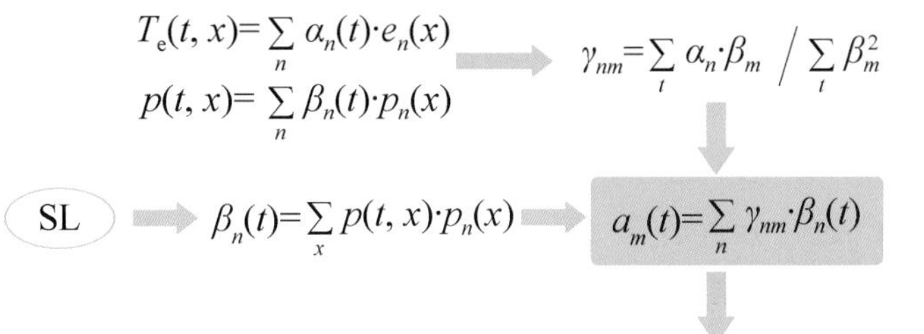

$$T_e(t, x) = \sum_n \alpha_n(t) \cdot e_n(x)$$
$$p(t, x) = \sum_n \beta_n(t) \cdot p_n(x)$$

$$\gamma_{nm} = \sum_t \alpha_n \cdot \beta_m \Big/ \sum_t \beta_m^2$$

$$\text{SL} \quad \beta_n(t) = \sum_x p(t, x) \cdot p_n(x) \quad a_m(t) = \sum_n \gamma_{nm} \cdot \beta_n(t)$$

$$\tilde{T}_e(t, x) = \sum_m \alpha_m(t) \cdot e_m(x)$$

图 2.3　基于 EOF 分解方法由海面高度（SL）异常计算T_e异常场的统计方法示意图

T_e'参数化方案的具体构建过程如下：首先，由观测的风场驱动海洋动力模块从 1960年积分到 1998 年，得到包括海面高度场在内的各种海洋要素场（气候平均场和年际异常场等）；然后，从观测资料可以得到海表温度倾向场［方程（2.11）左边］和其他气候态场（$\bar{T}$）等，于是根据方程（2.12）就可反算得到 1960～1998 年的T_e'场；最后，考虑到热带太平洋中次表层温度扰动主要是温跃层变动所致（即T_e与 SL 年际异常间存在非常好的相关性），可用 EOF 方法从 1960～1998 年的历史资料中构建出T_e与 SL 年际异常间的经验关系，可表示为：$T_e = \alpha_{T_e} \cdot F_{T_e}$（$\text{SL}_{\text{inter}}$）。其中，$\alpha_{T_e}$是表征次表层热力强迫强度大小的可调系数；$F_{T_e}$是基于 EOF 分析从历史资料得到的$T_e$与 SL 年际异常间的统计关系（其中保留前 5 个 EOF 模态来表征）。这种 T_e-SL$_{inter}$ 之间的关系可按不同的历史时期来构建，用于研究其对 ENSO 特性的年代际变化等研究（详情请见第 3.5 节）。

这里可进一步分析 T_e 参数化方法的物理基础，赤道太平洋温跃层的扰动作为海洋对大气风场的响应，反映了整个上层海洋年际变化的基本特性。这种由大气风场强迫产生的海洋温跃层变化信号以赤道波的形式快速传播，进一步造成局地和远距离（即非局地）混合层的动力和热力响应。当与温跃层变化相关的次表层海温异常在一定的深度产生后，通过次表层（如由 T_e 所表征的）对表层的影响引发海表温度的变化。值得注意的是，本工作强调 ENSO 发展中 T_e 对海表温度演变的重要性（即海洋次表层海水上卷过程是影响海表温度变化的主要过程之一），而 T_e 可由模式中的 SL 场估算出来（即只考虑了温跃层的垂向升降对 T_e 的影响）。这样通过由 SL 对 T_e 进行参数化，可以将海洋动力信号与混合层热力状态变化的关系引入到模式中。正如利用观测结果和统计分析所表征的（Meinen and McPhaden，2000），上层海洋热力状态（如热含量）变化超前 Niño3.4 区（5°S ~ 5°N，170° ~ 120°W）海表温度异常 1 ~ 3 个季节。这种观测到的海面高度与 T_e 间的非局地超前滞后关系正好体现在我们基于历史资料所进行的 T_e 参数化过程中。

2.1.3 年际风应力异常的统计大气模块

IOCAS ICM 的大气风应力模块同样采用了一个统计模型，考虑了风应力（τ）对海表温度异常的响应，可表示为：$\tau = \alpha_\tau \cdot F_\tau(\text{SST}_{inter})$，其中 α_τ 是风应力响应强度的一种度量。同样，这一响应关系基于 SVD 方法从历史资料构建所得（Zhang et al.，2003），这里我们采用对海表温度异常与经向、纬向风应力异常间所组成的协方差阵进行联合 SVD 分析。

利用历史资料对海表温度场和风应力场进行奇异值分解，构建风应力与海表温度之间的统计关系可简述如下（参考 Chang et al.，2001）：记海表温度场和风应力场为 T 和 w，二者所组成的交叉协方差矩阵记为 $C_{ij}(T, w) = \langle T_i w_j \rangle$，其中矩阵元素为 T_i 和 w_j。奇异值分解分析是对矩阵 C_{ij} 进行分解运算（Bretherton et al.，1992），矩阵 CC^T 的特征向量 T_k 和矩阵 $C^T C$ 的特征向量 w_k 被称为 T 和 w 场的奇异向量（上标 T 表示转置，下标 k 表示模数）；CC^T 和 $C^T C$ 的前 k 个特征值是相等的且是非零值，被称为奇异值（即每一对奇异向量的协方差的平方，用 σ_k^2 来表示），一般从大到小排列。

T 在第一个模态 T_1 的投影和 w 在第一个模态 w_1 的投影相比于 T 和 w 的其他更高阶模态具有最大协方差；T 在第二个模态 T_2 的投影和 w 在第二个模态 w_2 的投影具有次大协方差，依此类推。这样，奇异向量在第 k 个模态 T_k 和 w_k 上投影的协方差总是大于在第 $k+1$ 个模态 T_{k+1} 和 W_{k+1} 上投影的协方差，且第 $k+1$ 个模态的奇异向量总是与前 k 个模态的奇异向量正交。

对应于奇异向量的扩展系数的时间序列（用 θ 或 ω 表示）是 T 和 w 向量在 T 和 w 场的时间序列上的投影（类似于经验正交函数分解的扩展系数）；然后用第 k 个模态 θ_k 和 ω_k 除以对应的标准差使得 θ_k 和 ω_k 具有相同的振幅；奇异向量乘以对应的标准差，从而使扩展系数的时间序列变成单位标准变量，这样得到的奇异向量格点值是被有量纲化了的，具有海表温度（℃）和风应力（dyn/cm^2）的单位。

　　根据对海表温度场和风应力场进行奇异值分解后得到的特征向量和扩展系数的时间序列，可从海表温度场计算出风应力场（称之为重构）。下面以保留前 5 个模态为例进行普适性说明，将 T 场投影到前 5 个海表温度奇异向量上，获得 w 的经验估计值。由于扩展系数已经被标准化，θ_k 和 ω_k 具有相同的振幅，二者的关系为 $\omega_k(t) = \theta_k(t)$。由海表温度场估算风应力场包含以下几个步骤：

　　1）将 T 投影到 SST 的第一 SVD 模上，得到 θ_1 的值（含量纲）；

　　2）通过除以 T 的方差将 θ_1 标准化；

　　3）通过 $\omega_1 = \theta_1$ 将 θ_1 与 ω_1 联系起来；

　　4）将风应力 w_1 的第一 SVD 模乘以 ω_1 得到 w_1；

　　5）对更高阶模态重复步骤 1～4；

　　6）模态的正交性表明风应力场可表示为：$w = w_1 + w_2 + \cdots + w_5$。

　　具体在 IOCAS ICM 模拟应用中分为基于历史观测资料的线下计算和基于模式模拟出的海表温度场线上计算风应力来进行的，即可将模拟出的海表温度异常投影到所构造的 τ-SST$_{inter}$ 关系中的海表温度部分，就可以估计出相应的风应力异常，这样得到的大气风应力场可以作为耦合模式的强迫场作用于海洋模块。

　　同样，利用历史资料来构建这种统计风应力模块可有两种形式：一是进行 SVD 分析时未考虑季节变化的年模式（annual model），即对历史资料进行 SVD 分析时未区分年际异常场的季节性，因此得到各月份都相同的一个风应力模块；二是考虑随季节变化的月模式（monthly model），即 SVD 分析时要考虑变量场的季节变化特性（对历史资料中每个不同月份分别进行相应的 SVD 分析），因此每个月份都对应有不同的风应力模块，共有 12 个。

2.2　海气耦合过程

　　IOCAS ICM 中各异常变量间的交换（即耦合）如图 2.1 所示。在每一个时间积分步（时间步长为 4800s），首先由海表温度方程（2.11）模拟得到海表温度异常场，利用大气风应力模块，根据所得到的海表温度异常来确定风应力异常；其次用所得到的风应力场驱动海洋动力模块，得到海面高度、混合层中的流场和混合层底的垂向流速等异常场；然后应用 T_e 模块，用模拟得到的海面高度异常估算出 T_e 异常场；最后，根据方程（2.11）计算海表温度异常。重复上述过程即可模拟出大气风场和海洋变量场的年际变化等。耦合系统中大气（风应力场）和海洋（海表温度场）间的信息每天交换一次；同样，用于海表温度距平模块中的 T_e 异常场也每天由海面高度异常更新一次。IOCAS ICM 的启动（spin-up）是通过模式在给定的西风异常驱动下积分 8 个月来实现的，其后模式中状态的演变仅由系统中海气耦合的相互作用所决定。值得一提的是，这里所构建的模式是一个距平模式，即在模式的每个时间积分步中，海表温度年际异常是由海表温度距平模块直接产生的，并未进行其他后处理。

　　在这个耦合系统中，两个主要的强迫场（海洋模块中所需要的风应力及海表温度距平模块中所需要的 T_e）都是由 SVD 或 EOF 方法确定的，计算所得到的风应力异常和 T_e 的振幅可进一步由耦合系数（α_τ 和 α_{T_e}）来重新调整。先前的数值模式研究表明，耦合系统对耦合系数的大小十分敏感，因此我们引入一个可调的常参数（α_τ）来合理表征大气模块中的风应力异常强度；同样基于统计方法构建的 T_e 模块在计算 T_e 异常时也乘上一个常参数（α_{T_e}）。取不同参数值进行敏感性试验表明，当 $\alpha_\tau = 1.0$ 和 $\alpha_{T_e} = 1.0$ 时，模式产生的耦合振荡非常强；当 $\alpha_\tau = 0.87$ 和 $\alpha_{T_e} = 1.0$ 时，模式可产生合理的准 4 年周期振荡的年际变化；当 α_τ 和 α_{T_e} 减小时，模式产生振荡振幅衰减，但振荡周期几乎没有改变。

2.3　模式模拟所需的观测数据

　　观测和再分析资料用来对模式模拟和预测效果进行验证；同时，观测资料和模拟结果用来构造风应力和 T_e 两个统计模块。观测的海表温度资料来自 Reynolds 等（2002）；月平均的风应力数据来自美国国家环境预测中心和美国国家大气研究中心（NCEP/NCAR）联合推出的再分析产品；此外，热带太平洋海气状态的实时演变可以直接在热带大气海洋计划（TAO）实时数据观测网站上在线获得（http：//www. pmel. noaa. gov/tao/）。用于构建基于 SVD 的风应力模块的风应力异常资料是 ECHAM4.5 AMIP 运行的 24 组集合平均的产品（其中 ECHAM 是指位于 Hamburg（德国）的 The Max Planck Institute for Meteorology 所发展的 Atmospheric General Circulation Model；AMIP 是 Atmospheric Model Intercomparison Project 的缩写），每一组都由 1950～1999 年观测到的海表温度异常强迫 ECHAM4.5 获得。采用集合平均的资料是为了强化大气对外部海表温度异常强迫的响应信号，以减弱大气噪声对热带耦合系统的影响。海面高度和海流异常历史资料是由 NCEP/NCAR 再分析的年际风应力异常驱动单独的海洋动力模块而模拟产生的（时间段为 1962～1999 年）；气候态平均的海流场同样由 NCEP/NCAR 再分析的气候平均风应力驱动单独的海洋动力模块而模拟所得。1962～1999 年的 T_e 年际异常场是由海表温度距平方程（2.11）反算得到的：首先，用 NCEP/NCAR 再分析的气候态风应力驱动海洋动力模块来获得平均流场；然后，用 NCEP/NCAR 再分析的风应力异常场驱动海洋动力模块，以获得海洋流场和压力场等的年际异常；最后用观测得到的海表温度和其倾向场（Reynolds et al.，2002）、模拟得到的平均流和异常流等，通过海表温度距平方程来反算估计出 T_e 异常场。

　　这些观测和模式模拟得到的异常场用于构建 T_e 和风应力两个统计模块（采用 1963～1996 年共 34 年的数据）。考虑到大气和海洋的季节变化对厄尔尼诺事件起源和演变有非常重要的影响，因此在构造 T_e 和风应力模块时，采用季节可变的模块，即分别对各个月份（每个月份各有 34 个资料）的相应变量进行 EOF 或 SVD 分析，从而两个模块都分别有对应于不同月份的 12 个子模块（每个月份都对应一个）。此外，模式的模拟性能还取决于其他一些因素，如保留的 EOF（SVD）模态的截断模数等。鉴于对 EOF（SVD）主成分特征的考虑和重构振幅的合理性试验，我们仅保留前 5 个 EOF（SVD）模态来估算相应的异常场。

2.4　有关模式一些基本性能的检验和评估

　　以上较详细地描述了一个简化的海气耦合模式，用于热带太平洋年际变率的数值模拟。按复杂程度这类模式介于概念模式和环流型模式之间（因而称之为"中间型模式"），相比于概念模式，这类中间型模式模拟结果是足够真实的，其模式解可直接与观测进行详细的比对（如精细的时空演变特征等），但相比于复杂的环流型模式又足够简单直观，便于模式物理过程的认知和表征以及结果的物理解释，并且在计算上又非常省时。模式中所显式引入的一些可调参数，可方便地用于敏感性试验并有效地改进模式的性能。此外，该模式还有一些显著的特点，如模式的线性部分采用垂直方向上本征模态分解算法（是在 5500m 深的 31 层等深面上进行的），而非线性部分是在表面两层进行的（其中第一层是混合层，其深度是空间可变的），显式的海洋热力过程只在表层混合层中加以考虑（即海表温度）。如前所述，海洋模式可构建为计算总状态变量的完全模式和只计算年际异常变量的距平模式两种形式，以下我们采用距平模式 [包括距平形式的海表温度方程，如式（2.11）所示] 来进行模拟和预测研究。本节将给出模式一些有关基本性能的检验和评估。

2.4.1　海洋变量场垂直本征模分解及其模态空间与物理空间之间的转换

利用 Levitus（1983）温度和盐度资料计算得到的多年平均密度场，可进一步计算出一些与垂直模态分解有关的基本场和参数值，包括表层混合层深度（图 2.4）、Brunt-Väisälä 频率和垂直本征函数等，有关详细描述请参阅论文 Keenlyside（2001）与 Keenlyside 和 Kleeman（2002）。

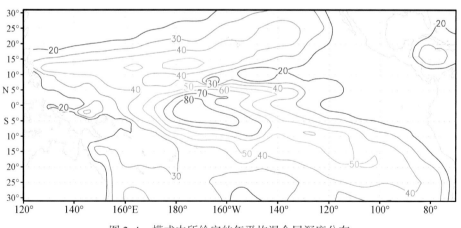

图 2.4　模式中所给定的年平均混合层深度分布

深度值单位为 m，等值线间隔为 10m

由多年平均海洋密度场计算出与斜压本征模态垂直分解相关的一些参数，包括相速（C_n）和表示垂直结构的本征函数 $[\psi_n(x, y, z)]$ 等，其中前 20 个模态的相速分别为 2.96、1.84、1.13、0.82、0.66、0.57、0.47、0.41、0.38、0.35、0.31、0.30、0.27、0.25、0.24、0.24、0.22、0.21、0.20 和 0.19m/s。不同垂直模态的本征函数 $[\psi_n(x, y, z)]$ 在不同深度上的水平分布和其平方在全深度上的垂直积分场（$D_n = \int_{-H}^{0} \psi_n^2 \mathrm{d}z$）分别如图

2.5 和图 2.6 所示，这些场都是空间可变的，反映了温盐场复杂的垂直结构。

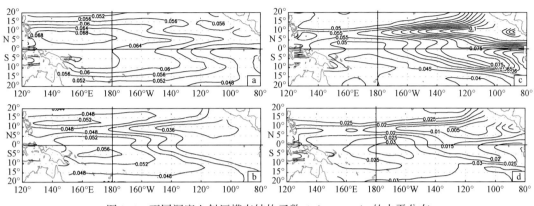

图 2.5　不同深度上斜压模态结构函数 $\psi_n(x, y, z)$ 的水平分布

左边为第 1 模态：a. 海表［即 $(\psi_1(0))$］；b. 125m 深度；右边为第 2 模态：c. 海表［即 $(\psi_2(0))$］；d. 125m 深度

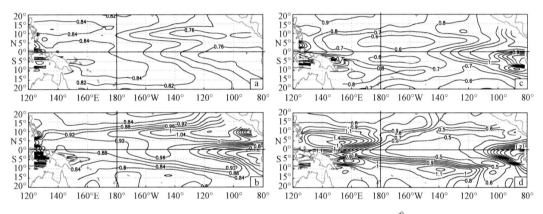

图 2.6　斜压模态结构函数 $\psi_n(x, y, z)$ 平方垂直积分 $\left[D_n(x, y) = \int_{-H}^{0} \psi_n^2 \mathrm{d}z\right]$ 的水平分布

a. 第 1 模态；b. 第 2 模态；c. 第 3 模态；d. 第 4 模态

　　利用这些本征函数等可进行海洋变量场的垂直模态分解，即给定一个变量场可按垂直本征模进行分解，把一个等深面上的三维空间问题转化为一个模态空间中的二维空间问题，相关运算（如时间积分等）是在二维模态空间中进行的，然后可转换到物理空间，得到等深面上三维空间的结构和演变。这里给出一些实际例子，以更清楚地阐明海洋变量场进行垂直模态分解的具体求解过程并验证此方法的可行性。

　　海洋动力模式在给定的风场强迫作用下，进行时间积分可得到海洋动力响应，图 2.7 给出 1998 年 1 月 1 日海表温度异常和纬向风应力异常的一个具体例子，在 IOCAS ICM 的模拟中，采用距平模式［包括海表温度距平方程，如公式（2.11）所示］来计算海表温度异常，再用海表风应力经验模块计算风应力年际异常。如图 2.7 所示，这时热带太平洋正经历一次强厄尔尼诺事件：赤道中东太平洋海区海表温度为正异常，赤道中西太平洋日界线附近海区为西风异常；对应的海洋压力场［$p(x, y, z, t)$］分布如图 2.8 所示，其中海面高度（SL）场可由海洋表面压力场来计算（可近似地表示为 SL $= 14.0 \times p(0)$；

$p(0)$ 为海表面海洋压力场），对应的海面高度和表层纬圈流异常场如图 2.9 所示。

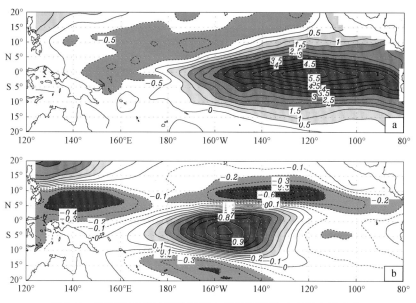

图 2.7 海洋模式在给定的风应力驱动下海洋响应的水平分布

a. 海表温度异常；b. 纬向风应力异常

这里给出 1998 年 1 月 1 日的模拟结果，a 中等值线间隔为 0.5℃，b 中的等值线间隔为 0.1dyn/cm²

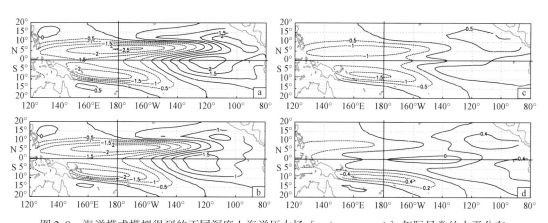

图 2.8 海洋模式模拟得到的不同深度上海洋压力场 $[p(x, y, z, t)]$ 年际异常的水平分布

a. 海表；b. 50m 深度；c. 125m 深度；d. 250m 深度

这里给出 1998 年 1 月 1 日的结果，a ~ c 中等值线间隔为 0.5m²/s²，d 中等值线间隔为 0.2m²/s²

注：如本书 23 页所述，由于模式输出的海洋压力场表示为 $\frac{p}{\rho_0}$ 的形式，所以单位是 m²/s²。本书后面关于海洋压力场

的图不再逐一解释

　　接下来，可进行垂直模分解 [如公式（2.2）所示]，这样给定一个物理空间等深面上的三维场可分解为模态空间的二维场，再从二维模态空间转换成物理空间等深面上的三维场。以海洋压力场 $p(x, y, z, t)$ 为例，从其谱空间场 $[p_n(x, y, t)]$ 转换到物理空间场 $[p(x, y, z, t)]$，再从物理空间分解到谱空间的计算公式分别为

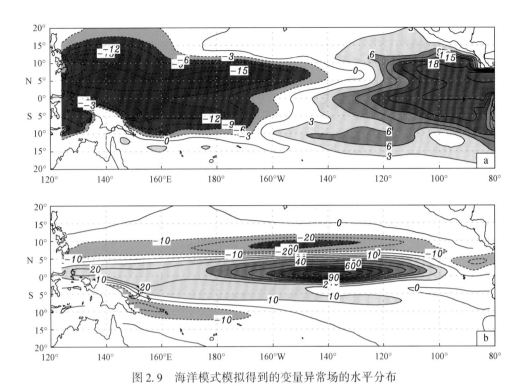

图 2.9　海洋模式模拟得到的变量异常场的水平分布

a. 海面高度异常；b. 表层纬向洋流异常

这里给出 1998 年 1 月 1 日的结果，a 中等值线间隔为 3cm；b 中等值线间隔为 10cm/s

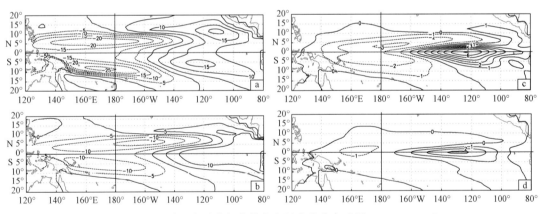

图 2.10　海洋压力异常场在模态空间中的分布［即 $p_n(x, y, t)$］

a. 第 1 模态；b. 第 2 模态；c. 第 3 模态；d. 第 4 模态

$$\begin{cases} p(x, y, z, t) = \displaystyle\sum_{n=1}^{M} \psi_n p_n(x, y, t) \\ p_n(x, y, t) = \dfrac{1}{D_n} \displaystyle\int_{-H}^{0} \psi_n p(x, y, z, t)\,\mathrm{d}z \end{cases} \quad (2.13)$$

其中，n 为垂直模数；M 为所取的总模数（本工作中取 10 个）；$D_n = \displaystyle\int_{-H}^{0} \psi_n^2 \mathrm{d}z$；$H$ 为海洋深

度。在物理空间上，海洋压力场如图 2.8 所示，从这一物理空间进行模分解成模态空间结果如图 2.10 所示，又转换回物理空间的 $p(x, y, z, t)$ 场分布如图 2.11 所示。这样，经过物理空间和模态空间之间的来回转换，所得到的压力场（图 2.11）与原场（图 2.8）基本上保持一致。

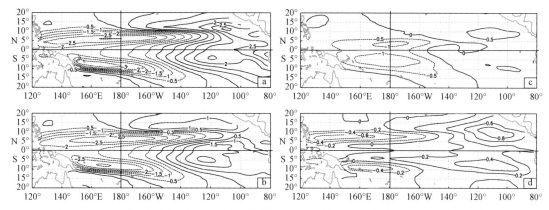

图 2.11　海洋压力异常场的物理空间投影到模态空间再转换到物理空间后的水平分布

a. 表层海洋压力异常场；b. 50m 海洋压力异常场；c. 125m 海洋压力异常场；d. 250m 海洋压力异常场

a ~ c 中等值线间隔为 0.5m²/s²，d 中等值线间隔为 0.2m²/s²

海洋压力异常场的物理空间由图 2.8 所表示，由物理空间投影到模态空间 $[$即 $p(x, y, z, t) \rightarrow p_n(x, y, t)]$，

又从模态空间转换到物理空间 $[$即 $p_n(x, y, t) \rightarrow p(x, y, z, t)]$

2.4.2　风应力年际异常模块及其重构试验

IOCAS ICM 中所使用的大气风应力年际异常模块是利用海表温度和风应力的历史数据来构建的统计模式，基于观测和模式模拟研究表明，热带太平洋海区海表温度和风应力的年际变化（$\mathrm{SST}_{\mathrm{inter}}$ 和 τ_{inter}）的时空分布有很好的相关性，并且 $\mathrm{SST}_{\mathrm{inter}}$ 对 τ_{inter} 起主导的调控作用。图 2.12a 显示了观测到的海表温度沿赤道的分布；图 2.12b 给出了由观测的海温强迫 ECHAM4.5 AGCM 模拟所得到的 24 个样本集合平均的风应力年际异常场（τ_{inter}）。可以看出风应力的年际变化与海表温度的年际变化间的时空相关性。在时间上，随着 ENSO 的发生、发展和演变，风应力年际异常场紧随着海表温度年际异常场的变化而变化。例如，在厄尔尼诺年，热带太平洋中东部海区的海表温度正异常对应于热带中西太平洋海区的西风异常，其强度在厄尔尼诺年的冬季达到最大，特别是 1982 ~ 1983 年和 1997 ~ 1998 年这两次强厄尔尼诺事件期间，强西风异常可延伸至赤道太平洋的中东部海区。在拉尼娜年，热带太平洋中东部海区海表温度为负异常，伴随着其西部的东风异常。在空间上，海表温度最大变率中心位于赤道太平洋中东部海区，而风应力最大变率中心位于中西部日界线附近，两者间的关联是非局地的。由这种时空关系可见，热带太平洋风应力年际异常表现为对海表温度年际异常的一个响应，这一认知为构建一个对 $\mathrm{SST}_{\mathrm{inter}}$ 响应的 τ_{inter} 反馈模块提供了物理基础，可用历史资料来构建 τ_{inter}-$\mathrm{SST}_{\mathrm{inter}}$ 间的统计关系。

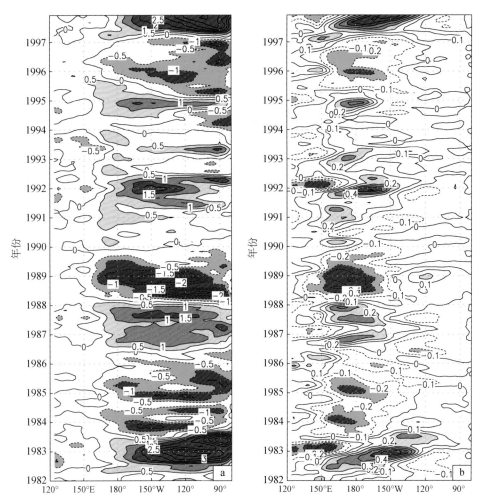

图 2.12　1982～1997 年相关变量年际异常场沿赤道的纬圈–时间分布

a. 海表温度异常；b. 纬向风应力异常

a 中观测的海表温度异常资料取自 Reynolds 等（2002），等值线间隔为 0.5℃；

b 中纬向风应力异常是 ECHAM4.5 AGCM 模拟得到的 24 个样本的集合平均，等值线间隔为 0.1dyn/cm²

　　风应力年际异常统计模块是基于 1963～1996 年海表温度和风应力的数据来构建的（构建期），所选取的这一时期跨越了 20 世纪 70 年代末发生于太平洋海区的年代际气候突变，即 20 世纪 70 年代末之前，太平洋处于太平洋年代际振荡（Pacific decadal oscillation，PDO）的冷位相，而之后至 90 年代末太平洋处于 PDO 的暖位相，对应的 ENSO 事件也经历了相应的年代际变化（Zhang et al.，1998），采用这个时段来构建风应力模块可同时兼顾表征不同年代际时期海表温度与风应力间所存在的关系，会更具有代表性。

2.4.2.1　SVD 分析

　　为揭示热带太平洋海表温度和风应力变化相互关系的时空特征，我们用 1963～1996 年共 34 年的月平均海表温度和风应力场进行 SVD 分析（Zhang，2015）。在本研究中，我们采用海表温度异常场同时与风应力纬向（τ_x）和经向（τ_y）两个分量联合组成的协方差矩阵来进行奇异值分解，这种联合 SVD 分析能更合理地提取海表温度与纬向风应力和经向风应力之间的共同关系。具体地，月平均数据首先通过其空间平均计算得到的标准差进行归一化，形成由海表温度与纬向风应力和经向风应力构成的联合协方差矩阵；然后进行 SVD 分析，得到奇异向量、奇异值和相应的时间扩展系数。

如 2.1.3 节所述，可采用两种方式进行 SVD 分析，第一种方式是未区分季节变化的 SVD 分析，即利用 1963～1996 年共 34 年的所有历史资料进行一个总的 SVD 分析，这样共有 34×12 个月的数据样本。由 SVD 分析得到的第 1～10 模态的奇异值，分别是 2842、634、

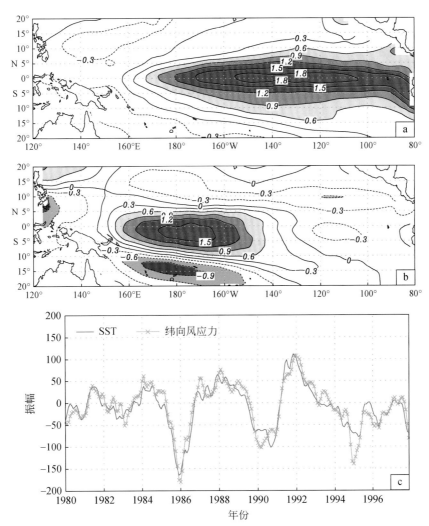

图 2.13　海表温度异常和风应力异常两个分量进行联合 SVD 分析的结果

a. 海表温度异常的第 1 模态特征向量的空间分布；b. 纬向风应力异常的第 1 模态特征向量的空间分布；
c. SVD 分析得到的第 1 模态的时间扩展系数
该结果是利用 1963～1996 年间观测的海表温度异常和由 ECHAM4.5 AGCM 模拟得到的风应力异常两个分量
一起进行联合 SVD 分析得到的，a 和 b 中的等值线间隔为 0.3

325、207、146、139、93、83、72 和 63，代表了对应模态特征向量的平方协方差量值，其中前 5 个模态占总模态平方协方差贡献百分比分别是 92.8%、4.6%、1.2%、0.5% 和 0.2%。

图 2.13 给出了海表温度与纬向风应力和经向风应力进行 SVD 分析得到的第 1 模态特征向量的空间结构及与之相关联的时间序列（即时间扩展系数），结果表明第 1 模态描述了与 ENSO 事件相关的年际变化，揭示了海表温度与风场年际异常演变的时空结构。可见，海表温度与风应力场的时间变化非常一致：在 ENSO 演变中风应力年际异常表现为对海表温度年际异常的响应；相应的空间结构表明（图 2.13a，b），中西太平洋的风场异常与赤道中东太平洋的海表温度异常协同变化：海表温度最大变化中心在赤道东太平洋，风场最大变化中心在赤道中西太平洋，表明风应力场对海表温度的年际异常响应的非局地性。例如，厄尔尼诺伴随着中西太平洋日界线附近的西风异常，而拉尼娜年在西太平洋出现东风异常。第 2 模态（图未给出）也显示了海表温度与风应力场间在时间和空间上的相关性，其空间模态代表了不同状态时 ENSO 的时空演变结构。更高阶模态的海表温度与风应力场的相关性变弱，表现在振幅上变小，时间上更具高频性，而空间上两者的一致性变弱。

第二种 SVD 分析方式考虑了海表温度与风应力场间关系的季节变化性，即对 1963～1996 年每个不同月份的海表温度与风应力场之间分别进行各自相应的 SVD 分析，以考虑海表温度与风应力场相互关系的季节变化特性，这样每个月总共有 34 个数据样本（如 34 年中的全部 1 月份数据）。结果表明，采用不同月份的 SVD 分析得到的 SVD 模态的空间结构和振幅及时间扩展系数有所不同，反映了风应力场对海表温度场的响应振幅的季节依赖性，如冬季时的振幅较夏季大些，具体 SVD 模态空间结构等的图例在这里不再给出。

2.4.2.2　海表风应力统计模型的构建和评估

接着，我们使用 SVD 分析所得到的空间特征向量等来构建风应力异常的统计模块（Zhang，2015）。如前所述，风应力异常统计模块是基于 1963～1996 年的海表温度与风应力数据来构建的，对应于 SVD 分析中所采用的两种方式，构建这种统计风应力模块也可有两种形式。

第一种是利用未区分季节变化性的 SVD 分析所得到的奇异向量来构建的各个月份都相同的风应力模式「年模式（annual model），记为 τ_{inter_ann}」。利用 τ_{inter_ann} 模式，可从给定的 SST_{inter} 场来计算 τ_{inter} 场（重构试验），以评估 τ_{inter} 模式的模拟能力。考虑到奇异值序列和利用 SST_{inter} 计算 τ_{inter} 场试验的结果，我们在统计模块中保留前 5 个主要 SVD 模态，所得到的 τ_{inter} 场具有合理的振幅。因此，给定一个海表温度异常场，就能用统计模块计算出风应力年际异常的响应。

图 2.14a 展示了使用 τ_{inter_ann} 模式从给定的海表温度异常场（图 2.12a）重构得到的风应力异常场。这里 τ_{inter_ann} 模式是从 1963～1996 年的数据计算出来的（构建期），应用于同一时期（即构建期与应用期是重叠的）。结果表明 τ_{inter_ann} 模式能够很好地再现风应力的大尺度年际变化与海表温度演变之间的关系。比如，空间结构上表征在厄尔尼诺和拉尼娜事件时伴随着赤道中西太平洋海区的风场异常。与原始场（图 2.12b）比较可见，基

于 $\tau_{\mathrm{inter\_ann}}$ 重构的风应力年际异常场（图 2.14a）在太平洋中西部表征得非常精确，风应力年际异常的大部分变率基本上能由保留前 5 个 SVD 模态的统计模块来表征。这表明取前 5 个 SVD 模态足以有效地再现风应力年际异常的振幅。然而，模拟得到的风应力年际异常的振幅较弱、较平滑，并且噪声较小，说明这种风应力异常的统计模块起到了类似于低通滤波器的作用。

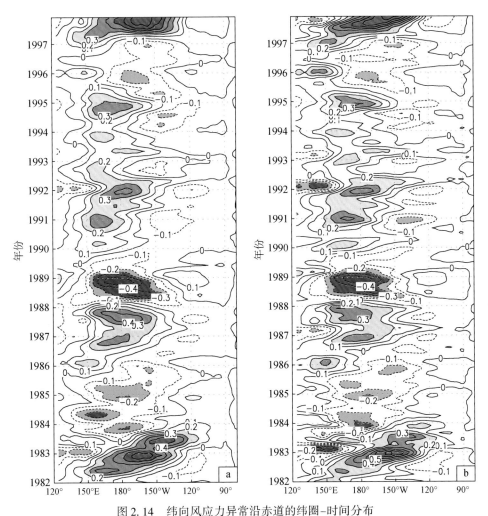

图 2.14　纬向风应力异常沿赤道的纬圈–时间分布

a. 利用未区分季节变化性的 $\tau_{\mathrm{inter\_ann}}$ 模块；b. 利用季节变化性的 $\tau_{\mathrm{inter\_mon}}$ 模块

利用 SVD 分析所构建的风应力统计模块从海表温度异常计算得到的 1982～1997 年沿赤道的纬向风应力异常场，其中等值线间隔为 0.1dyn/cm²

　　第二种是构建具有季节变化性的月模式（monthly model，记为 $\tau_{\mathrm{inter\_mon}}$）。如 Barnett 等（1993）所论证的，风应力对于海表温度异常的响应在每个季节是不同的，即在 ENSO 演变中风应力年际异常变化对海表温度年际异常的响应具有明显的季节依赖性（如冬季的振幅比夏季要强）。利用已考虑 τ_{inter}-$\mathrm{SST_{inter}}$ 关系间季节变化性的 SVD 分析，对 1963～1996 年历史资料中每个不同月份分别进行相应的 SVD 分析，构建每个月份所对应的风应力异常统计模式（共有 12 个不同的风应力异常统计模式，即每个月份对应一个）。这样，通过构建季节依赖性的 $\tau_{\text{inter\_mon}}$ 模式，进行风应力场重构试验。为了得到合理的振幅，同样保留前 5 个 SVD 模态来估算风应力异常对海表温度异常的响应。

图 2.14b 展示了使用 $\tau_{\text{inter\_mon}}$ 模式从给定的海表温度异常（图 2.12a）重构得到的风应力年际异常场。表明该 $\tau_{\text{inter\_mon}}$ 模式很好地再现了大尺度风应力年际变化与海表温度演变之间的关系。与原始场（图 2.12b）和由 $\tau_{\text{inter\_ann}}$ 模式得到的结果（图 2.14a）相比，基于 $\tau_{\text{inter\_mon}}$ 重构的风应力年际异常（图 2.14b）模拟更为精细一致，如冬季振幅比夏季要强些，更接近原始场。这样构建的 $\tau_{\text{inter\_mon}}$ 模式表征了风场对海表温度响应的季节依赖性，这一考虑了季节可变性的风应力异常模型已被应用到热带太平洋的海气耦合模拟研究中（Zhang et al.，2003，2005）。

2.4.3 海洋次表层海水夹卷进入海面混合层温度（T_e）的年际异常模块及重构试验

本工作中所使用的次表层海水上卷温度（T_e）异常模块是利用海面高度（SL）和 T_e 历史数据来构建的统计模块。基于观测和模式模拟研究表明，热带太平洋海面高度与 T_e 的年际变化（SL_{inter} 和 $T_{e\text{-inter}}$）之间有很好的时空变化关系，并且海面高度变化是 T_e 变化的主导因子。图 2.15a 显示了海洋动力模式在给定风应力驱动下得到的海面高度异常沿赤道的分布；图 2.15b 给出了由海表温度距平方程（式 2.11）反算得到的 T_e 异常场。可以看出，T_e 年际变化与海面高度的年际变化之间存在非常一致的时空相关性。在空间上，海面高度和 T_e 最大变率中心都位于赤道太平洋中东部海区；在时间上，随着 ENSO 的发生、发展和演变，T_e 紧随着海面高度的年际变化。例如，在厄尔尼诺年，热带太平洋中东部海区的海面高度正异常对应于热带中东太平洋的 T_e 正异常，其强度在厄尔尼诺年的冬季达到最大。在拉尼娜年，热带太平洋中东部海区海面高度为负异常，伴随着相应的 T_e 负异常。从二者间时空关系可见，热带太平洋 T_e 年际异常表现为对海面高度异常的一个响应，这些观测结果为构建一个 T_e 对海面高度响应的反馈模型提供了物理基础，可用历史资料来构建 T_e-SL 之间的统计关系。

与 τ-SST 模式构建一致，T_e 统计模式是基于 1963 ~ 1996 年的海面高度和 T_e 的数据来构建的，选取的这一时期跨越了 20 世纪 70 年代末发生在太平洋海区的年代际气候突变，采用这个时段来构建的 T_e 模式可同时表征不同年代际时期 T_e 与海面高度间的关系，会更具有代表性。

2.4.3.1 SVD 分析

为揭示热带太平洋海面高度与 T_e 间时空特征及其相互之间的关系，我们用 1963 ~ 1996 年（共 34 年）的月平均海面高度和 T_e 场进行 SVD 分析，采用海面高度与 T_e 异常场组成的协方差矩阵来进行奇异特征向量分解。具体地，首先月平均数据通过其空间平均计算得到的标准差进行归一化，形成由海面高度与 T_e 构成的协方差矩阵；然后进行 SVD 分析，得到奇异向量、奇异值和相应的时间扩展系数。

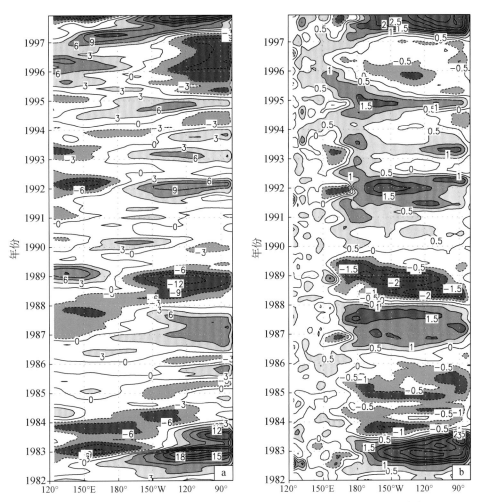

图 2.15　模拟得到的 1982～1997 年年际异常场沿赤道的纬圈–时间分布

a. 海洋模式在给定风应力驱动下得到的海面高度异常场；b. 由海表温度距平方程反算得到的 T_e 异常场

a 中的等值线间隔为 3cm，b 中的等值线间隔为 0.5℃

对应于 2.4.2 节关于 τ-SST 的 SVD 分析，可采用两种方式进行 T_e-SL 的 SVD 分析。

第一种方式是未区分其季节变化性，即利用 1963～1996 年共 34 年的所有历史资料进行一个总的 SVD 分析，这样共有 34×12 个月的数据样本。SVD 分析得到的第 1～10 模态奇异值分别是 2763、593、302、231、173、107、97、79、75 和 62，代表了对应模态特征向量的平方协方差量值，其中前 5 个模态占总模态平方协方差贡献百分比分别是 92.7%、4.4%、1.1%、0.7% 和 0.37%。

图 2.16 给出了海面高度与 T_e 异常场进行 SVD 分析得到的第一模态特征向量的空间结构及与之相关联的时间序列（即时间扩展系数），表明第一模态描述了与 ENSO 事件相关的年际变化，揭示了 T_e 与海面高度年际异常演变的时空结构。可见，T_e 与海面高度时间变化非常一致：在 ENSO 演变中 $T_{e-inter}$ 表现为对 SL_{inter} 的即时响应；相应的空间结构表明（图 2.16a，b），赤道中东太平洋 T_e 异常与赤道东太平洋海面高度异常协同变化，海面高

度最大变化中心在赤道东太平洋，而 T_e 最大变化中心在赤道中东太平洋海区，表明 T_e 对海面高度的年际异常响应的非局地性。例如，厄尔尼诺期间，海面高度在赤道中东太平洋海区为正异常，而在赤道外西太平洋海区为负异常；对应的 T_e 在赤道中东太平洋海区为正异常。第 2 模态（图未给出）也显示了 T_e 与海面高度之间在时间和空间上的相关性，其空间模态代表了不同状态下 ENSO 的时空演变结构。更高阶模态的 T_e 与海面高度的相关性和一致性变弱，表现为在振幅上变小、在时间上更具高频性。

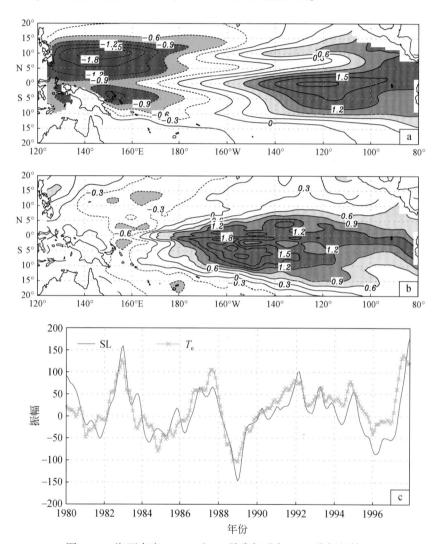

图 2.16 海面高度（SL）和 T_e 异常场进行 SVD 分析的结果

a. 海面高度异常的第 1 模态特征向量的空间分布；b. T_e 异常的第 1 模态特征向量的空间分布；

c. SVD 分析得到的第 1 个模态的时间扩展系数

该结果是利用 1963～1996 年海洋模式模拟得到的海面高度异常与由海表温度异常反算得到的 T_e 异常数据进行

SVD 分析得到的，a 和 b 中的等值线间隔为 0.3

第二种 SVD 分析方式考虑了海面高度与 T_e 间关系的季节变化性，即对 1963～1996 年每个不同月份的海面高度与 T_e 异常场间分别进行各自相应的 SVD 分析，以考虑海面高度与 T_e 相互关系的季节变化特性，这样每个月份总共有 34 个数据样本（如 1963～1996 年共有 34 个 1 月份的资料）。结果表明，采用不同月份的 SVD 分析得到的 SVD 模态的空间结构和振幅及时间扩展系数有所不同，反映了 T_e 对海面高度响应的季节依赖性，如冬季时的振幅较夏季要大些，具体基于季节可变的 SVD 分析结果（如模态空间结构等）和相应的图例在这里不再给出。

2.4.3.2　T_e 统计模块的构建和评估

接着，我们采用 SVD 分析所得到的空间特征向量等来构建 T_e 统计模块（Zhang et al.,2005）。如前所述，T_e 统计模块是基于 1963～1996 年的 T_e 与海面高度数据构建的，对应于 SVD 分析中所采用的两种方式，构建这种 T_e 统计模块也可有两种形式。

第一种是利用由未区分季节变化性所进行的 SVD 分析来构建的各个月份都相同的 T_e 模式（T_e_ann）。利用 T_e_ann 模式，可从给定的海面高度异常场来计算 T_e 异常场（重构试验），以评估 T_e_ann 模式的模拟能力。考虑到奇异值序列和利用 SL$_{inter}$ 计算 $T_{e\text{-}inter}$ 场的试验结果，在 T_e_ann 模式中保留前 5 个主要 SVD 模态，所得到的 $T_{e\text{-}inter}$ 场具有合理的振幅。因此，给定一个海面高度异常场，就能用统计模式计算出 T_e 异常场的响应。

图 2.17a 展示了使用 T_e_ann 模式从给定的海面高度异常（图 2.15a）重构得到的 T_e 场。这里 T_e_ann 模式是从 1963～1996 年的数据构建出来的（构建期），应用于同一时期（即构建期与应用期是重叠的）。结果表明该模式很好地再现了 T_e 大尺度年际变化与海面高度演变之间的关系。例如，重构的太平洋中东部 T_e 振幅（图 2.17a）与原始场非常一致（图 2.15b），方差约占原始场的 90% 以上。因此，T_e 大部分变率基本上能由保留前 5 个 SVD 模态的 T_e_ann 模式来表征。这表明取前 5 个 SVD 模态足以有效地再现 T_e 的振幅。然而，模拟得到的 T_e 场振幅较弱、较平滑，并且噪声较小，说明这种 T_e 统计模式起到了类似于低通滤波器的作用。

第二种是构建具有季节变化性的月模式（T_e_mon）。如 Zhang 等（2005）所表明的，T_e 对于海面高度异常的响应每个月份会有所不同，即在 ENSO 演变中 T_e 对海面高度异常的响应具有明显的季节依赖性（如冬季的振幅比夏季要强些）。利用已考虑 T_e-SL 关系间季节变化性的 SVD 分析，对 1963～1996 年历史资料中每个不同月份分别进行相应的 SVD 分析，构建每个月份所对应的 T_e 模式（共有 12 个不同的 T_e 模式，即每个月份对应一个）。这样，通过构建季节依赖性的 T_e_mon 模式，进行 T_e 的重构试验（Zhang et al.,2005）。为了得到合理的振幅，也保留前 5 个 SVD 模态来估算 T_e 场对海面高度异常的响应。

图 2.17b 展示了使用 T_e_mon 模式从给定的海面高度异常（图 2.15a）重构得到的 T_e 场，表明该 T_e_mon 模式很好地再现了 T_e 大尺度年际变化与海面高度演变之间的关系。与原始场（图 2.15b）和由 T_e_ann 模式重构结果（图 2.17a）相比，基于 T_e_mon 重构的 T_e 场年际异常模拟（图 2.17b）更为精细一致、更接近原始场，如冬季振幅比夏季要强些。这样由 T_e_mon 模式重构得到的 T_e 场表征了 T_e 对海面高度响应的季节依赖性。

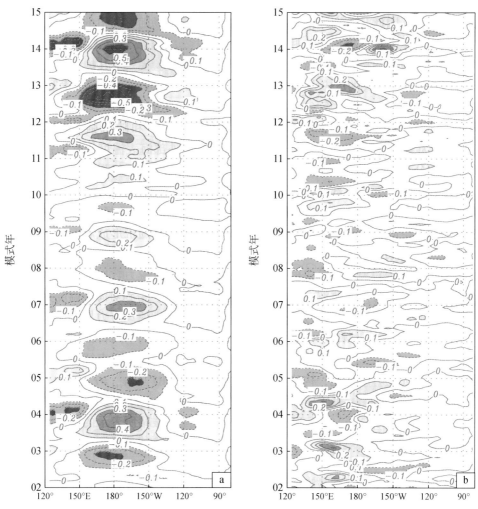

图 2.18　纬向风应力异常沿赤道的纬圈–时间分布

a. 信号部分；b. 随机强迫部分

利用一个混合型海气耦合模式（HCM）模拟所得到的纬向风应力异常场，图中等值线间隔为 0.1dyn/cm²

　　除了信号部分以外，HCM 中的 AGCM 本身由于大气内部变率，海表风应力场具有明显的随机性和不确定性，大气风场中随机强迫部分（τ_{SF}）的估算如下。首先，计算由 HCM 模拟得到的风应力异常与信号部分之差（$\tau_{inter}-\tau_{Sig}$），得到去除信号部分后的大气内部变率相关的扰动部分。图 2.18 给出了纬向风应力异常信号部分和随机扰动部分沿赤道的纬圈–时间分布，其中信号部分由海表温度异常强迫产生；而随机扰动部分与大气内部变率相关，具有空间尺度小和时间尺度短的随机性质。图 2.19 分别给出从风应力异常信号部分和随机扰动部分计算得到的标准差的水平分布，风应力变化信号部分振幅在赤道区域很大，而随机扰动部分振幅在赤道外区域较大。图 2.20 给出了风应力随机扰动部分的前三个 EOF 模态的空间结构，较大的扰动区域集中在赤道外西太平洋和东部的热带辐合带（intertropical convergence zone，ITCZ）海区。进一步，利用所得到的 EOF 空间特征向量场和主分量，可构建一阶自回归模型以表征风应力的随机强迫（τ_{SF}），在用于 IOCAS ICM 的 τ_{SF} 模块中，保留前 20 个 EOF 模态，纬向和经向风应力的随机扰动部分每月计算一次且在该月内保持不变，有关海表大气风应力随机强迫对 ENSO 影响的数值模拟结果将在第 3 章中给出。

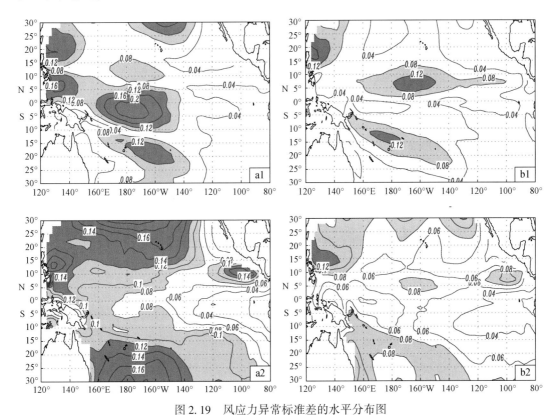

图 2.19　风应力异常标准差的水平分布图

a1. 纬向风应力信号部分；a2. 纬向风应力随机强迫部分；b1. 经向风应力信号部分；b2. 经向风应力随机强迫部分

利用一个混合型海气耦合模式（HCM）模拟 41 年所得的结果，其中 a1 和 b1 中的等值线间隔为 0.04dyn/cm²，

a2 和 b2 中的等值线间隔为 0.02dyn/cm²

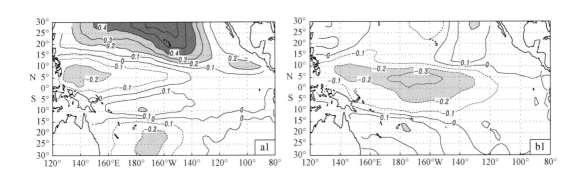

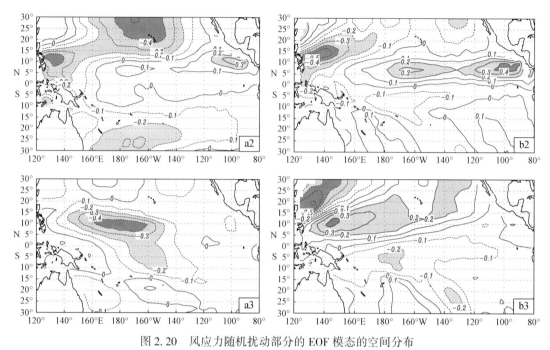

图 2.20　风应力随机扰动部分的 EOF 模态的空间分布

a1. 纬向 EOF 第 1 模态（11.8%）；a2. 纬向 EOF 第 2 模态（10.8%）；a3. 纬向 EOF 第 3 模态（8.7%）；
b1. 经向 EOF 第 1 模态（14.5%）；b2. 经向 EOF 第 2 模态（10.2%）；b3. 经向 EOF 第 3 模态（6.8%）
利用一个混合型海气耦合模式（HCM）模拟 41 年所得的结果，图注括号内数据是每个 EOF 模态所解释的
方差，等值线间隔为 0.1

2.6　与国际上著名的 Zebiak-Cane 模式间的比较

　　早期美国哥伦比亚大学 LDEO 的 Zebiak 和 Cane（1987）发展了一个中等复杂程度的海洋–大气耦合模式，以用于 ENSO 的数值模拟和预测研究（Zebiak and Cane，1987；简称 ZC87），这是最早成功应用于 ENSO 预测的动力模式（Cane et al.，1986），并在之后的 ENSO 研究和预测应用中逐步建立了一个经济有效的 ENSO 实时预测系统（Chen et al.，1995，2000）。如本章前面所介绍的，我们也发展和改进了一个中等复杂程度的海气耦合模式以进行 ENSO 事件的模拟和预测研究。按复杂程度来说，这两个模式都被称为中间型（intermediate）耦合模式（ICM；即介于简单的 ENSO 概念模型与复杂的环流型模式之间），二者的共同特征是它们都同为距平类模式，此类简化模式并不是要完全确定海洋–大气状态变量场本身（即其总场），而是只关注相对于海洋–大气气候态的年际异常部分（而其随季节逐月变化的气候态部分是由观测或模式模拟来事先给定的），但 ZC87 与 IOCAS ICM 是两个完全不同的模式，二者在模式构建和模拟结果等方面有很大的不同，这里将进行较为详细的说明。

　　在大气模式方面，ZC87 是由一个简化的动力大气模式所组成，采用定常线性化的浅水模式来近似表征，其中特别考虑了大气风–辐合–对流间的相互作用和湿水汽反馈过程

（Zebiak，1986），使得大气中加热异常是由与海表温度异常直接相关的局地加热和底层水汽辐合来共同确定的（其中按表层风辐合来参数化）。而我们的 ICM 中的大气风应力年际异常模式是采用 SVD 方法基于历史资料所构建的，因而完全是一个统计模式，仅反映了大气风应力场对海表温度年际异常的一个反馈响应。这里是用观测得到的海表温度年际异常和基于大气环流模式（ECHAM4.5）集合平均模拟得到的风应力年际异常来构建的，通过大气环流模式对观测的海表温度响应的样本集合平均是为了增强响应信号而减小随机噪声的影响。

在海洋模式方面，ZC87 中动力部分采用了赤道 β 平面近似，由 1.5 层的线性化的浅水约化重力模式来表征 [其中表层（第一层）取为 50m 等深度层，第二层近似为无运动层]，海洋流场等的计算仅在表层（50m 等深度层）中进行；并且仅考虑了第一个斜压模态的影响，其中所表征的赤道波动参数（如传播速度等）是给定的，且不随空间变化；同时，动量方程只考虑了线性部分，而忽略了非线性的作用。虽然动量方程是线性的，但海表温度变化是由考虑了包括各种过程的非线性方程来确定的，海表温度也只在 50m 固定等厚度的表层中计算。由于海洋模式没有显式地表征次表层的热力过程，次表层海水夹卷进入混合层的温度（T_e）场的计算需要参数化，ZC87 采用的是一个基于双曲正切函数来解析构建的 T_e 场（表示为 $T_e \sim \tanh h$ 的形式，其中 h 为海洋温跃层异常），可见 T_e 采用了一个表示对温跃层变化响应所建立的局地化方案（即只与海洋温跃层局地异常有关）。

我们所构建的 ICM 中海洋模式是用表面两层来表征的（总厚度为 125m），其中第一层是深度为 H_m 的混合层（$\Delta H_1 = H_m$；空间可变的混合层深度是由年平均温盐观测资料计算所给定的）；第二层的厚度为 ΔH_2，取为 $\Delta H_1 + \Delta H_2 = 125m$。模式流场等的计算分为线性部分和非线性部分。其中线性部分采用的是在垂直方向上斜压模态局地分解方法（McCreary，1981），即变量场的垂直结构是通过海洋平均层结的局地垂直分布来确定的；还对此进行了扩展：如考虑了 N^2（Brunt-Väisälä 频率的平方）是可以有水平变化的，从而可以考虑更为真实的背景场平均层结及其垂直结构的水平变化，这样由海洋背景场层结计算出的模态参数（如波动传播速度等）也是可以水平变化的，这使得风应力的投影系数在水平方向上也是可以变化的。更具体地，线性部分的垂向模态分解是在 Levitus（1983）所定义的 31 层标准海洋面（5500m 等深）上进行的，线性部分用垂直方向模态分解的方法进行求解时显式保留了前 10 个斜压模态的直接作用，同时也近似考虑了更高阶斜压模态的贡献。线性部分的流场解首先是在全水深（其所定义的 31 层海洋标准深度）上计算得到的，然后插值平均到表面两层中 [其中在海洋上下两层（总厚度为 125m 深）中占有 8 层海洋标准层]。模式还考虑了水平流场的非线性项对动量变化的影响：水平流场的非线性部分由原动量方程和其线性方程的余项来表示。具体求解过程是：动量方程的非线性平流项先由线性解计算出来，然后作为非线性方程的源汇项来得到非线性方程的解；这种非线性部分只是在模式所定义的表面两层中进行计算的。这种处理方式是对不适用于赤道区域的线性假设而进行的一个有效修正。

IOCAS ICM 中的海表温度方程也是非线性的，并且是在空间可变的混合层（H_m）中计算的（H_m 是给定的并不随时间变化的，如图 2.4 所示）。在 T_e 参数化方面，我们所采用的 T_e 计算方法是一个非局地的优化经验参数化方案。考虑到海洋温跃层变化是引起 T_e

变化的一个主要因素，把 T_e 表示为对海洋温跃层异常（h）的响应，并基于历史资料采用 SVD 或 EOF 统计方法来构建出 T_e-h 间的经验关系。其中 T_e 场是由观测的海表温度场及其倾向场等通过海表温度方程（公式 2.11）反算得到的，这样的处理可保证在用给定的海表温度距平方程时得到最为理想的海表温度的模拟结果（即观测）。

这些模式构建上的差别也反映在模拟和预测性能上，例如，基于 IOCAS ICM 分析表明该模式对热带中、西太平洋海表温度年际异常的模拟和预测效果最为成功，但在东部海盆区域不太理想。而 ZC87 中，因其 T_e 是基于双曲正切函数来构建的（即表示为与局地 h 有关的 tanh$h$ 形式，其中 h 为海洋温跃层异常），这种参数化方法使得 ENSO 模拟和预测在东部海盆区域非常成功。这些表明，相比于 ZC87 的 T_e 参数化方法，IOCAS ICM 中的 T_e 参数化方案仍有着明显的改进空间，例如，这两种方案的最优组合可能会进一步提高我们发展的 ICM 对整个海盆海表温度的模拟和预测水平。

参 考 文 献

Barnett T P, Latif M, Graham N, et al., 1993. ENSO and ENSO-related predictability. Part I: Prediction of equatorial Pacific sea surface temperature with a hybrid coupled ocean-atmosphere model [J]. Journal of Climate, 6 (8): 1545-1566.

Bretherton C S, Smith C, Wallace J M, 1992. An intercomparison of methods for finding coupled patterns in climate data [J]. Journal of Climate, 5 (6): 541-560.

Chang P, Ji L, Saravanan R, 2001. A hybrid coupled model study of tropical Atlantic variability [J]. Journal of Climate, 14 (3): 361-390.

Chen D, Zebiak S E, Busalacchi A J, et al., 1995. An improved procedure for El Niño forecasting: Implications for predictability [J]. Science, 269 (5231): 1699-1702.

Chen D, Cane C M, Zebiak S E, et al., 2000. Bias correction of an ocean-atmosphere coupled model [J]. Geophysical Research Letters, 27 (16): 2585-2588.

Eckert C, Latif M, 1997. Predictability of a stochastically forced hybrid coupled model of El Niño [J]. Journal of Climate, 10 (7): 1488-1504.

Flugel M, Chang P, Penland C, 2004. The role of stochastic forcing in modulating ENSO predictability [J]. Journal of Climate, 17 (16): 3125-3140.

Keenlyside N, 2001. Improved modelling of zonal currents and SST in the tropical Pacific [D]. Monash University.

Keenlyside N, Kleeman R, 2002. Annual cycle of equatorial zonal currents in the Pacific [J]. Journal of Geophysical Research: Oceans, 107 (C8): 8-1-8-13.

Kirtman B P, Schopf P S, 1998. Decadal variability in ENSO predictability and prediction [J]. Journal of Climate, 11 (11): 2804-2822.

Levitus S, 1983. Climatological Atlas of the World Ocean [J]. Eos, Transoctions American Geophysical Union, 64 (49): 962-963.

McCreary J P, 1981. A linear stratified ocean model of the equatorial undercurrent [J]. Philosophical Transactions of The Royal Society A—Mathematical Physical and Engineering Sciences, 298 (1444): 603-635.

Meinen C S, McPhaden M J, 2000. Observations of warm water volume changes in the equatorial Pacific and their relationship to El Niño and La Niña [J]. Journal of Climate, 13 (20): 3551-3559.

Moore A M, Kleeman R, 1999. Stochastic forcing of ENSO by the intraseasonal oscillation. Journal of Climate,

12（5）：1199-1220.

Reynolds R W, Rayner N A, Smith T M, et al., 2002. An improved in-situ and satellite SST analysis for climate [J]. Journal of Climate, 15（13）：1609-1625.

Zebiak S E, 1986. Atmospheric convergence feedback in a simple model for El Niño [J]. Monthly Weather Review, 114（7）：1263-1271.

Zebiak S E, Cane M A, 1987. A model El Niño southern oscillation [J]. Monthly Weather Review, 115（10）：2262-2278.

Zhang R H, 2015. A hybrid coupled model for the Pacific ocean-atmosphere system. Part I：Description and basic performance [J]. Advances in Atmospheric Sciences, 32（3）：301-318.

Zhang R H, Busalacchi A J, DeWitt D G, 2008. The roles of atmospheric stochastic forcing (SF) and oceanic entrainment temperature (T_e) in decadal modulation of ENSO [J]. Journal of Climate, 21（4）：674-704.

Zhang R H, Gao C, 2016. The IOCAS intermediate coupled model (IOCAS ICM) and its real-time predictions of the 2015-16 El Niño event [J]. Science Bulletin, 61（13）：1061-1070.

Zhang R H, Kleeman R, Zebiak S E, et al., 2005. An empirical parameterization of subsurface entrainment temperature for improved SST simulations in an intermediate ocean model [J]. Journal of Climate, 18（2）：350-371.

Zhang R H, Rothstein L M, Busalacchi A J, 1998. Origin of upper-ocean warming and El Niño change on decadal scale in the tropical Pacific Ocean [J]. Nature, 391（6670）：879-883.

Zhang R H, Zebiak S E, Kleeman R, et al., 2003. A new intermediate coupled model for El Niño simulation and prediction [J]. Geophysical Research Letters, 30（19）：2012.

第 3 章　利用 IOCAS ICM 对 ENSO 的数值模拟及过程分析

本章基于 IOCAS ICM 开展对 ENSO 的模拟和相关动力过程的分析，揭示了次表层海水上卷温度异常在厄尔尼诺事件起源中的作用，并以 2010-2012 年拉尼娜事件二次变冷过程和 2014-2016 年厄尔尼诺事件二次变暖过程为例，进行相关过程的诊断分析，进一步探讨与大气风场强迫作用相关的 ENSO 多样性及次表层海水上卷温度年代际变化对 ENSO 的调制影响。

3.1　次表层海水上卷温度在厄尔尼诺事件起源中的作用

我们基于 IOCAS ICM 给出了一个与著名的延迟振子理论（delayed oscillation，其中一个重要过程是海洋赤道波在热带太平洋西边界地区的反射）不同的厄尔尼诺事件起源的新机制：海表温度正异常可沿太平洋的北赤道逆流（northern equatorial countercurrent，NECC）路径传播，当传到中部海区时引起热带西太平洋海区相应的西风异常；此后，海表温度正异常和西风异常相互作用并系统性发展，强度增强并且在空间上扩展至赤道区域，从而引发厄尔尼诺事件的爆发。以 IOCAS ICM 模拟的第 3、第 4 年的一个厄尔尼诺事件为例分析如下。在第 1 年年末拉尼娜事件发生之后，第 2 年年初海面高度场存在一个明显的西边界反射信号，并沿赤道向东太平洋传播，在年中到达东部海盆。然而，这些沿赤道传播的反射信号并未直接产生较大的海表温度异常和厄尔尼诺事件的爆发。但在近一年的延滞后，一个显著的厄尔尼诺事件在第 3 年年末开始形成和发展，不过此时海面高度场并没有明显的西边界反射信号，这表明厄尔尼诺事件的起源不能直接归因于西边界的反射过程。然而，实际引发第 3 年年末厄尔尼诺事件的海洋 Kelvin 波是由日界线附近的风场异常产生的，而风场异常又与上面提到的首先出现于北赤道逆流海区的海表温度正异常有关；这进一步与热带西太平洋赤道外区域次表层海水上卷到混合层温度（T_e）的持续异常有关。正是这些 T_e 异常激发了日界线附近沿北赤道逆流区域的海表温度正异常，所引发的海表风场异常和海表温度场异常进一步耦合，导致了第 4 年的厄尔尼诺事件的发生和发展。这一结果与一些观测分析的结果是一致的，如 1991-1992 年和 1997-1998 年厄尔尼诺事件的发生和发展（Zhang et al., 1999；Zhang and Busalacchi, 1999；Zhang and Rothstein, 2000）。

3.1.1　引言

ENSO 是起源于热带太平洋的海气耦合现象，具有 2～7 年的显著振荡周期，对全球的天气、气候产生影响（Bjerknes，1969；Cane and Zebiak，1985；Jin，1997）。近几十年来，在对 ENSO 机制的研究、模式的发展以及数值模拟与预测方面都取得了巨大进展。例如，提出了明确的正、负反馈机制用以解释 ENSO 事件的发展和循环，如由表层风应力、海表温度和温跃层之间的相互作用所产生的温跃层正反馈机制，又称"Bjerknes feedback"（Bjerknes，1969；Jin and An，1999），以及 Rossby 波在热带太平洋西边界反射引起的延迟振子理论（Schopf and Suarez，1988；Battisti and Hirst，1989）等负反馈机制。

目前国际上已建立了不同复杂程度的海气耦合模式以对 ENSO 事件进行数值模拟研究，包括 ICMs、HCMs 和 CGCMs。这些耦合模式能比较合理地描述热带太平洋海区 ENSO 相关的年际变化（McCreary and Anderson，1991；Neelin et al.，1992）。然而，模式对于赤道太平洋气候系统及其变化的模拟结果与观测相比仍有显著差异，一些模拟具有系统性的模式偏差。例如，基于海洋环流模式（OGCM）的耦合模式对海表温度年际变化的结构模拟通常不切实际，如低估了赤道东太平洋海表温度年际异常强度；此外，一些基于 CGCMs 模拟的赤道中东太平洋海表温度异常具有显著西传的特征（Latif et al.，2001）。从物理角度来看，目前的 OGCMs 并没有很好地表征赤道中东太平洋次表层热力异常对海表温度影响的强度。

海洋次表层对海表温度场的热力效应与垂直混合/扩散过程有关，这由 T_e 和垂直扩散系数（κ_v）来表征。在海洋模式中，垂直混合/扩散过程一般用大尺度的海洋变量场来进行参数化，并引入可调的垂直扩散系数（κ_v）来定量化。之前的研究对如何确定垂直扩散系数做出了巨大努力，包括 κ-廓线（KPP）的参数化方案（Large et al.，1994）。Zhu 和 Zhang（2019）进一步利用 Argo 观测资料改进了 KPP 方案。但对海洋模式中这些参数的估计不可避免地存在不确定性。值得注意的是，模式中通过垂直混合和扩散项表征海洋次表层对海表温度场的热力效应，这既与垂直扩散系数有关，又与 T_e 有关。实际上，各种观测和模拟的研究表明，海水通过混合层底上卷到海洋混合层中的过程对热带太平洋海表温度的气候态及其变化起主要作用（Zebiak and Cane，1987）。

为了提高对海表温度的模拟效果，Zhang 等（2005）关注于 T_e 场在海表温度场模拟中的作用，分两步建立了计算 T_e 的优化方案（详情请见 2.4.3 节）。首先，利用海表温度距平方程反算出 T_e，以保证次表层对海表温度场的影响与对混合层温度变化起作用的其他贡献项相平衡；然后，考虑到温跃层的垂向升降是产生赤道太平洋 T_e 异常的主要过程，可用海表面海洋压力场 [sea surface pressure，SSP；或海面高度场（sea level，SL）] 的变化对 T_e 进行参数化。于是，给定海表面海洋压力场的异常值，就可以计算出 T_e 来优化海表温度异常场。由这一方法获得的 T_e 场可以平衡影响海表温度的其他主要收支项，从而改进对海表温度的模拟效果。由此，进一步构建了 ICM，可以很好地表征热带太平洋具有 4 年显著周期振荡的年际变化（Zhang et al.，2003，2005）。

尽管过去几十年 ICM 已用于不同模拟的研究，包括 T_e 的年代际变化在 ENSO 模拟和实时预测中的作用（Zhang and Busalacchi，2005，Zhang et al.，2008）等，但在这个模式中关于 ENSO 的起源和发展的机制并不清楚。此外，很多相关问题仍需做深入的分析。例如，ICM 中模拟出的年际变化是如何产生的？引发 ENSO 事件的海洋和大气异常场间的关系是什么？ICM 中模拟的 ENSO 过程与延迟振子理论是否一致？ICM 中模拟的 T_e 对 ENSO

事件发展的作用是什么？本节接下来将重点描述 ICM 模拟的年际变化，并对海表温度年际变化的热收支进行分析，探讨上述所提出的一些问题。

3.1.2　年际变率的时空发展

ICM 可以很好地刻画与 ENSO 相关的年际变化（Zhang et al.，2003，2005）。在对厄尔尼诺事件的过程分析时发现，此 ICM 模拟所得到的厄尔尼诺事件起源的机制与热带太平洋西边界反射过程直接相关的延迟振子理论表述不同（Schopf and Suarez，1988）。我们基于 ICM 模拟提出了一个厄尔尼诺起源的新机制：在热带西太平洋赤道和赤道外区域存在一个显著的 T_e 异常型，它适时激发出日界线附近沿北赤道逆流海区的海表温度正异常，随之引发相关的风应力响应，从而引起海洋和大气间的耦合和相互作用，导致厄尔尼诺事件的发生和发展。

图 3.1 给出了 ICM 模拟所得到的 Niño1+2 区（10°~0°S，90°~80°W）和 Niño3 区（5°S~5°N，150°~90°W）海表温度异常及 Niño4 区（5°S~5°N，160°E~150°W）纬向风应力异常的时间序列。从图中可以看出，ICM 模拟出一个近似 4 年周期的显著年际振荡：海表温度负、正异常在赤道中东太平洋各自维持了一年左右的时间。此外，在 Niño1+2 区和 Niño3 区的海表温度变化间没有明显的位相滞后现象。

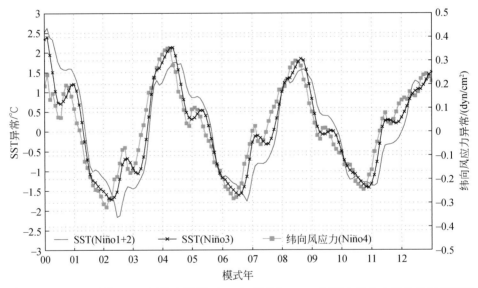

图 3.1　Niño1+2 区和 Niño3 区海表温度（SST）异常和 Niño4 区纬向风应力异常的时间序列

图 3.2 和图 3.3 分别给出海表温度、纬向风应力、海表面海洋压力和 T_e 场的年际异常沿赤道的纬圈–时间分布。ICM 模拟得到的这些异常场的时间尺度、空间结构以及位相关系均有很好的呈现，与观测一致（Zhang and Levitus，1997；Meinen and McPhaden，2000）。如 ICM 模拟所得到的海表温度异常（图 3.2a）在赤道中东太平洋海区具有合理的结构和振幅（如海表温度的最大振幅中心在赤道中东太平洋）；而表层纬向风应力变率

（图 3.2b）在赤道中西太平洋区域最为显著。在厄尔尼诺事件峰值时期，最大海表温度正异常（大约 2℃）出现在赤道中东太平洋海区，其西侧伴有西风异常（图 3.2）。一个显著的特征是西太平洋纬向风应力异常连续出现两个不同的信号。例如，在模式第 2 年，西太平洋区域出现一个西风异常（160°E 以西）并持续了几个月的时间（图 3.2b）；然后，第 3 年年初在中西部海盆（150°～170°E）出现另一个西风异常（这与日界线附近海表温度正异常的出现有关），这一纬向风应力和海表温度异常随后迅速扩大并沿赤道向东传播。在厄尔尼诺和拉尼娜事件发展过程中，西太平洋出现纬向风异常并伴有向中部海盆扩张的特征，这与观测一致（Zhang and Levitus，1997）。与海表温度异常演变相似，海洋中次表层热力变化可用 T_e 表示（图 3.3a），其在 ENSO 循环中与海洋动力过程［如海表面海洋压力场（图 3.3b）］的时空演变密切相关。

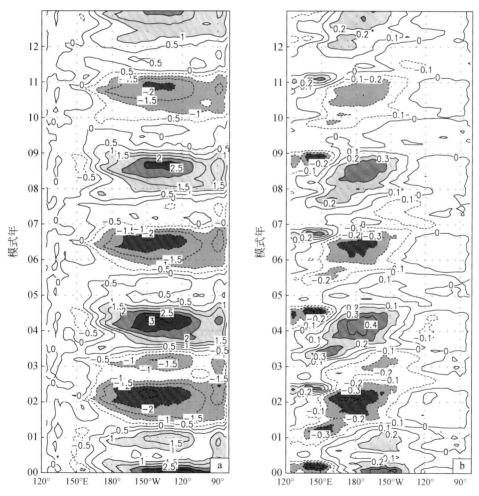

图 3.2　异常场沿赤道的纬圈-时间分布

a. 海表温度异常；b. 纬向风应力异常

a 中等值线间隔为 0.5℃，b 中等值线间隔为 0.1 dyn/cm²

变化紧随其后（两者的异常变化几乎是同位相的）；在热带中太平洋，赤道外区域 T_e 异常呈现出缓慢变化的形态，并相对于海表面海洋压力异常有轻微的滞后。注意，在第 2 年年末和第 3 年年初赤道外海区日界线附近表层变暖（图 3.4d 和 3.5a），这是因为赤道外海区出现 T_e 正异常（图 3.4b 和 3.5a），其与第 2 年年末赤道外海区出现的第二个海表面海洋压力正异常（图 3.4c 和 3.5a）有关。同样地，赤道外海区日界线附近海表温度的变化紧随 T_e 的变化（图 3.5a），具有轻微的位相滞后，这表明通过垂向混合过程等，温跃层变化造成海表温度异常需要一定的时间。

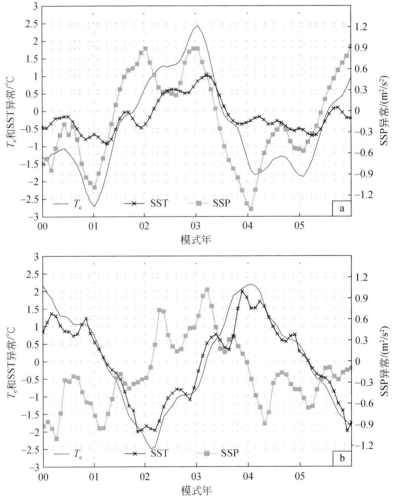

图 3.5　T_e、海表温度（SST）和海表压力（SSP）异常的时间序列
a. （6°N，180°）点；b. （0°，180°）点

为了更详细地说明这些变量场的时空演变特征，图 3.6 至图 3.8 给出了从拉尼娜事件转换成厄尔尼诺事件时，各个阶段相关变量异常场的空间分布（模式第 2 年 1 月到第 4 年 4 月）。图中以 3 个月的时间为间隔，分别表示始于第 1~2 年的拉尼娜事件、经过第 2 年的转换时期、继续发展成第 3~4 年的厄尔尼诺事件，从 ENSO 循环的不同阶段更为清晰地表示出

各个变量异常场的空间结构和位相关系。例如，第 2 年年初，热带太平洋拉尼娜事件盛行（图 3.6a）；在第 2 年年初达到峰值后，东太平洋海表温度负异常开始减弱，拉尼娜状态逐渐转换成厄尔尼诺状态；在第 3 年年末、第 4 年年初达到最大（图 3.6h，i）。厄尔尼诺事件起源于第 2 年年末、第 3 年年初的热带太平洋：从东部海盆盛行拉尼娜状态的第 2 年开始，发展到第 3、第 4 年的厄尔尼诺事件表现出一个近似 1 ~ 2 年的缓慢过程。在 IOCAS ICM 模拟中，厄尔尼诺事件起源的一个显著特征是海表温度正异常于第 2 年年中至年末在赤道外海区日界线附近首先出现（图 3.4d 和 3.6c ~ e），这一正异常随后在第 3 年年初扩展到日界线附

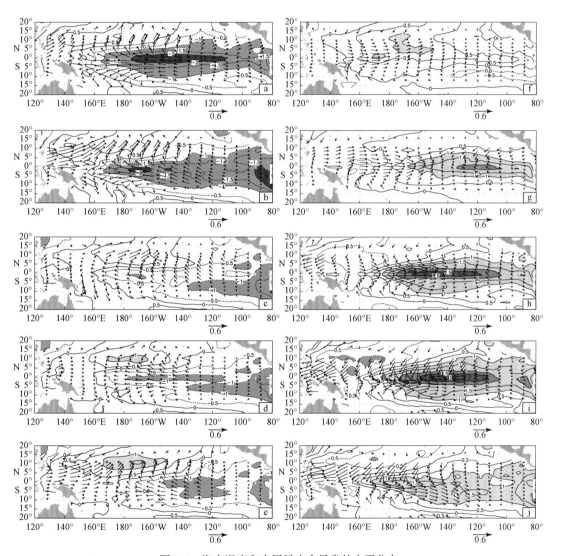

图 3.6　海表温度和表层风应力异常的水平分布

a. 第 2 年 1 月；b. 第 2 年 4 月；c. 第 2 年 7 月；d. 第 2 年 10 月；e. 第 3 年 1 月；f. 第 3 年 4 月；g. 第 3 年 7 月；

h. 第 3 年 10 月；i. 第 4 年 1 月；j. 第 4 年 4 月

模式第 2 年 1 月到第 4 年 4 月的 ENSO 循环期间每隔 3 个月的结果，海表温度的等值线间隔为 0.5℃，

表层风应力为矢量，单位为 dyn/cm²

近的赤道区域（图 3.6e，f）；同时中部海盆出现西风异常，这一异常可激发出海洋 Kelvin 波（图 3.6f，g 和图 3.7f，g）。那么，是什么过程进一步激发并维持了第 2 年年末赤道外海区日界线附近的海表温度正异常呢（图 3.4d 和图 3.6d）？

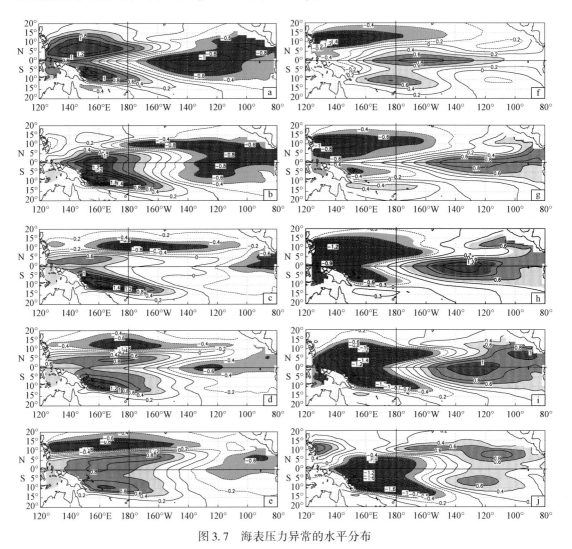

图 3.7　海表压力异常的水平分布

a. 第 2 年 1 月；b. 第 2 年 4 月；c. 第 2 年 7 月；d. 第 2 年 10 月；e. 第 3 年 1 月；f. 第 3 年 4 月；g. 第 3 年 7 月；h. 第 3 年 10 月；i. 第 4 年 1 月；j. 第 4 年 4 月

模式第 2 年 1 月到第 4 年 4 月的 ENSO 循环期间每隔 3 个月的结果，等值线间隔为 $0.2\mathrm{m}^2/\mathrm{s}^2$

查看表征次表层异常信号的海表面海洋压力场时发现，两个不同起源的海表面海洋压力信号表现出沿赤道相继东传的现象（图 3.3b），并对赤道太平洋海区海表温度产生影响。一个海表面海洋压力正异常信号在第 2 年年初起源于西边界附近，另一个海表面海洋压力正异常信号于第 3 年年初出现在中部海盆（图 3.3b 和 3.7e），当这两个海表面海洋压力异常信号传播到赤道东太平洋时，它们对 T_e 和海表温度的影响程度是不同的。第一个海表面海洋压力正异常信号作为西边界反射信号，可明显追踪到西边界，并在第 2 年年中到达东部海盆，但并未引发厄尔尼诺事件的发生，或者可以说其对海表温度的影响不够强，无法改变东部海盆海表温度负异常状态。第二个缓慢演变的海表面海洋压力正异常信号沿北赤道逆流路径传播（图 3.7c，e），引发西太平洋的热力响应。相对应地，海表温度正异常首先出现在日界线附近的赤道外海区（图 3.4d 和图 3.6d，e），随后于第 2 年年末至第 3 年年初出现在赤道上（图 3.2a 和图 3.6f），并在西侧伴有西风异常；所引发的海表温度与表层风场异常在赤道外和赤道海区形成海气耦合，且在其跨赤道海盆东传的过程中迅速变大（图 3.6g ~ i）；一个显著的海表温度正异常于第 3 年年末至第 4 年年初在东部海区出现（图 3.6h ~ j）。因此，在耦合系统中，海表面海洋压力场（图 3.7）携带了年际异常变化信号，与前期风场对海洋的影响表现出一致的位相传播特性；由 T_e 场（图 3.8）所表征的相应的热力响应紧随海表面海洋压力场的变化，这表明海洋的动力调整对整个热

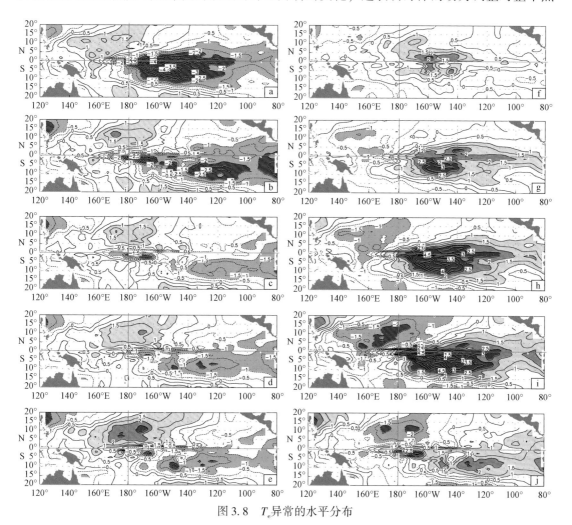

图 3.8　T_e 异常的水平分布

a. 第 2 年 1 月；b. 第 2 年 4 月；c. 第 2 年 7 月；d. 第 2 年 10 月；e. 第 3 年 1 月；f. 第 3 年 4 月；g. 第 3 年 7 月；
h. 第 3 年 10 月；i. 第 4 年 1 月；j. 第 4 年 4 月

模式第 2 年 1 月到第 4 年 4 月的 ENSO 循环期间每隔 3 个月的结果，等值线间隔为 0.5℃

带太平洋 T_e 和海表温度的变化起重要作用。

3.1.3 厄尔尼诺事件的起源是否直接与西边界反射有关

为了解释热带太平洋气候系统中厄尔尼诺的动力过程及其年际振荡，目前已提出许多有关 ENSO 循环的负反馈机制，如延迟振子理论（Schopf and Suarez，1988；Battisti and Hirst，1989）。这一理论强调赤道波动过程的重要性，即第一经向模的 Rossby 波及其在低纬西边界反射成的 Kelvin 波。这一理论中的位相转换是依靠赤道波动的传播和影响来实现的：厄尔尼诺峰值期间在中部海盆产生的赤道外 Rossby 波沿赤道外海区西传至西边界，然后反射成赤道 Kelvin 波，并向东传至东部区域，改变那里的海表温度场。模式中 ENSO 缓慢发展所表征的年际尺度近似为 3~7 年，这无法用相对较快的赤道波传播过程来解释（赤道 Rossby 波仅需约 8 个月、赤道 Kelvin 波仅需约 3 个月即可跨海盆传播），但可归因于中部海盆的局地海气不稳定相互作用。在这一小节中，我们将进一步分析海表面海洋压力、T_e 和海表温度异常间的关系，来说明在西边界直接的反射过程并非是 IOCAS ICM 中所模拟的厄尔尼诺事件起源的原因。

在第 1 年年末的拉尼娜事件后，赤道外西太平洋海区存在一个很强的下沉信号（Rossby 波），其向西传播并于第 1 年年末至第 2 年年初到达西边界（图 3.4c）；第 2 年年初，一个显著的海表面海洋压力正异常信号出现在西边界区域（图 3.4c），经反射后作为 Kelvin 波沿赤道向东传播（图 3.3b），在第 2 年年中到达东部海盆并使得那里的海表温度负异常减弱，但是其强度不足以完全改变和反转东部地区的负异常状态。相反地，厄尔尼诺事件直到第 3 年年末才真正发生（将第 3 年定义为厄尔尼诺发生年），但此时并没有来自西边界反射的信号；一个显著的海表温度正异常于第 2 年年中至年末首先出现在赤道外中部海盆区域，其西侧区域伴随着西风异常（图 3.6d，e）；第 3 年年初，表层已逐渐发展为具有暖事件的显著特征（图 3.6e，f）。值得注意的是，在第 3 年年初引发厄尔尼诺事件的 Kelvin 波是由日界线附近的西风异常所激发产生的，与赤道外海区首次出现的海表温度正异常相关（图 3.4d）。因此，赤道和赤道外海区从第 2 年到第 3 年表现为拉尼娜状态向厄尔尼诺状态缓慢转换的时期，这不能直接归因于西边界的反射过程。在第 2、第 3 年暖事件起源阶段，除了赤道波动过程和与西边界反射相关的延迟振子理论所能表征的过程外，这一系统中一定存在其他过程导致第 2 年拉尼娜事件向第 3、第 4 年厄尔尼诺事件的缓慢转变（需 1~2 年）。为了解释第 2、第 3 年厄尔尼诺事件的起源过程，下面将重点分析与 T_e 相关的时空演变结构。

3.1.4 厄尔尼诺事件循环中赤道外 T_e 场的作用

如上所述，一个显著的海表温度正异常于第 2 年年中至年末出现在 6°N 区域（图 3.4d 和图 3.6c，d），随后向赤道区域扩展至日界线附近（图 3.6e，f）；同样，相应出现的西风异常可以合理地解释为大气对中部海盆海表温度正异常的响应；随后，海表温度和风场异常进一步在中部海盆形成海气相互作用，产生更为强烈的风场异常，导致第 3 年年中厄尔尼诺事件的爆发。然而，是什么过程引发并维持了日界线附近海表温度正异常等问题目前并不清楚。

正如图 3.2 至图 3.8 所示，赤道和赤道外海区海表面海洋压力、T_e、海表温度和表面风场异常呈现一致的相关性。在第 2 年的拉尼娜事件中，由于中部海盆存在比正常偏强的信风，使得暖水在西太平洋堆积，导致西部海表面海洋压力在第 2 年年中逐步升高；随后发展成厄尔尼诺事件大约需要 2 年时间；在西太平洋，海表面海洋压力异常明显地沿北赤道逆流缓慢传播（图 3.7c~e），尤其是从第 2 年年中到第 3 年年初；海表面海洋压力正异常沿北赤道逆流路径向东并向赤道扩展，同时产生 T_e 异常（图 3.8c~e），从而影响赤道和赤道外日界线附近的海表温度和风场。

事实上，一个显著的 T_e 正异常于第 2 年年初至年中出现在赤道和赤道外西太平洋海区（图 3.8），尤其在第 2 年年初至年中向赤道海区扩展至中部海盆（图 3.8c~e）；对应于一个显著的海表温度正异常，并于第 2 年年中沿北赤道逆流路径向东传播（图 3.4d 和图 3.6c~e）。这一海表温度正异常随后进一步发展并向南扩展至赤道中太平洋海区（图 3.6e，f）；此外，西风异常在中西太平洋形成（图 3.6d~f）。第 3 年年中至年末为厄尔尼诺事件发展期，中部海盆海表温度正异常和西风异常迅速发展（图 3.6f），产生较大的海表温度正异常并沿赤道东传（图 3.2a），此时，厄尔尼诺事件爆发。

这些分析揭示出厄尔尼诺事件起源的一个新机制（图 3.9）：海表温度年际异常可以沿赤道外中部海盆的北赤道逆流路径传播，并引起热带西太平洋西风异常；此后，海表温度和风场异常系统性发展，强度增强并在空间上扩展至赤道区域，引发厄尔尼诺事件的爆发。这一解释与延迟振子理论不同，这里强调的是赤道外 T_e 和海表温度异常沿北赤道逆流路径传播的重要作用，而不一定要有西边界的赤道波反射，从而对热带太平洋气候系统可如何产生厄尔尼诺事件做出一个新的解释。

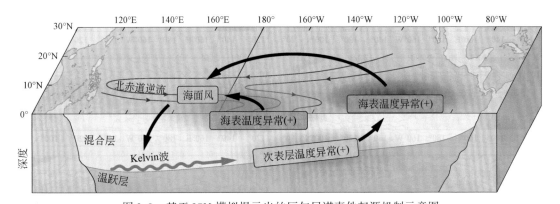

图 3.9　基于 ICM 模拟揭示出的厄尔尼诺事件起源机制示意图

海表温度年际异常可以沿赤道外中部海盆的北赤道逆流路径传播，并引起热带西太平洋西风异常；此后，海表温度和风场异常系统性发展，强度增强并在空间上扩展至赤道区域，引发厄尔尼诺事件的爆发

平流的作用（图 3.11a1）以及中东部区域垂直扩散、垂向和经向平流作用（图 3.11a2 ~ a4）所主导；在第 4 年厄尔尼诺事件峰值期（图 3.6i），热收支主要受中部区域经向平流和垂直扩散作用（图 3.11b2，b4）以及中东部区域垂向平流和扩散作用所主导（图 3.11b3，b4）。换句话说，在赤道中太平洋，水平平流项主要解释了厄尔尼诺事件发展阶段的海表温度变高（图 3.11a1）；而在赤道东太平洋，垂向平流及扩散项更为重要（图 3.11a4）。将不同收支项的年际贡献进一步分解为由平均流输运的温度场扰动部分和由异常流输运的平均温度场部分，结果表明在赤道外西太平洋北赤道逆流海区平均流输运的热平流异常对年际平流异常起重要作用，但是在赤道中东部区域，与平均流和异常流输运相关的平流项的贡献都很重要。

因此，热带太平洋赤道和赤道外区域在强 T_e 异常的影响下，通过垂直扩散作用产生并维持了海表温度异常。特别是在第 2 年年末至第 3 年年初，赤道外沿北赤道逆流路径的 T_e 正异常促使海表温度变高。在赤道上，温跃层的正反馈（与垂直扩散和平均上翻作用于 T_e 异常的垂向平流相关）对海表温度和风应力异常的快速发展起到重要作用。这些结果表明，T_e 对热带太平洋海表温度变化起到主要作用，通过海水上卷过程的动力调整可以对整个赤道太平洋中东部海表温度产生直接而迅速的影响。值得关注的是，目前已有很多用海洋再分析资料或模式模拟来检验与 ENSO 发展相关的混合层热收支的工作（Huang et al.，2010），本工作所得结果与这些分析和模拟研究结果是一致的，表明次表层过程对热带太平洋海表温度异常发展起重要作用。

3.1.6 小结与讨论

本节基于 ICM 模拟结果分析了海洋次表层海水上卷到混合层温度（T_e）在厄尔尼诺事件起源中所起的重要作用。ICM 包括一个热带太平洋中等复杂程度的海洋模块、一个大气风应力统计模块和一个 T_e 的参数化方案，其中一个关键组成部分是 T_e 的优化方法：用海表温度距平方程反算得到 T_e 场，以优化表征由垂向平流和垂直扩散引起的次表层对海表温度场变化的作用。结果表明，该 ICM 对热带太平洋海表温度年际变化的模拟效果很好，尤其是可以真实地刻画出近 4 年周期振荡的 ENSO 循环。本节通过对一些相关变量异常场的空间结构和时间演变的分析说明热带太平洋厄尔尼诺事件是如何产生的，特别是揭示了厄尔尼诺事件起源的一个显著特征：海表温度正异常首先出现在热带太平洋日界线附近并沿北赤道逆流路径传送及其引发大气风场响应的过程。

耦合系统中海表面海洋压力异常作为年际变化的记忆载体，在厄尔尼诺发展过程中沿赤道和赤道外海区表现出一致的位相传播特性。例如，在第 2 年的拉尼娜状态向第 3 年的厄尔尼诺状态转变过程中，存在两个明显不同起源的海表面海洋压力正异常传播信号。第一个信号作为与第 2 年拉尼娜事件相关的反射信号直接源自西边界区域，当这一信号在第 2 年年中到达赤道东太平洋时，对海表温度场产生的影响不足以完全反转赤道东太平洋的海表温度负异常状态；而第二个海表面海洋压力正异常信号在第 3 年年初产生于日界线以西的海洋内部区域，当这一信号在第 3 年年中到达赤道东太平洋时，导致表层转暖并于第 3 年年中至年末发展成厄尔尼诺事件，由于此时没有直接源于西边界的反射信号，厄尔尼诺事件的起源不可以直接归因于延迟振子理论所描述的西边界反射过程。此外，从第 2 年的拉尼娜事件向第 3 年年末的厄尔尼诺事件的转换大概需要 1~2 年的时间，赤道波的传播过程也不能解释这一缓慢的时间尺度现象，因此需要揭示其他机制来解释引发第 3 年年初厄尔尼诺事件起源的原因，其中关键在于如何解释最初出现于中部海盆沿北赤道逆流路径海区的海表温度变高现象。

基于 ICM 的试验表明，起源于中部海盆的第二个海表面海洋压力异常传播信号在第 2 年至第 3 年表现出一个沿北赤道逆流路径缓慢传播的过程。在第 2 年的拉尼娜事件中，西太平洋暖水的堆积引发较大的海表面海洋压力正异常，并沿北赤道逆流路径以一个缓慢移动的信号在扩展，尤其是海表面海洋压力正异常一致东传，在第 2 年到第 3 年间向赤道中部海盆传播，一个显著的海表面海洋压力正异常于第 3 年年初在日界线附近的赤道区域出现，这与第 2 年拉尼娜事件期间产生的下沉 Rossby 波在西边界反射无关。进一步，海表面海洋压力异常信号的传播可产生非局地效应，与赤道和赤道外海区日界线附近的 T_e 和海表温度的变化有良好的对应关系。事实上，次表层的热力响应（用 T_e 表示）紧随海表面海洋压力异常信号的传播，在第 2 年年中到第 3 年年初存在一个沿北赤道逆流路径缓慢发展的 T_e 异常形态。尤其是 T_e 正异常信号于第 2 年年中出现在赤道外海区，对应于海表温度正异常首先在赤道外西太平洋产生并得以维持；随后当海表温度正异常在中部海盆出现时，激发出西风异常（这可以合理地解释为对海表温度场的响应）。其后，海表温度和风应力异常形成海气耦合和局地海气相互作用，在中部海盆产生强的风应力异常并激发 Kelvin 波，并沿赤道向东传播，当传到东部时引发较大的海表温度异常，从而引发第 3 年厄尔尼诺事件的爆发。

综上，T_e 异常在赤道和赤道外西太平洋海区沿北赤道逆流路径缓慢发展并导致海表温度正异常的产生，进一步激发大气表层风应力异常。事实上，次表层温度异常沿北赤道逆流路径扩展至日界线附近需要一定的时间（大概一年），这与厄尔尼诺事件起源阶段所需要的时间是一致的。海洋混合层热收支分析表明，在第 2 年年中、第 3 年年初通过垂直扩散作用，T_e 异常激发出海表温度正异常，这一海表温度正异常进一步和西风异常形成耦合作用，导致整个赤道中西太平洋大尺度信风异常，从而产生东向流使温度异常沿赤道向东移动，造成第 3 年年中厄尔尼诺事件的爆发。

这里所提出的厄尔尼诺事件起源的转换机制，归因于赤道外次表层异常沿北赤道逆流路径的传播作用，与延迟振子理论明显不同。这里以 ICM 模拟为基础的关于厄尔尼诺事件起源的研究所具有的创新点在于：赤道外西太平洋 T_e 异常对激发日界线附近赤道和赤道外海区海表温度正异常的显著作用。这里仅以模式第 3、第 4 年模拟的一个厄尔尼诺事件对这一新的转换机制进行分析讨论，为了使结论和观点更具说服力，我们同样对 ICM 模拟产生的其他厄尔尼诺事件进行了检验，例如第 8 年和第 12 年的模拟结果，结果表明相关异常场（如海表面海洋压力、T_e 和海表温度）与第 3、第 4 年的厄尔尼诺事件存在相似的时空演变过程及相互关系，因此相同的转换机制在模式模拟的其他厄尔尼诺事件起源中同样有效。

1991-1992 年厄尔尼诺事件是一个与这一模式模拟所分析得到的过程一致的观测实例。正如 Kessler 和 McPhaden（1995）与 Zhang 和 Rothstein（2000）所述，ICM 模拟所描述的过程与 1991-1992 年厄尔尼诺事件起源和发展是一致的。在 1988-1989 年强拉尼娜事件时，由于存在比正常偏强的信风（超过一年），热带西太平洋存储了较高的热含量，这预示着 1991-1992 年厄尔尼诺事件的起源和发展；1990 年年末到 1991 年年初，沿西边界存在较大的次表层海温正异常，然而，此时的赤道中东太平洋仍然处于 SST 负异常状态；从 1990 年年末至 1991 年年初开始，次表层异常沿赤道和赤道外北赤道逆流路径向东扩展（大概需 1 年时间），激发了日界线附近赤道和赤道外海区的海表温度正异常，并由于海流的辐合作用使得海表温度正异常向南移动至赤道区域。随着海表温度正异常于 1990 年年末至 1991 年年初在赤道外日界线附近的形成，热带西太平洋出现西风异常（这可以合理地解释为大气对海表温度正异常的响应）。随后，大气和海洋异常引发赤道中西太平洋区域的耦合作用，导致大尺度的信风异常并激发出沿赤道传播的下沉 Kelvin 波，驱动东向流携带水体沿赤道自西向东输送，由此引发 1991-1992 年厄尔尼诺事件的爆发。值得注意的是，在这次厄尔尼诺事件起源过程中，并没有明显的西边界反射信号（Kessler and McPhaden，1995；Zhang et al.，1999），这表明厄尔尼诺事件的起源不能直接归因于西边界的反射过程；相反地，赤道外 T_e 异常对 1991 年年中日界线附近海表温度正异常的产生和维持起到了重要作用，所引发出的西风异常和 Kelvin 波沿赤道向东传播，从而触发了 1991-1992 年厄尔尼诺事件的发生和发展。

与延迟振子理论不同，上述机制不需要海洋赤道波在西边界反射来使得海气耦合系统振荡。当然，从图 3.6 可以看出，同样存在另一种可能性可解释厄尔尼诺事件的起源：赤道外热力异常会通过与次表层热力作用相关的足迹机制（footprinting mechanism；Alexander et al.，2010）影响赤道地区的海表温度和风场。但关于这一过程在 ICM 模拟所得到的 ENSO 事件发展中的作用需要深入详细地分析。此外，图 3.2 清晰地表明，ICM 模拟得到的 ENSO 事件在空间形态和时间演变中相比于观测更为规则，这是当前 ICM 和其他耦合环流模式模拟的缺陷。如上所述，ICM 模拟中的 ENSO 事件是自由维持的，不需要外界大气强迫的驱动；而实际上，ENSO 受到大气随机扰动的影响，从而在时空演变上呈现显著的不规则性。在本工作中，由历史资料构建的大气风应力统计模块仅表示了对海表温度异常响应的年际变化的确定性部分（信号部分），这或许是导致 ICM 模拟得到的 ENSO 事件过于规则的一个原因。这里我们聚焦风应力异常作为对热带西太平洋赤道外沿北赤道逆流产生的海表温度异常响应的确定性过程，事实上，模式中添加随机风场强迫的作用会导致 ENSO 的不规则振荡（将在 3.4 节中详细介绍）。

3.2　对 2010-2012 年拉尼娜事件二次变冷过程的分析和模拟

基于 IOCAS ICM 对 2010-2012 年拉尼娜事件期间热带太平洋海表温度变化的实时预测非常成功（Zhang et al.，2013），然而其他众多耦合模式对其二次变冷的预测都失败了。这一节我们将对 2010-2012 年拉尼娜事件二次变冷过程进行分析和模拟，以阐明 T_e 与温跃层扰动间的关系（即温跃层对海表温度影响的程度）发生改变对此次事件的影响，结果表明，与 T_e 相关的垂向平流作用和混合作用是导致 2011 年秋冬季二次变冷的重要因素（Gao and Zhang，2017）。同时，由于大气风场强迫同样对 ENSO 演变过程十分重要，本节也将基于 ICM 探讨大气风场强迫在 2010-2012 年拉尼娜事件模拟中的作用。在 2010~2011 年，赤道中西太平洋观测到有持续的东风异常，T_e 维持了马蹄形的结构，连接了中东太平洋赤道外和赤道海区较大的次表层温度负异常。利用 ICM 进行敏感性试验，分析温跃层影响海表温度强度（T_e 振幅大小）和风应力强度是怎样影响海表温度模拟的。结果表明，如果模式对东风异常的强度表征较弱，低于一定的强度时，那么 ICM 就不能模拟出 2011 年二次变冷事件，而可错误地把海表温度模拟为变高状态。这些研究结果表明，温跃层热力效应（用 T_e 表示）和年际风应力强迫作用的强度对 2010~2011 年 SST 演变过程同等重要。为了准确地模拟出观测到的 2011 年秋季的二次变冷现象，模式需要合理地表征好温跃层热力效应和风应力强迫的强度。

3.2.1　引言

ENSO 是产生于热带太平洋的自然年际气候变率现象，可影响全球的气候变化及其可预报性。近几十年来，对 ENSO 的大量研究取得了显著的进展，例如，提出了不同的反馈机制以解释热带太平洋 ENSO 循环过程。ENSO 起源于热带太平洋海气相互作用，产生一个由海表温度、风场和温跃层组成的正反馈相互作用，即温跃层反馈（Bjerknes，1969；Jin and An，1999）。温跃层的正反馈循环包括两个要素：一是与 T_e 异常相关，其对海表温度产生作用并受温跃层的影响（温跃层热力效应）；二是与风场强迫作用相关，其对海洋产生作用并受海表温度的热力强迫影响。此外，为了解释 ENSO 循环，提出了许多负反馈过程，包括：与热带太平洋西边界海洋赤道波的反射作用相关的延迟振子理论、Sverdrup 输运引起的充/放电过程、西太平洋风场强迫产生的 Kelvin 波效应和纬向平流及其边界反射过程等。正如统一的振荡形式所表征的那样（Wang，2001），在这些负反馈过程的共同作用下，会导致厄尔尼诺事件的消亡和位相转换，且这些过程的作用可随时间变化，其相对重要性是不一样的。此外，太平洋沿北赤道逆流海区产生的局地过程对海表温度异常的产生非常重要，包括赤道外海区的次表层热力作用等（Gu and Philander，1997；Zhang et al.，2008）。

在 2010~2012 年，热带太平洋经历了一次超长的拉尼娜过程，特别是在 2011 年秋季出现了海表温度的二次变冷现象（Zhang et al.，2013；Hu et al.，2014；Feng et al.，2015）。然而，许多耦合模式从 2011 年年初到年中对 Niño3.4 区海表温度变低的预测都失败了（详见 IRI 网站），只有少数耦合模式对 2010~2011 年热带太平洋海表温度负异常态做出了真实的预测（参见 http：//www.nws.noaa.gov/ost/climate/STIP/r+d/board_op4.html）。这一现象表明，目前对 ENSO 认知、模拟和预测仍面临着挑战，需要对为何如此多的耦合模式在提前 6 个月都未能预测好二次变冷事件的原因做出解释，并寻找有效的方式提高 ENSO 模拟和实时预测水平。

2011 年二次变冷现象涉及不同因素，包括大气和海洋、海洋表层和次表层、赤道和赤道外海区等过程及其相互作用。按照著名的温跃层反馈理论（包括海表温度、风场和温跃层间的相互作用），风场强迫和温跃层热力效应的强度对热带太平洋海表温度演变都非常重要。在年际时间尺度上，T_e 对赤道太平洋海表温度的演变起主导作用；表层风场是赤道太平洋温跃层的一个主要强迫因子，从而也成为导致 T_e 变化的重要源头。因此，风场和 T_e 这两个要素在温跃层正反馈循环中对海表温度演变的影响是彼此紧密相关的，这里我们借助于数值模拟来分析这两个因素在二次变冷中的作用。

如第 2 章所介绍的，IOCAS ICM 是一个距平模型，包括一个中等复杂程度的海洋模块（IOM）和一个风应力统计模块。ICM 中的一个关键部分是根据温跃层变化（由海面高度表示）对 T_e 进行参数化。此外，风应力（τ）的年际异常作为对海表温度的响应来表征。相应地，T_e 和风应力的年际变化都是由各自的统计模块所决定的，可分别表示为 $T_e=\alpha_{T_e}\cdot F_{T_e}(\mathrm{SL}_{\mathrm{inter}})$ 和 $\tau=\alpha_\tau\cdot F_\tau(\mathrm{SST}_{\mathrm{inter}})$，其中，$F_{T_e}$ 和 F_τ 分别表示 T_e 与 SL 和 τ 与 SST 间根据历史资料由统计方法得到的关系表达式；α_{T_e} 和 α_τ 是两个分别表示其相应强度的参数（两者在耦合模式中赋以常数，其大小是可以调整的）。该耦合模式对 2010～2012 年热带太平洋海表温度负异常演变做出了很好的预测（Zhang et al., 2013）。因此，通过改变 α_{T_e} 和 α_τ 两个参数的大小，可用 IOCAS ICM 来揭示温跃层效应和大气风场强迫在 2011 年二次变冷中的作用。本节具体安排如下：首先对 2010～2012 年观测的热带太平洋海气异常的时空演变进行简单的描述；其次介绍基于 IOCAS ICM 的模拟结果；接下来分别探讨温跃层热力效应和风场强迫对 2011 年二次变冷事件的作用；最后是小结与讨论。

3.2.2　2010～2012 年观测特征

各种观测和再分析数据可用来检验模式模拟和预测技巧，海表温度资料取自 Reynolds 等（2002）；风应力资料取自 NCEP/NCAR 再分析产品（Kalnay et al., 1996）；基于 Argo 的温盐资料取自国际太平洋研究中心的亚太数据中心［International Pacific Research Center（IPRC）/Asia-Pacific data-research center（APDRC）］，包括月平均及长期气候态平均场，其空间分辨率为 1°×1°；同时，混合层深度和 T_e 资料也直接取自 IPRC/APDRC Argo 数据集；海面高度异常的格点资料取自 AVISO 发布的 Ssalto/Duacs multimission 的海面高度计产品。

图 3.12 和图 3.13 给出了观测的海表温度和再分析的风应力异常的时空演变。从图中可以看到，2010 年盛行一个中等偏强的拉尼娜事件（可参照 TAO 实时在线数据 http://www.pmel.noaa.gov/tao/）。这一拉尼娜事件似乎有在 2011 年春季结束的迹象，如赤道东太平洋海表温度于 2011 年 4～7 月已几乎接近正常状态；然而到了 2011 年 8 月初，拉尼娜型的大气–海洋年际异常再度出现（但还很弱），并在 2011 年 11 月发展为中等强度。这里从观测资料发现的一个显著特征是：赤道太平洋海表温度在 2011 年秋季出现二次变冷现象，次表层上层海洋异常场演变可用观测得到的海面高度年际异常来表征（图 3.14）。对应地在大气中，2010～2012 年赤道中太平洋海区有明显的东风异常且持续存在，从而维持了赤道中东太平洋的拉尼娜状态。

这里我们进一步分析 2010～2012 年赤道太平洋拉尼娜事件盛行期间次表层热力状态（用 T_e 表示）的演变，发现 T_e 呈马蹄形空间分布特征：在 2010 年，赤道中东太平洋 T_e 为负异常；暖水在西太平洋区域堆积，T_e 为正异常；这些西太平洋区域的热含量正异常于 2011 年年初沿赤道向东扩展；对应地，赤道东太平洋的海表温度负异常的确在 2011 年年初减弱，拉尼娜状态出现转向的趋势。事实上，到 2011 年年中，赤道中太平洋海表温度

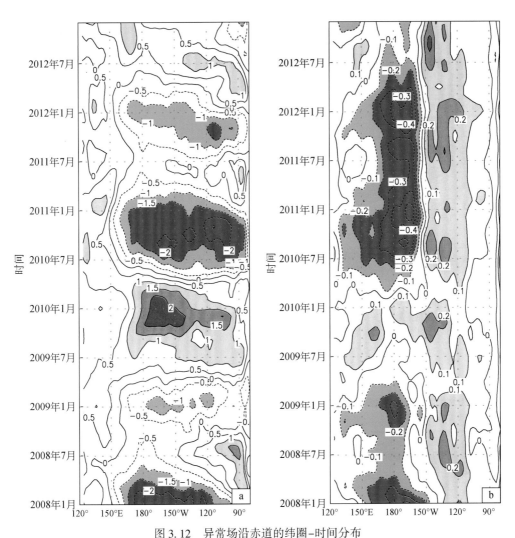

图 3.12　异常场沿赤道的纬圈-时间分布

a. 海表温度异常；b. 纬向风应力异常

a 中海表温度异常为观测资料，等值线间隔为 0.5℃；b 中纬向风应力异常为 NCEP/NCAR 再分析资料，

等值线间隔为 0.1dyn/cm²

确实呈现一个近乎中性的状态；但同时在赤道中东部海盆区域持续维持着一个大的 T_e 负异常，阻止了因西太平洋区域的热含量正异常沿赤道东传所导致的赤道东太平洋逐渐变暖的发生；此外，赤道区域次表层温度负异常持续存在，并与赤道外次表层状态相关联。因此，赤道中太平洋持续的 T_e 负异常对导致 2011 年夏秋季海表温度变低起到了重要作用（图 3.13d，e），并且相关的海表温度负异常伴随着东风异常（图 3.13d，e）。这样，海表温度与风场异常通过海气耦合进一步加强，导致 2011 年夏秋季海表温度变低，从而使得热带太平洋弱拉尼娜状态在 2011 年秋季重现。这些时空演变特征在 TAO 观测网站上清晰可见（http：//www.pmel.noaa.gov/tao/）。

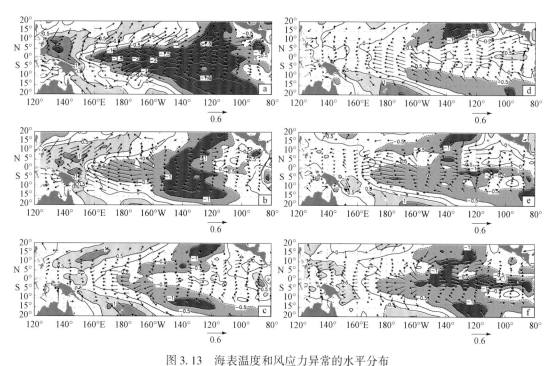

图 3.13 海表温度和风应力异常的水平分布

a. 2011 年 1 月；b. 2011 年 3 月；c. 2011 年 5 月；d. 2011 年 7 月；e. 2011 年 9 月；f. 2011 年 11 月

海表温度为观测资料，等值线间隔为 0.5℃；风应力为 NCEP/NCAR 再分析资料，矢量，单位为 dyn/cm^2

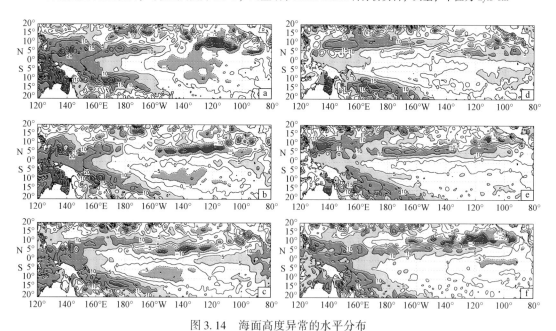

图 3.14 海面高度异常的水平分布

a. 2011 年 1 月；b. 2011 年 3 月；c. 2011 年 5 月；d. 2011 年 7 月；e. 2011 年 9 月；f. 2011 年 11 月

海面高度为观测资料，等值线间隔为 5cm

3.2.3 影响 2011 年二次变冷事件的过程：单独海洋模式试验

采用风应力统计模块可从观测的海表温度异常资料计算得到风应力异常场，用于强迫 ICM 的海洋模块以获得海洋状态场，本节首先利用所构建的风应力场驱动单独的海洋模式（ocean-only）进行模拟试验，来分析影响 2010-2012 年二次变冷事件的相关过程。

图 3.15 表示采用风应力异常模块从观测到的海表温度异常场重构得到的风应力异常场以及由此风应力驱动单独海洋模式得到的海表温度异常场；图 3.16 给出由此风应力驱动单独海洋模式模拟得到的 T_e、海面高度异常沿赤道的纬圈-时间分布，结果表明

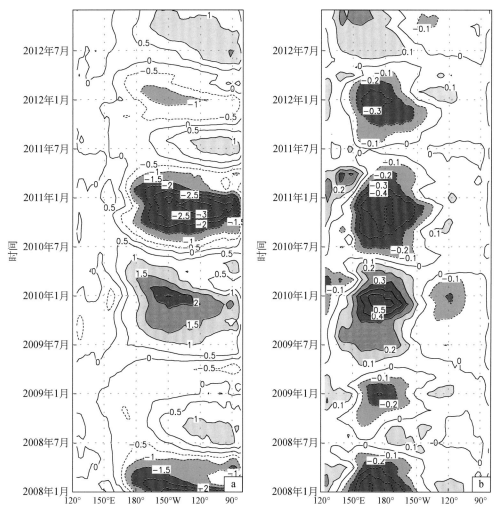

图 3.15　ICM 模拟得到的异常场沿赤道的纬圈-时间分布

a. 海表温度异常；b. 纬向风应力异常

a 中等值线间隔为 0.5℃；b 中等值线间隔为 0.1dyn/cm²

用 IOCAS ICM 中的单独海洋模式可以很好地再现这些变量的年际异常特征。正如所观测的，模式很好地刻画出了 2010-2012 年拉尼娜事件的演变过程。例如，在经历了 2010年拉尼娜事件后，东部海盆中的海表温度负异常于 2011 年年初开始减弱，拉尼娜事件逐渐衰减，海表温度场在 2011 年年中变为正常态；然后，海表温度负异常通过海气耦合在 2011 年年中再度出现，导致 2011 年秋季的二次变冷事件。

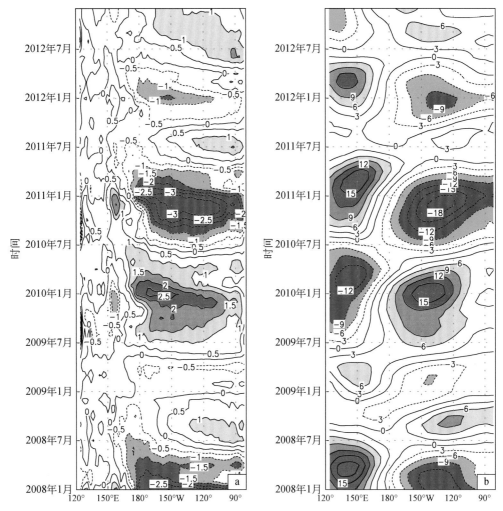

图 3.16　ICM 模拟得到的异常场沿赤道的纬圈–时间分布

a. T_e 异常；b. 海面高度异常

a 中等值线间隔为 0.5℃；b 中等值线间隔为 3cm

　　进一步，模式模拟所产生的异常场间的相互关系可以用来探讨导致 2011 年夏秋季表层变冷的过程。从 2010 年年末开始，东部海盆盛行拉尼娜状态，发展为 2011 年的二次变冷事件涉及多个过程。从海洋角度，2010 年期间西部海盆呈现海面高度正异常（表征温跃层加深），并沿赤道向东扩展（图 3.16b），于 2011 年年初到达东部海盆并对 T_e 和海表温度产生影响（图 3.15a；2011 年 4～6 月海面高度正异常到达东部海盆，使东部海盆的海表温度负异常减弱）；然而，一个显著的 T_e 负异常于 2010～2011 年持续出现在赤道中东太平洋海区（图 3.16a），有助于维持东部海盆海表温度的变低趋势。从大气角度，持续的东风异常出现在整个中西太平洋（图 3.15b），这使得赤道中东太平洋温跃层抬升，并使得 T_e 负异常状态得以维持。

为了详细说明时空演变特征，图 3.17 给出了二次变冷事件中相关异常场在不同阶段的水平分布。拉尼娜状态开始于 2011 年 1 月，在 2011 年 6 月经历了一次向中性状态的转变，但随后又转变为偏冷状态，并继续发展成 2011 年 10 月的二次变冷事件。结合图 3.15 和图 3.16，可更为清晰地说明不同发展阶段赤道和赤道外海区海面高度、T_e、海表温度与

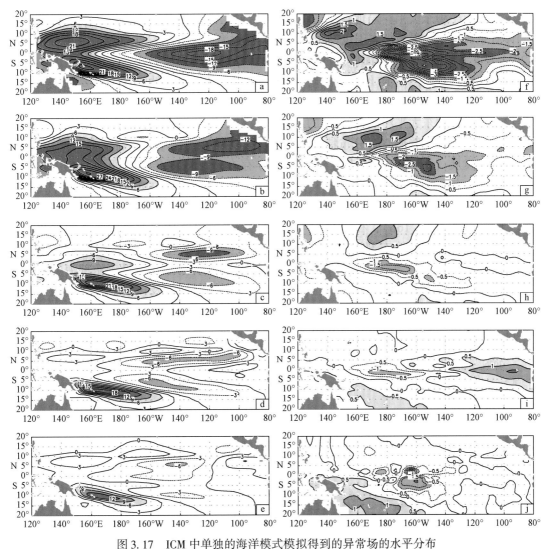

图 3.17　ICM 中单独的海洋模式模拟得到的异常场的水平分布

左侧：海面高度异常，a. 2011 年 1 月；b. 2011 年 3 月；c. 2011 年 5 月；d. 2011 年 7 月；e. 2011 年 10 月

右侧：T_e 异常，f. 2011 年 1 月；g. 2011 年 3 月；h. 2011 年 5 月；i. 2011 年 7 月；j. 2011 年 10 月

海面高度异常的等值线间隔为 3cm；T_e 异常的等值线间隔为 0.5℃

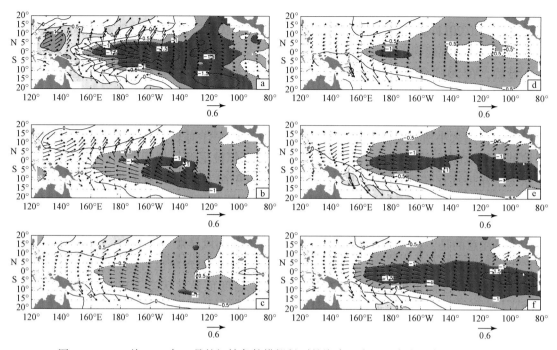

图 3.19　ICM 从 2011 年 1 月的初始条件模拟得到的海表温度和风应力异常的水平分布

a. 2011 年 1 月；b. 2011 年 3 月；c. 2011 年 5 月；d. 2011 年 7 月；e. 2011 年 9 月；f. 2011 年 11 月

ICM 取值 $\alpha_\tau = 1.0$ 和 $\alpha_{T_e} = 1.0$ 时的模拟结果；海表温度的等值线间隔为 0.5℃；风应力为矢量，单位为 dyn/cm^2

3.2.4.1　次表层热力强迫作用

ENSO 循环过程中温跃层正反馈的一个重要组成部分是与 T_e 相关的次表层热力强迫作用，本小节利用 IOCAS ICM 探讨温跃层热力效应（用 T_e 表示）在 2010-2012 年拉尼娜事件二次变冷过程中的作用。ICM 中次表层热力强迫作用的强度可通过调整 α_{T_e} 的大小而改变，从而定量化分析其对 2010 ~ 2012 年海表温度模拟的影响；进一步用海气耦合模式自由耦合进行敏感性试验以说明温跃层热力效应在二次变冷过程中的作用。

观测表明，T_e 与上层海洋热力状态紧密相关，上层海洋热含量的变化超前 Niño3.4 区海表温度异常 1 ~ 3 个季节（Meinen and McPhaden，2000）。在 ICM 中，根据历史资料构建出 T_e 与 SL 的统计关系，这一 T_e 参数化方法可以再现观测到的 T_e-SL 超前滞后的相关关系。基于 IOCAS ICM 的模拟试验对海表温度演变进行跟踪，可以发现 T_e 对 2011 年二次变冷非常重要，尤其是，2011 年 7 ~ 8 月在赤道中太平洋维持的较强 T_e 负异常，进一步维持了东部海盆的海表温度负异常态。此外，西部海盆热含量正异常于 2010 ~ 2011 年沿赤道向东传播时受到中部海盆持续的 T_e 负异常的抑制作用（图 3.18）。因此，2011 年年中赤道中部海盆持续的 T_e 负异常强度对 2011 年二次变冷的影响非常重要。可以推论，如果 T_e 负异常的强度减小，其对海表温度的变低效应也将减弱，那么 2011 年就不会出现二次变冷事件。

图 3.21 是在不同的温跃层反馈强度（由 α_{T_e} 来表征）下，IOCAS ICM 从 2011 年 1 月 1 日开始向前时间积分模拟得到的 Niño3.4 区海表温度异常图。当 T_e 负异常对温跃层扰动

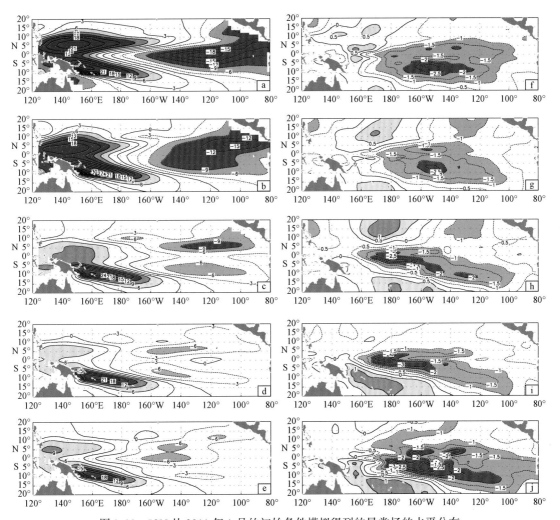

图 3.20　ICM 从 2011 年 1 月的初始条件模拟得到的异常场的水平分布

左侧：海面高度异常，a. 2011 年 1 月；b. 2011 年 3 月；c. 2011 年 5 月；d. 2011 年 7 月；e. 2011 年 10 月

右侧：T_e 异常，f. 2011 年 1 月；g. 2011 年 3 月；h. 2011 年 5 月；i. 2011 年 7 月；j. 2011 年 10 月

ICM 取值 $\alpha_\tau = 1.0$ 和 $\alpha_{T_e} = 1.0$ 时的模拟结果；海面高度异常的等值线间隔为 3 cm；T_e 异常的等值线间隔为 0.5℃

（用海面高度场表征）的响应强度减弱时，将会抑制 2011 年海表温度负异常态的发展。尤其是，如果温跃层热力效应的强度太弱而低于某一程度时，2011 年将不会出现变冷的趋势。在这种情况下，与源自西太平洋的热含量正异常沿赤道东传相关的暖效应将占据主导作用，而与 T_e 负异常相关的冷效应会相对减弱。当暖效应足够强而超过与 T_e 负异常相关的局地冷效应时，东太平洋海表温度负异常态将被逆转：海表温度在 2011 年变为升高的状态。相反地，如果 T_e 负异常的强度维持在一定的水平，其冷效应会超过来自西太平洋的增暖效应，那么海表温度会在 2011 年出现降低的状态。观测到的 2011 年二次变冷现象表明，相比于来自热带西太平洋的暖效应（与 2010 年拉尼娜状态有关），中东太平洋持续的 T_e 负异常的致冷效应占据了主导作用。随着海表温度负异常在东部海盆的出现，并伴随

相应的东风异常响应，海表温度与风场异常间进一步形成海气耦合相互作用，导致 2011 年下半年海表温度的二次变冷。

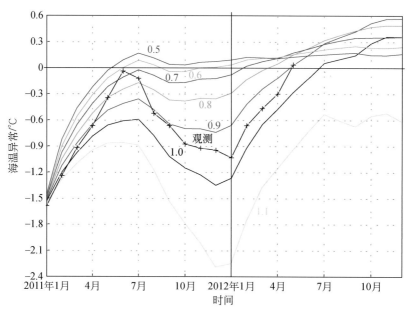

图 3.21　观测和 ICM 从 2011 年 1 月的初始场模拟得到的 2011～2012 年
Niño3.4 区海表温度异常的时间序列
黑色星号线为观测，每条彩色线表示当取 $\alpha_\tau = 1.0$ 时，α_{T_e}
取值从 0.5 至 1.1 变化时 ICM 模拟得到的 24 个月的轨迹

3.2.4.2　风场年际异常强迫作用

本小节利用 IOCAS ICM 探讨风场强迫在 2010-2012 年拉尼娜事件二次变冷过程中的影响。ICM 中风场强迫的强度可通过调整 α_τ 的大小来改变，进一步用海气耦合模式自由耦合进行敏感性试验，从而量化分析风场强迫作用对 2010～2012 年海表温度模拟的影响。风场作为温跃层反馈循环的一个重要因素之一，对 ENSO 发展起到关键作用。观测表明，东风异常于 2010～2011 年在整个赤道中东太平洋海区盛行，这使得马蹄形的 T_e 异常得以维持。与观测相比，IOCAS ICM 可以很好地刻画出东风异常的分布形态，但在一定程度上低估了其振幅。

就 2010～2012 年而言，持续的东风异常及其相关影响（如对 T_e 负异常形态的维持）导致 2011 年整个赤道中东太平洋海表温度有变低的趋势；同时，来自西太平洋的增暖效应导致赤道东太平洋海表温度在 2011 年 5～7 月出现稍微变高的状态。中东太平洋海表温度演变取决于这两个过程的共同作用，在 2011 年春季，尽管中西部海盆的东风异常有所减弱但依然持续存在，并在中东部海盆维持着 T_e 负异常；同时，海表温度负异常于 2011 年年中在赤道东太平洋再次出现，这表明持续存在的 T_e 负异常及相关的东风异常在二次变冷过程中具有重要作用。

因此，在 2011 年下半年赤道东太平洋海表温度能否发展成为负异常态对东风异常强度的表征十分敏感。为了使 IOCAS ICM 能模拟出海表温度变低的趋势，需要有足够强的东风异常强迫来维持赤道太平洋 T_e 负异常的强度。如果东风异常和 T_e 负异常的强度在耦合系统中没有得到合理的表征，那么模式对海表温度变化的模拟将出现方向性的错误。如 Zhang 等（2013）和第 4 章的预测试验所示，很多耦合模式预测的海表温度异常在 2011 年秋季是变正的。也就是说，如果东风异常太弱，其对海洋的影响也会很弱，导致 T_e 负异常减弱，这很可能造成 2011 年的二次变冷事件变弱或者不会产生，使得海表温度转变成为正异常状态。这里将基于 IOCAS ICM 的模拟试验对上述观点进行检验。

IOCAS ICM 中东风异常的强度可以通过改变 α_τ 的大小来进行调节，其对 2011 年海表温度演变模拟的影响可以通过调整不同的 α_τ 值来检验。图 3.22 给出了海表温度模拟对 α_τ 取值的敏感性，表明 α_τ 的变化对海表温度异常的强度和位相转换时间的模拟产生直接影响。α_τ 越大，表明风应力强迫越强，模拟得到的海表温度负异常也越大。尤其是当东风异常达到一定的强度后，将出现二次变冷现象，并在 2011 年中后期变强且维持较长一段时间。此外，α_τ 的增大同样对暖位相向冷位相的转变时间有调制作用。相反地，当 α_τ 减小时，风场强迫的强度减弱，那么整个赤道中西太平洋对东风异常的响应也变弱，导致风场对海洋状态的影响也同样减弱。尤其是当对风场强迫强度的表征太弱而低于一定程度时（如 $\alpha_\tau < 0.5$），那么 2011 年的二次变冷事件就不会出现；相反，海表温度则会出现变高的趋势。因此，在 IOCAS ICM 中将东风强迫的强度维持在一定程度时就可以再现二次变冷过程。上述基于 IOCAS ICM 的模拟试验表明持续的东风强迫也是影响 2011 年二次变冷事件的重要因子。

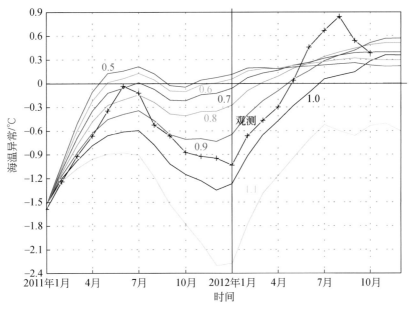

图 3.22　观测和 ICM 从 2011 年 1 月的初始场模拟得到的 2011~2012 年
Niño3.4 区海表温度异常的时间序列

黑色星线为观测，每条彩线表示当取 $\alpha_{T_e}=1.0$ 时，α_τ 取值从 0.5
至 1.1 变化时 ICM 模拟得到的 24 个月的轨迹

3.2.4.3 次表层热力异常作用和风场动力强迫作用的等价效应

上述分析表明，持续的 T_e 负异常和东风异常强迫强度都对 2011 年海表温度变低起到了重要作用。实际上，二者作为同一个温跃层反馈循环的两个重要因素彼此相关，同时参与在同一温跃层反馈过程中。因此，T_e 负异常的强度直接与东风强迫的强度有关，后者对前者起到维持的作用。二者对 2011 年海表温度二次变冷都会有相同的调制影响，风场和 T_e 场对海表温度模拟的影响是等价的，但还没有进行这方面的系统性的分析研究，这一观点可由基于 ICM 的模拟试验来验证。我们通过比较次表层热力和大气风场强迫在 2010 ~ 2012 年海表温度演变中的作用，可以从模拟的角度来说明这二者的相对重要性。结果表明，次表层热力强迫和表层风场强迫在 2011 年二次变冷过程中起到同等重要的作用。本小节将基于 ICM 进行敏感性试验，比较次表层热力强迫和表层风场动力强迫对 2010 ~ 2011 年海表温度演变模拟的相对影响，以阐明 T_e 热力强迫和风场动力强迫作用的同等效应。

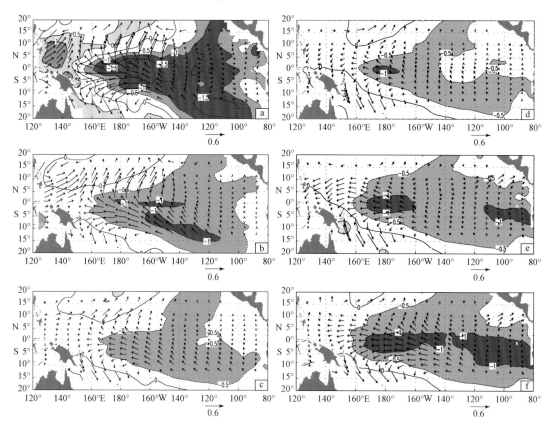

图 3.23　ICM 从 2011 年 1 月的初始条件模拟得到的海表温度和风应力异常的水平分布

a. 2011 年 1 月；b. 2011 年 3 月；c. 2011 年 5 月；d. 2011 年 7 月；e. 2011 年 9 月；f. 2011 年 11 月

ICM 取值 $\alpha_\tau = 1.2$ 和 $\alpha_{T_e} = 0.8$ 时的模拟结果；海表温度的等值线间隔为 0.5℃；风应力为矢量，单位为 dyn/cm²

比较图 3.21 和图 3.22 可以明显发现，改变风场的强度（调整 α_τ 的大小）对海表温度模拟造成的影响与改变 T_e 异常的强度（调整 α_{T_e} 的大小）所产生的影响极为相似，对海表温度演变的模拟或多或少是相同的。这些模拟试验表明，T_e 负异常的强度和东风异常的强度对二次变冷事件同等重要。图 3.23 和图 3.24 进一步给出当取值 $\alpha_\tau = 1.2$ 和 $\alpha_{T_e} = 0.8$ 与 $\alpha_\tau = 0.8$ 和 $\alpha_{T_e} = 1.2$ 时，ICM 分别进行模拟所得到的月平均海表温度和风应力异常的水平分布。两组模拟试验得到的海表温度负异常态的结构和振幅彼此非常接近，其中一个强迫强度的减弱所产生的影响往往会受到另一个强迫强度的增强所补偿。与图 3.21 和图 3.22 一起共同表明，次表层热力强迫和风场动力强迫对 2010-2012 年拉尼娜事件二次变冷过程起到同等重要的作用。

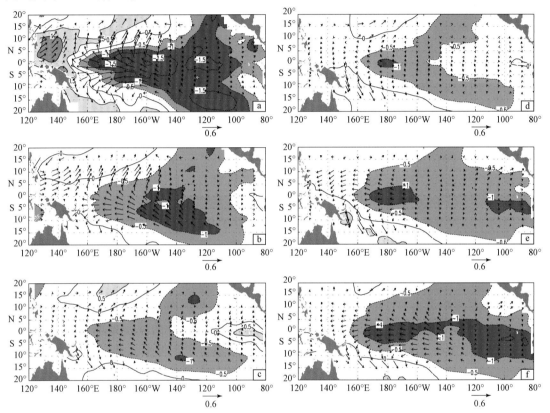

图 3.24　ICM 从 2011 年 1 月的初始条件模拟得到的海表温度和风应力异常的水平分布
a. 2011 年 1 月；b. 2011 年 3 月；c. 2011 年 5 月；d. 2011 年 7 月；e. 2011 年 9 月；f. 2011 年 11 月
ICM 取值 $\alpha_\tau = 0.8$ 和 $\alpha_{T_e} = 1.2$ 时的模拟结果；海表温度的等值线间隔为 0.5℃；风应力为矢量，单位为 dyn/cm²

　　如上所述，很多耦合模式对 2011 年二次变冷事件的预测都失败了，我们的研究结果可对其原因做出解释：在 2011 年赤道东太平洋海表温度演变（变低和变高）的过程中有两个主要过程在起作用（图 3.18），一是源于西太平洋的热含量正异常沿赤道东传所引发的暖效应；二是与中东太平洋持续的 T_e 负异常和东风异常相关的局地冷效应。这两个过程之间以微妙的平衡方式共同影响东太平洋海表温度的演变。因此，需要在耦合模式中合理地表征这两个过程的强度。基于 ICM 的模拟试验表明，海表温度的演变对模式中如何表征风场和次表层热力场这二者的强度非常敏感。如来自西太平洋的暖效应不足够强的话，难以扭转由 T_e 负异常所维持的海表温度负异常状态，那么自 2011 年 8 月起热带东太平洋海表温度将再次逐渐变低；相反地，如果东风异常和 T_e 负异常的强度在模式中被低估，而来自西太平洋暖效应被高估到一定强度时（就像许多模式所显示的那样），那么对海表温度变化的模拟将会出现方向性的错误，即模拟得到的海表温度可在 2011 年秋季呈现变高的趋势。

3.2.5　小结与讨论

观测表明，2010 年拉尼娜事件中热带太平洋海表温度负异常约在 2010 年冬季达到顶峰，并在之后减弱，然而海表温度又在次年（即 2011 年）发展演变为较大的负异常（即所谓的二次变冷事件）。当时大部分模式从 2011 年年初至年中的初始条件开始预测 2011 年下半年海表温度的时空演变时都存在巨大的挑战，特别是许多海气耦合模式都未能预测出 2011 年的二次变冷事件。因此，亟须理解导致海表温度二次变冷的主要过程和因子，并在模式中加以表征，以提高模式对 ENSO 实时预测的水平。

热带太平洋海表温度年际异常的发展和维持与包括海表温度、海表风场和温跃层间相互作用的正反馈过程有关。在 2010～2012 年，热带太平洋经历了较长的偏冷状态，拉尼娜事件于 2010 年冬季到达顶峰，之后存在几个因素对 2011 年赤道东太平洋海表温度的演变产生影响。其中，2011 年年初热含量正异常自西向东沿赤道东传并产生相应的增暖效应，当于 2011 年年中到达东部海盆时，造成那里的海表温度变高，即赤道东太平洋海表温度几乎转变为正常状态。然而，在赤道中东太平洋存在与 T_e 负异常（呈马蹄形）相关的局地冷效应，并且持续的东风异常支持东部海盆海表温度的变低。因此，这些过程相互抵消，共同决定 2011 年下半年赤道东太平洋海表温度的演变，其净影响（取决于二者哪一个占主导作用）最终导致海表温度变低或变高的趋势。观测到的 2011 年下半年海表温度变低表明，赤道太平洋持续的 T_e 负异常和东风异常的影响占据了主导作用。如图 3.18 所示，影响 T_e 负异常形态和持续性的过程很多（包括大气中所存在的赤道中西太平洋显著的东风异常等），其对赤道中东太平洋 T_e 负异常起到了维持作用。由于与 T_e 相关的次表层热力影响和风场强迫作用存在于同一个温跃层正反馈过程中，两者对海表温度演变的影响具有相似的作用，基于 ICM 的数值试验从定量的角度对 2011 年二次变冷事件的模拟进行了验证。研究结果表明，ICM 可以准确模拟出 2010～2012 年海表温度的时空演变，其中包括两个转向点，一个是 2011 年 6 月由变高转为变低，另一个是 2012 年 1 月由变低转为变高；并进一步说明次表层热力异常（由 T_e 表征）在二次变冷中起到至关重要的作用。

本节主要探讨温跃层热力强迫和大气风场动力强迫在 2011 年二次变冷事件中的作用。ICM 中的大气风应力模块是一个表征对海表温度异常响应的年际风应力异常的简单统计模型。观测显示，2010～2011 年整个赤道中太平洋存在持续的东风异常，维持了马蹄形的 T_e 负异常形态，并且赤道和赤道外海区次表层温度的负异常也有相互关联，此外，东风异常引发了局地海流异常。由于东风异常对维持混合层上卷海水温度的负异常态起到重要作用，因此风场强迫对 2011 年海表温度负异常态的发展起到关键作用。基于 ICM 的敏感性试验表明，海表温度二次变冷的程度受到东风异常强度的影响，因此赤道中西太平洋海区东风异常的强度对合理模拟 2011 年海表温度二次变冷非常重要。此外，风场和次表层热力异常作为温跃层正反馈的两个组成部分，其作用同等重要。基于 ICM 的模拟试验对二者在 2011 年秋季二次变冷事件中的相对作用进行了量化分析，结果表明，次表层的热力效应和东风异常动力强迫对 2010～2011 年海表温度的演变同等重要。

这一模拟分析清晰地展现了热带太平洋气候系统是以何种方式发展为二次变冷事件的。2010 年以后，源自西太平洋的热含量正异常沿赤道东传，到达东部海盆时对那里的海表产生增暖效应；局地来讲，T_e 负异常在赤道中东太平洋盛行，维持了东部海盆海表温度的负异常状态。赤道东太平洋海表温度自 2011 年 8 月开始变低，这表明增暖效应未能强于与 T_e 负异常和东风异常相关的变冷效应，二者的净结果导致了赤道东太平洋海表温度的变低，因而产生 2011 年的二次变冷现象。基于 ICM 的试验表明，模式在表征风场强迫和次表层热力效应时需要保证在一定的强度，才能准确预测出 2011 年年中至年末海表温度的二次变冷事件，表明风场和 T_e 场的强迫对海表温度二次变冷的模拟同等重要。特别地，模式需要合理地表征西太平洋暖效应和与赤道中太平洋 T_e 负异常及东风异常局地相关的冷效应，这些结果为改进模式对 2011 年热带太平洋海表温度二次变冷的预测提供了一个思路。

上述分析清晰地表明，2010-2012 年二次变冷事件的发展与目前的 ENSO 理论并不完全相符。例如，为解释热带太平洋气候系统的 ENSO 循环所提出的一个负反馈机制——延迟振子机制，这一理论所阐述的位相转换取决于赤道波动传播和在西边界海区的反射，如拉尼娜事件顶峰时期中部海盆产生下沉的赤道 Rossby 波并西传至西边界，经反射变成赤道 Kelvin 波，到达东部海盆使冷位相反转。如果将这一机制应用到对 2011 年二次变冷事件的解释中，那么 2010 年拉尼娜事件之后，存在一个沿赤道东传的信号（如延迟振子所描述的对东部海盆海表温度产生暖效应），其到达东部海盆后会使那里的海表温度负异常状态反转而成变正的趋势。事实上，在 2011 年年中确实出现了一个短暂的、几乎为正常的海表温度状态，但随后海表温度负异常状态在 2011 年夏季再次出现并在秋季加强。由于此时未出现从西边界传播过来的相应信号（因而这一二次变冷现象就难以用西边界反射理论来解释）；相反地，赤道中东太平洋与 T_e 负异常持续性相关的局地过程起到重要作用，这正是本节所要强调的要点之一。正如基于 ICM 的分析和敏感性试验所示，海表温度的二次变冷可归因于赤道中东太平洋持续强盛的 T_e 负异常的存在，进一步研究表明，存在几个显著的过程对 T_e 负异常型的维持起到重要作用，包括赤道外海区的影响以及赤道太平洋持续的东风异常等（图 3.17）。

3.3　2014-2016 年厄尔尼诺事件二次变暖过程的分析

2015 年热带太平洋发生了一次强厄尔尼诺事件，其中一个显著特征是：2014～2015 年，赤道中东太平洋海区次表层温度正异常呈马蹄形分布并持续了相当长一段时间。结合观测资料和中等复杂程度的海洋模式（ICM 的海洋模块）模拟，对 2014～2015 年热带太平洋海表温度异常的演变进行了分析，重点阐述 2015-2016 年厄尔尼诺事件所涉及的海洋过程及其与海表温度异常演变间的关系，包括赤道波动（由海面高度信号表示）的传播和反射相关的海洋遥影响作用、次表层热力异常的局地效应等。结果表明，2014～2015 年次表层温度正异常的持续性对赤道太平洋海表温度正异常的维持起到了重要作用，通过对海洋混合层温度的热收支分析揭示了在 2014～2015 年热带太平洋海表温度异常演变中起主导作用的过程，从而加深了对 2015-2016 年厄尔尼诺事件相关过程的理解，探讨了在多大程度上当前 ENSO 理论能用来解释这次事件。

3.3.1　引言

观测和模拟表明，ENSO 现象具有多变性和复杂性。例如，在 2014~2016 年，热带太平洋经历了持续的海表温度正异常现象。2014 年年初，海表温度表现为较弱的升高，2014 年年中升高减弱或暂停，然后于 2015 年年初发生二次变暖，并在 2015 年年底发展为强厄尔尼诺事件。2015 年厄尔尼诺事件的一个显著特征是：2014~2015 年热带中西太平洋持续维持了一个海表温度正异常状态。尤其是，相关的海气异常场在 2015 年春季至夏季发生强烈耦合，于 2015 年春末加强并迅速发展成强的暖事件，并在 2015 年年末达到成熟阶段。值得一提的是，相似的海气过程在 2014 年年初也出现于热带西太平洋，但是海表温度正异常于 2014 年年中减弱，未能在 2014 年年末发展成一个强厄尔尼诺事件（2014 年仅形成弱的正异常态；Hu and Fedorov，2016）。同样值得注意的是，上一次厄尔尼诺事件发生在 2009 年，距离此次事件有 5~6 年的时间，表明这两次厄尔尼诺事件相隔较长时间。

从实时预测方面来看，一些耦合模式预测 2014 年会有强厄尔尼诺事件发生，这一预测的失误令学术界很尴尬。同时，耦合模式自 2015 年春季对 2015 年厄尔尼诺事件的爆发的预测存在着很大的不确定性（Zhang and Gao，2016）。此外，自 2015 年年初开始，不同耦合模式对于这一年夏季至秋季的厄尔尼诺事件的强度的预测存在很大的差异。这些表明，厄尔尼诺事件的实时预测仍存在很大的误差，是气候预测中的一个具有挑战性的难题。

2015 年厄尔尼诺事件的演变非常复杂，可能也与年代际变化和全球变暖相关（McPhaden，2015）。因此，这次事件受到众多的关注。目前对 2015 年厄尔尼诺事件的理解仍很有限（Hu and Fedorov，2016；Min et al.，2015；Zhu et al.，2016；Levine and Mcphaden，2016；Zhang and Gao，2017），包括中西太平洋 2014~2015 年海表温度正异常持续性的根本原因，提前在 2015 年 3 月出现大范围海表温度升高现象，导致厄尔尼诺事件的爆发（而其他厄尔尼诺事件一般在 6 月爆发），以及 2015 年春末至夏季海气异常的快速耦合增强（一般春季海气异常强度较弱，不利于海气耦合的发生）。因此，对相关过程的理解和提高耦合模式的实时预测技巧是至关重要的研究课题。

如上所述，目前，IOCAS ICM 定期为国际学术界提供热带太平洋海表温度演变的实时预测结果（详见美国哥伦比亚大学国际气候研究所有关 ENSO 模式预测集成分析的网站）。当用表层风场驱动 IOCAS ICM 的海洋模块时发现，该模式可以准确地再现 2014~2015 年赤道太平洋海表温度的时空演变特征。本节利用单独的海洋模式（ocean-only）模拟 2015-2016 年厄尔尼诺事件的演变；进一步，具体阐明如下问题：2014~2015 年赤道中太平洋海表温度正异常是如何维持的？海洋波动（由海表高度信号所表征）在西边界和/或东边界的反射起到什么作用？次表层热力异常（由 T_e 场所表征）在维持 2014~2015 年海表温度正异常的作用是什么？海表温度正异常于 2014 年年中减弱以致到年末未形成强厄尔尼诺事件所涉及的过程是什么？2015 年厄尔尼诺事件的发展与 ENSO 的延迟振子理论所表征的过程一致吗？

3.3.2　2014~2015 年年际异常演变的特征

本节研究采用不同的观测和再分析产品等对热带太平洋异常态的演变进行描述，并对模式模拟结果进行验证。观测的海表温度资料来自 Reynolds 等（2002）；风应力产品数据为美国国家环境预测中心和美国国家大气研究中心（NCEP/NCAR）联合推出的再分析资料；海洋温度和盐度资料为国际太平洋研究中心（IPRC）和东亚–太平洋资料研究中心（APDRC）的 Argo 格点化产品，包括月平均和气候态平均场、月平均的混合层深度（MLD）和 T_e 资料等；格点化的海面高度异常资料取自 Aviso 的 Ssalto/Duacs 卫星高度计产品，可由网上直接获取（http：//www. aviso. oceanobs. com/duacs/）。此外，热带太平洋海气异常的实时演变也可以直接从热带大气海洋计划（TAO）实时数据观测网站上在线获得（http：//www. pmel. noaa. gov/tao/）。

采用 ICM 的海洋模块来模拟热带太平洋海表温度的演变，其中的大气风应力异常模块是一个采用奇异值分解（SVD）方法构建的统计模块，由重构的风应力异常驱动单独的海洋模块可以真实地再现海表温度年际变化的空间结构和时间演变。我们将基于这一模拟结果来分析 2015 年厄尔尼诺事件。

图 3.25 给出了观测得到的海表温度和 NCEP/NCAR 再分析产品得到的纬向风应力的年际异常。2014~2015 年赤道太平洋呈现持续的海表温度正异常态，海表温度在 2014 年年中出现一个下降，随后于 2015 年 5 月迅速升高（图 3.25a）；并在赤道中西太平洋伴有西风异常（图 3.25b）。对于次表层海洋而言，在 2014~2015 年次表层温度正异常一直维持在赤道中西太平洋海区。从波动传播和其遥影响的角度来看，起源于西边界区域的海面高度异常信号沿赤道向东传播，可对赤道中东太平洋海表温度起到升高或降低的作用。例如，2013 年年末在西太平洋海区有观测到的海面高度正异常信号沿赤道向东传播，于 2014 年春季到达东部并对那里的海表温度产生升高影响；2014 年年初，一个较弱的海面高度负异常信号沿赤道向东传播至赤道东太平洋，于 2014 年年中到达东部并对那里的海表温度产生致冷影响，这一过程导致 2014 年夏季海表温度正异常的减弱；2015 年春季，赤道中太平洋海面高度正异常变强，但此时并未观测到有来自西太平洋边界海区的海面高度传播信号。而是在中东太平洋海区，发生一些显著的海洋过程并对这一厄尔尼诺事件的发展和加强起到重要作用。2014 年年末在赤道东太平洋形成海面高度正异常信号，并由东边界反射，其后在赤道外海区向西传播，这一海面高度正异常信号于 2015 年年初在中部海盆汇入赤道区域，使得赤道中太平洋海区的次表层热力异常加强。这些过程导致赤道中东太平洋海面高度正异常的产生和加强，并在其西侧伴有西风异常。于是，海面高度与风场异常间耦合，导致海表温度正异常于 2015 年夏季快速增大，于 2015 年年底发展成一次强的厄尔尼诺事件（于 2015 年年末达到顶峰）。TAO 提供的实时观测资料也清楚显示出这些特征，并可用于验证我们基于模式的模拟结果。

图 3.26 和图 3.27 给出了海洋模块模拟得到的海表温度、纬向风应力、海面高度和 T_e 的年际异常沿赤道的纬圈–时间分布，其中，风应力年际异常根据其统计模块由观测得到的海表温度异常计算所得，T_e 异常根据其统计模块由模拟所得到的海面高度异常计算所得。

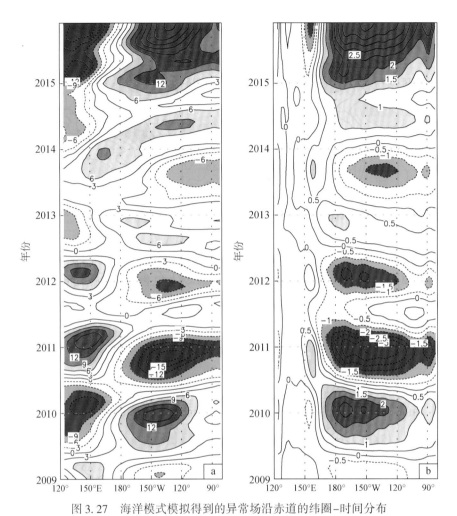

图 3.27　海洋模式模拟得到的异常场沿赤道的纬圈–时间分布

a. 海面高度异常；b. T_e异常

T_e异常是利用 T_e统计模块由模拟得到的海面高度异常计算所得到的；

a 中等值线间隔为 3cm；b 中等值线间隔为 0.5℃

异常和风场强迫相关的局地效应等，这些过程共同作用决定了 2014～2015 年海表温度场的演变。利用海洋模式模拟对这些过程间的关系及其对海表温度的影响方式进行分析，同时也可分析热带海洋波动的传播及其在边界的反射和相关的遥影响。

　　海洋中，温跃层的年际变化表现出显著的赤道波动的传播特性（可由海面高度来表征），对整个海盆的热力状态产生非局地的遥影响，从而为热带太平洋气候系统提供了低频记忆（年际时间尺度）。例如，海面高度信号趋于沿赤道向东传播，在赤道外海区向西传播，并在东、西边界发生反射（McCreary，1981；Zebiak and Cane，1987；Jin and An，1999）。赤道太平洋海表温度的变化与赤道和赤道外海区传播的海面高度信号及其在东、西边界的反射存在显著的关联，在 2014～2015 年存在一些明显的例子，可阐述如下。

　　在 2013 年的拉尼娜事件期间，由于中部海盆存在比正常偏强的信风使得西太平洋

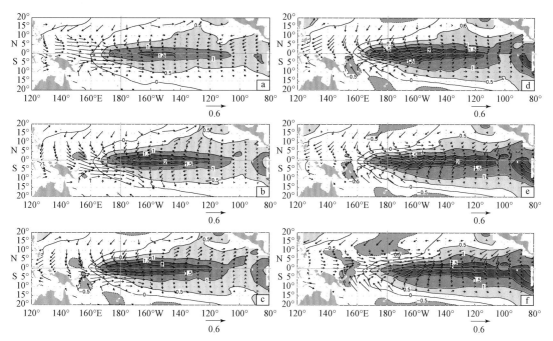

图 3.28　海洋模式模拟得到的海表温度和风应力异常的水平分布

a. 2015 年 1 月；b. 2015 年 2 月；c. 2015 年 3 月；d. 2015 年 4 月；e. 2015 年 5 月；f. 2015 年 6 月

海表温度的等值线间隔为 0.5℃；风应力为矢量，单位为 dyn/cm²

暖水堆积，西部海盆的海面高度逐渐升高；2013 年年末，海面高度正异常信号自西边界沿赤道向东传播（图 3.28a），于 2014 年年初到达赤道东太平洋并对那里的海表温度产生升高的效应；确实，海表温度正异常在赤道东太平洋出现（图 3.26a），并在西侧伴有西风异常（图 3.26b）。2014 年年初，海面高度负异常信号起源于西边界区域并沿赤道向东传播（图 3.27a），这一信号于 2014 年年中到达赤道东太平洋，对那里的海表温度产生变低的影响；确实，在 2014 年夏季（图 3.26a），热带东太平洋的海表温度正异常减弱（这一结果可以解释为什么 2014 年夏季海表温度和风异常未能发生强耦合）。但是，来自西太平洋的海面高度负异常信号对赤道东太平洋的海表温度产生的变低影响，其强度不足以反转赤道中东太平洋海表温度的正异常态，从而 2014 年赤道太平洋仍维持为一个正异常态。

2015 年年初，赤道中太平洋海表温度和海面高度异常信号加强；然而，此时并未能追踪到有来自热带太平洋西边界区域的海面高度正异常传播信号（图 3.27a）。因此，起源于西太平洋的海洋过程（如海面高度异常信号在西边界反射）并未对赤道中太平洋海表温度正异常的增强起到主要作用，因而应该有其他过程在起作用。为解释这一现象，必须对赤道中东太平洋的海洋过程进行分析。例如，2014 年年末赤道东太平洋出现海面高度正异常信号，经东边界反射并在赤道外海区向西传播（图 3.29a）；进一步，这些海面高度正异常信号于 2015 年年初汇入赤道中太平洋海区（图 3.29b，c），与早先在那里持续存在的海面高度正异常结合；这一过程加强了 T_e 正异常（图 3.29g，h），

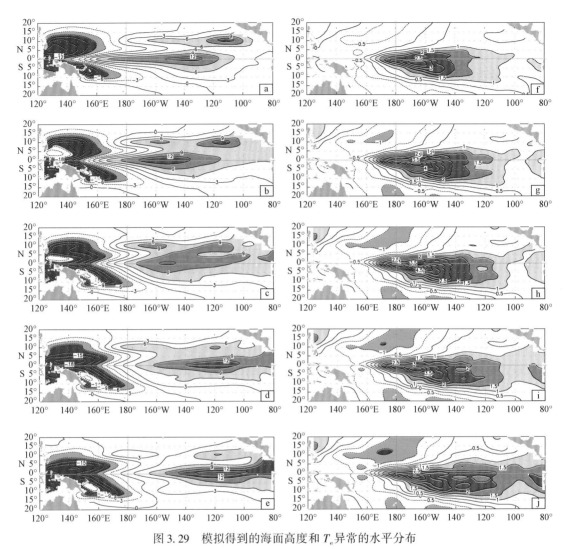

图 3.29 模拟得到的海面高度和 T_e 异常的水平分布

左侧：海面高度异常，a. 2015 年 1 月；b. 2015 年 2 月；c. 2015 年 3 月；d. 2015 年 4 月；e. 2015 年 5 月

右侧：T_e 异常，f. 2015 年 1 月；g. 2015 年 2 月；h. 2015 年 3 月；i. 2015 年 4 月；j. 2015 年 5 月

海面高度异常的等值线间隔为 3cm；T_e 异常的等值线间隔为 0.5℃

从而对 2015 年春季的海表温度产生较大的升高作用。因此，2014 年年末至 2015 年年初，海面高度正异常信号经东边界反射并沿北赤道外海区向西传播，对 2015 年年初海表温度升高的加强起到了重要的作用。

3.3.3　次表层热力异常的持续性及其对海表温度的局地影响

除了海面高度传播信号所引发的遥影响外，海表温度变化还与赤道中东太平洋次表层的热力异常所产生的局地效应有关。在 2014～2015 年，赤道中太平洋持续存在较大的 T_e 正异常，所呈马蹄形的分布使得赤道和赤道外次表层异常的变化间相互关联（图 3.29f ~ j）。这一 T_e 正异常的存在对海表温度正异常维持的重要性可由以下两个例子说明。

　　一个例子是其在维持 2014 年年中赤道东太平洋的海表温度正异常态中所起的作用。如上所述，尽管海面高度负异常信号于 2014 年年初沿赤道向东传播，并于 2014 年 4 ~ 6 月到达东部海盆并对海表温度产生变低的影响，但是海表温度正异常态仍然盛行于赤道东太平洋。事实上，赤道东太平洋海表温度正异常确实减弱了（图 3.26a）；然而，西太平洋传播来的海面高度负异常信号所引起的变冷效应不足以完全反转赤道东太平洋海表温度正异常态，使得热带东太平洋在 2014 年年末仍然维持着一个海表温度正异常态。这样，赤道中太平洋持续的 T_e 正异常对海表温度具有显著的提升作用，使得 2014 年年中至年末的海表温度正异常态得以维持。

　　另一个例子与 2015 年年初赤道中太平洋海表温度正异常发展相关。此时，未有直接来自西边界区域的海面高度正异常传播信号，因此，西太平洋的海洋过程（如海面高度信号在西边界反射等）对东部海盆海表温度正异常的加强未起到主要作用。然而，较大的 T_e 正异常信号在赤道中西太平洋持续存在并增强（图 3.29f ~ j），对海表温度正异常态的维持起到了重要作用（图 3.28）。尤其是，赤道中太平洋区域的 T_e 正异常态通过赤道东太平洋的过程而加强，如 2015 年年初，赤道东太平洋海区海面高度正异常信号经东边界反射，并在中太平洋赤道外海区向西传播并汇入到赤道区域，从而加强了中部海盆 T_e 正异常并加大了海表温度升高作用。所引发的海表温度正异常伴随有西风异常，导致二者间进一步耦合加强。因此，2014 ~ 2015 年持续的 T_e 正异常态对赤道中东太平洋海区海表温度正异常的维持和加强起到了重要作用。

3.3.4　海表温度收支分析

　　为了确定哪些物理过程对海表温度年际变化起主导作用，我们对混合层温度变化的热量收支进行了分析。决定海表温度变化的局地变率（倾向）的主要过程包括：水平平流项、垂向平流项、水平扩散项、垂直扩散项以及海表热通量项。但需注意，热通量总是对海表温度年际异常起到减弱作用，在接下来的讨论中不再提及。图 3.30 和图 3.31 给出了模拟所得到的 2015 年年初海表温度主要的收支项的空间分布（纬向、经向、垂向平流项、垂直扩散项及其 4 项总和）。可清晰表明对海表温度变化产生影响的各个过程的相对重要性，很明显，不同项对热收支的贡献在空间和时间上变化很大。

　　如前面所述，一个显著特征是赤道中太平洋的海表温度正异常持续存在，2015 年 5 ~ 6 月首次出现显著的变暖现象（图 3.26a）。因此，一个关键的问题是，这一海表温度正异常是如何维持的。海表温度收支分析表明，2015 年年初在日界线附近出现海表温度正异常的趋势（图 3.30），这主要是由于与 T_e 正异常（图 3.29f ~ j）相关的垂直扩散项在起主导作用（图 3.30a4 和图 3.30b4）。因此，很明显，通过垂直扩散过程，T_e 正异常引发并维持了日界线附近海表温度的正异常（图 3.28）；此外，赤道西太平洋西风异常直接强迫洋流异常，通过水平平流作用也引发海表温度的升高（图 3.30a1，a2，b1，b2）。

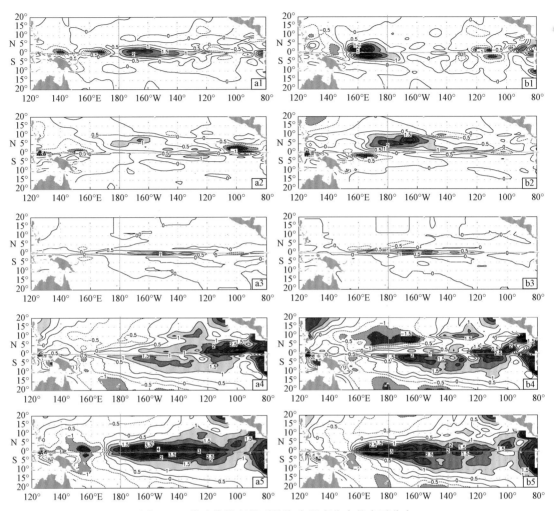

图 3.30　模式模拟所得到的海表温度收支的水平分布
左侧：2015 年 1 月；右侧：2015 年 3 月
由上到下分别为纬向平流项（a1，b1）、经向平流项（a2，b2）、垂向平流项（a3，b3）、垂直扩散项（a4，b4）
及其 4 项总和（a5，b5），等值线间隔为 0.5℃/month

随着时间的演变，垂直扩散项的正值区和相关的海表温度升高区更加向东移动，自 2015 年 5 月起，较大的海表温度正异常出现在赤道东太平洋区域（图 3.31）。例如，在 2015 年年中的厄尔尼诺发展阶段，赤道中东部海盆的热收支主要受垂向平流项和垂直扩散项的主导作用；在西太平洋，赤道外日界线附近出现海表温度变低的倾向，主要是由于与 T_e 负异常（图 3.29f~j）相关的垂直扩散项在起主导作用（图 3.31a4，b4）。

因此，在强 T_e 正异常的影响下，赤道太平洋通过垂直扩散作用产生并维持海表温度正异常，特别是在 2015 年年初至年中，赤道区域 T_e 正异常使海表温度持续升高。在赤道上，温跃层的正反馈（与平均上翻和垂直扩散引起的 T_e 异常的垂向平流相关）对海表温度异常的快速发展起到了重要作用。这些结果表明，T_e 对控制热带太平洋海表温度变化起

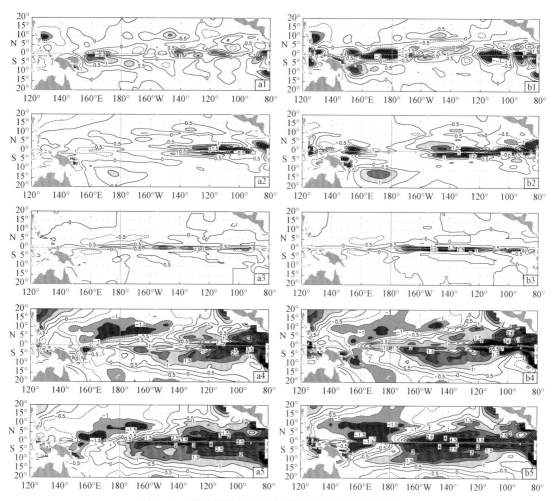

图 3.31　模式模拟所得到的海表温度收支的水平分布

左侧：2015 年 5 月；右侧：2015 年 7 月

由上到下分别为纬向平流项（a1，b1）、经向平流项（a2，b2）、垂向平流项（a3，b3）、垂直扩散项（a4，b4）

及其 4 项总和（a5，b5），等值线间隔为 0.5℃/month

到主要作用，通过海水上卷过程可以对赤道中东太平洋海区海表温度产生直接影响。本研究所得结果与 3.1 节的分析和模式研究相一致，即次表层热力异常及其影响过程对热带太平洋海表温度的维持和发展起到了重要作用。

　　基于上述分析，我们给出了影响 2015 年海表温度演变的几个过程的示意图（图 3.32）。2015 年超强厄尔尼诺事件是在 2014 年海表温度正异常持续维持的背景下发生的，并于 2015 年年中至年末发展成强烈的二次变暖现象；进一步，这些现象可追溯至更早时间的海洋状态。如在 2013 年，热带中东太平洋盛行较弱的海表温度负异常态，其西侧伴有东风异常，对海洋产生直接影响；随后引发的几个过程对 2015 年二次变暖起到了重要作用。与次表层异常相关（由海面高度表征），整个海盆存在明显的海

年代际变化和全球变暖等。正如以上所述，本节研究的一个重要发现是在 2015-2016 年厄尔尼诺事件期间，来自东太平洋北赤道外区域的海面高度正异常信号汇入赤道中太平洋区域，而这一现象并未出现在其他厄尔尼诺事件中。这取决于几个主要因素，除了与ENSO 相关的显著的年际变化外，还包括太平洋年代际变化（Pacific decadal oscillation，PDO）。观测表明，2000~2014 年太平洋气候系统处于 PDO 的暖位相期（对应于 1980~1999 年为 PDO 的冷位相期），表现为热带太平洋处于海表温度负异常态而北太平洋中纬度区域处于海表温度正异常态，这一海表温度异常的跷跷板形态可能在 2015 年发生改变，PDO 位相的转换会导致 2015 年太平洋气候背景态的变化。此外，全球变暖信号在这一区域也反映得非常明显：从 21 世纪初以来所出现的年代际尺度的变冷趋势 [即全球变暖停滞（hiatus）] 可能会在 2014~2015 年前后发生改变，使得热带太平洋海表温度转换为变暖的趋势。这样，2015-2016 年厄尔尼诺事件明显受到年代际变化和全球变暖的影响，导致太平洋海洋背景态的年代际变化。

从气候态的角度，次表层热力场（如由海面高度所表征）在热带太平洋表现为槽脊结构：海面高度场表现为位于 10°N 的脊、位于赤道的槽。可用位势涡度（potential vorticity，PV）从动力学角度来分析热带–副热带太平洋之间的联系，如热带东北太平洋赤道外区域位势涡度表现为一局地最大值，这一位势涡度形态阻碍了赤道外水团直接汇入赤道区域的可能性（Rothstein et al.，1998）。当热带太平洋海洋平均热力状态（如海面高度的槽–脊形态的平均空间结构）发生变化时，热带东北太平洋海区位势涡度场的局地振幅和结构会被调制，从而可导致热带太平洋热力异常的传播路径发生变化。初步分析表明，2015 年热带太平洋热力平均态和位势涡度场的变化支持这样一个设想：热力异常信号于 2014 年年末、2015 年年初经东边界反射后在东北太平洋赤道外区域向西传播，并于 2015 年年中汇入赤道中太平洋。然而，仍需进一步作详细研究来严格地回答下面这些重要问题：为什么 2015 年东北太平洋赤道外海面高度正异常可以汇入赤道中太平洋区域？为什么这些潜在的因素在其他厄尔尼诺事件中并未出现和起作用（而在 2015 年却出现了）？类似 2015 年这样的海面高度信号传播和所产生的影响需要什么样的大尺度背景条件？

我们这一聚焦于海洋过程分析的工作为 2015-2016 年厄尔尼诺事件的预测提供了理论指导。目前，ENSO 实时预测存在较大的偏差，并对模式具有强烈的依赖性。各种因素对实时预测产生影响，包括风场强迫效应（西风爆发和作为对海表温度异常响应的大尺度风应力异常）和次表层热力效应对海表温度的影响（即 T_e 效应）等，有些过程在当前很多用于 ENSO 预测的耦合模式中并未得到合理的表征。例如，IOCAS ICM 的初步研究结果表明，如果海表温度距平方程中低估了 T_e 正异常对海表温度的影响，那么 2015 年厄尔尼诺事件的强度会被低估（类似于 2011 年的二次变冷现象）。风场动力强迫作用和次表层热力效应对 2015 年厄尔尼诺事件强度的模拟和预测的相对作用需要利用耦合模式进行检验。此外，在用于 ENSO 实时预测的众多耦合模式中所缺失的西风爆发效应，必须要得到合理的表征，其对海表温度演变的影响应与海洋过程进行综合考虑，以进一步认清 2015 年厄尔尼诺事件中所涉及的过程。基于 IOCAS ICM 的更多相关敏感性试验仍在进行中，结果将在本书第 6 章中讨论。

3.4　与大气风场强迫作用相关的 ENSO 多样性数值模拟试验

观测资料和数值模拟表明，ENSO 表现出显著的多样性，其影响因子众多，包括气候系统中的确定性过程和随机强迫的影响等，我们已用 IOCAS ICM 开展了一些与 ENSO 多样性相关的数值模拟试验研究，这里给出一些初步模拟结果。

3.4.1　ENSO 模拟对所构建的风应力和 T_e 经验模块季节变化的敏感性

如第 2 章所述，我们采用的统计方法基于历史资料已构建了风应力（τ）和 T_e 两个经验模块：$\tau = \alpha_\tau \cdot F_\tau$（$\mathrm{SST_{inter}}$）和 $T_e = \alpha_{T_e} \cdot F_{T_e}$（$\mathrm{SL_{inter}}$），其中 F_τ 和 F_{T_e} 是从历史资料由 SVD 或 EOF 分析所提炼出来的两个变量之间的关系式；α_τ 和 α_{T_e} 是引入的可调参数。按构建风应力和 T_e 模块时是否考虑其季节变化性，可分别构建为年模块（τ_ann 和 T_e_ann）和月模块（τ_mon 和 T_e_mon）。这里，风应力随海表温度的季节变化性表现为，当选取相同的海表温度年际异常时，用不同月份所构建的风应力模块来计算得到的风场响应会是不同的（如振幅和空间结构等）；同样地，T_e 随海面高度的季节变化性表现为，当选取相同的海面高度年际异常时，用不同月份所构建的 T_e 模块来计算得到的 T_e 场的响应会有所不同。

这样在 ICM 中使用风应力和 T_e 模块时可有 4 种不同的组合，如 ICM 中采用的 τ_ann 和 T_e_ann 模块可简单表示为 $\tau\_ann\text{-}T_e\_ann$；其他三种组合可相应地表示为 $\tau\_ann\text{-}T_e\_mon$、$\tau\_mon\text{-}T_e\_ann$ 和 $\tau\_mon\text{-}T_e\_mon$。其中，$\tau\_ann\text{-}T_e\_ann$ 表示为 ICM 中风应力和 T_e 场都不考虑季节变化的影响，而 $\tau\_mon\text{-}T_e\_mon$ 表示为风应力和 T_e 场都考虑了季节变化的影响；$\tau\_ann\text{-}T_e\_mon$ 和 $\tau\_mon\text{-}T_e\_ann$ 表示其中只有风应力或 T_e 场考虑了季节变化的影响。同时，引入两个对应的可调系数（α_τ 和 α_{T_e}），其中 α_τ 表征海气相互作用的强度（即海表风应力场对海表温度场响应的振幅大小）；α_{T_e} 表示次表层热力异常对海表温度热力强迫作用的强度（即 T_e 场对海面高度场响应的振幅大小）。模式中 ENSO 模拟也与这些参数的取值有关，它们应取得足够大以能维持合理的年际振荡和时空演变，但又不能取得过大，否则会使模式运行变得不稳定。在采用风应力和 T_e 不同组合进行耦合模拟试验时，α_τ 和 α_{T_e} 应取成不同的值，以保证模式稳定运行。另外，模式中 ENSO 模拟还与这些场相互交换的频率有关（即时间积分过程中由一个变量更新另一个变量的时间长短），如可每天更新或每月更新。

这里给出用 ICM 进行数值试验的一些例子，采用相关风应力和 T_e 模块的不同组合以考虑其季节变化性对 ENSO 模拟的影响；同时，α_τ 和 α_{T_e} 应取为不同的值以维持 ICM 有合理的年际振荡循环；另外，T_e 只是每个月更新一次（即每个月月初从海面高度异常计算出的 T_e 场在一个月内保持不变），在这样的模式设置下考察 ICM 中风应力和 T_e 季节变化性对 ENSO 模拟的调制影响。图 3.33 至图 3.36 给出 4 种组合的敏感性试验模拟得到的沿赤道的海表温度和纬向风应力异常随时间的演变，可见海表温度年际异常的振幅、持续时间（周期）、首先出现的海区及以后的传播方向等都有明显的差别。例如，在 $\tau\_ann\text{-}T_e\_mon$

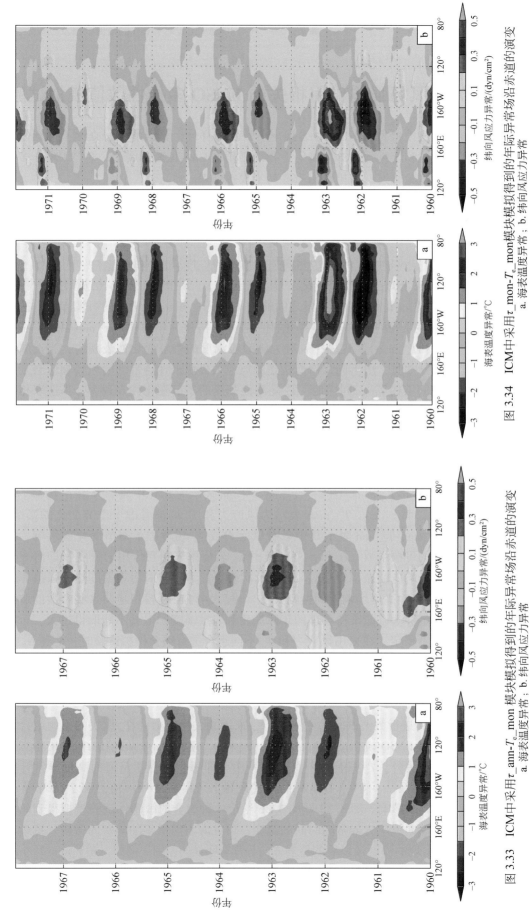

图 3.33　ICM 中采用 $\tau\_ann\text{-}T_e\_mon$ 模块模拟得到的年际异常场沿赤道的演变
a. 海表温度异常；b. 纬向风应力异常

图 3.34　ICM 中采用 $\tau\_mon\text{-}T_e\_mon$ 模块模拟得到的年际异常场沿赤道的演变
a. 海表温度异常；b. 纬向风应力异常

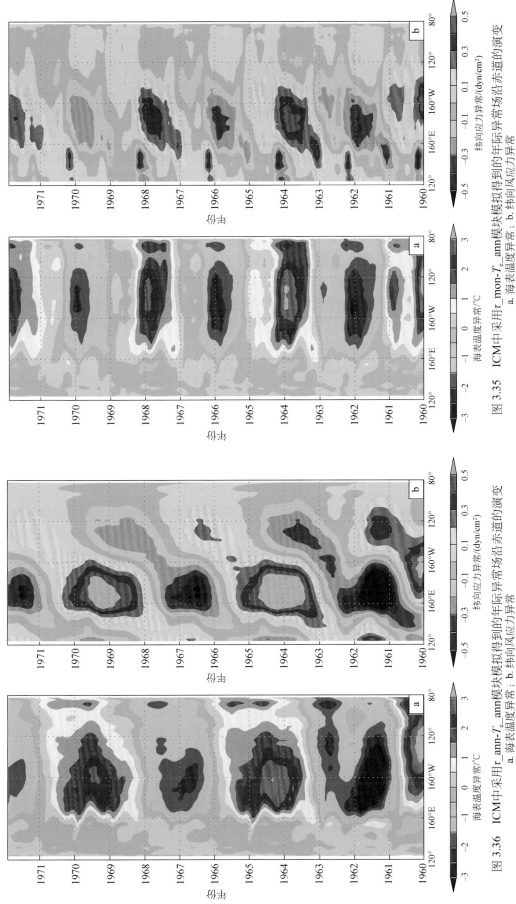

图 3.35 ICM中采用 τ_mon-T_e_ann模块模拟得到的年际异常场沿赤道的演变
a. 海表温度异常；b. 纬向风应力异常

图 3.36 ICM中采用 τ_ann-T_e_ann模块模拟得到的年际异常场沿赤道的演变
a. 海表温度异常；b. 纬向风应力异常

试验中（图 3.33，其中取 $\alpha_\tau = 0.92$ 和 $\alpha_{T_e} = 1.0$），年际振荡周期为 2 年，海表温度年际异常首先出现在赤道东太平洋海区，随后沿赤道向西传播；在 $\tau\_mon\text{-}T_e\_mon$ 试验中（图 3.34，其中取 $\alpha_\tau = 0.95$ 和 $\alpha_{T_e} = 1.0$），振荡周期变为 3 年，海表温度年际异常还是主要以沿赤道向西传播为主；在 $\tau\_mon\text{-}T_e\_ann$ 试验中（图 3.35，其中取 $\alpha_\tau = 0.87$ 和 $\alpha_{T_e} = 1.0$），振荡周期变长为 4 年，这时海表温度年际异常沿赤道没有明显的传播性；在 $\tau\_ann\text{-}T_e\_ann$ 试验中（图 3.36，其中取 $\alpha_\tau = 1.05$ 和 $\alpha_{T_e} = 1.0$），振荡周期变成为 5 年，海表温度年际异常首先出现于赤道西太平洋海区，随后沿赤道向东传播。这样，ICM 中采用不同风应力和 T_e 模块组合时所出现的 ENSO 振荡周期分别为 2 年、3 年、4 年和 5 年，其时空演变也表现出多样性，说明在 ICM 中考虑风应力和 T_e 场的季节变化性对 ENSO 模拟的重要影响。另外，ENSO 模拟也取决于表征风应力对海表温度和 T_e 对海面高度响应的强度（即 α_τ 和 α_{T_e} 的取值），还取决于 τ-SST 和 T_e-SL 之间更新的时间频率；进一步，这些因素的作用会相互影响，使得模式模拟所得到的 ENSO 特性更为复杂多变，表明 ENSO 模拟对这些因素是极其敏感的。

3.4.2　海表大气风应力随机强迫对 ENSO 的调制影响

大气风场的随机强迫作用被认为是导致 ENSO 不规则性的主要原因之一（如 Kirtman and Schopf，1998）。以前利用不同复杂程度的海气耦合模式来阐明大气风场随机强迫对 ENSO 的调制作用，包括中间型耦合模式（ICMs）、混合型耦合模式（HCMs）和完全耦合模式（CGCMs）等。这一小节我们将利用 IOCAS ICM 来考察大气风应力随机强迫对 ENSO 的调制影响。如第 2 章中所描述的，大气风场的确定性信号部分（τ_{Sig}）可由所构建的风应力模块来确定，该部分反映了与海表温度外部强迫有关的确定性大气响应；与大气内部变率相关的随机强迫部分（τ_{SF}）由第 2.5 节中所描述的 τ_{SF} 模块来估计，具体计算时保留前 20 个 EOF 模态，每月只在月初计算一次且在该月内保持不变。这样，可将 τ_{SF} 显式地加入到 IOCAS ICM 中（其中 T_e 取为 $T_e^{63\text{-}96}$ 模块，由 1963～1996 年的历史资料构建所得），对比不考虑和考虑 τ_{SF} 影响的两组模拟试验的结果，来阐明大气风应力随机强迫对 ENSO 的调制作用。

在未考虑 τ_{SF} 的试验中，ICM 模拟需要采用相对较大的耦合系数（取 $\alpha_\tau = 0.9$）以维持年际振荡。图 3.37a 给出了模拟所得到的海表温度异常沿赤道的分布，在这种未考虑 τ_{SF} 的情况下，ICM 模拟所得到的年际变率较为规则，表现为一个弱阻尼的年际振荡（可取较大的 α_τ 以维持年际振荡的可持续性），海表温度异常沿赤道没有明显的传播性。为了量化年际变率的主要时间尺度，对 Niño3 区海表温度异常时间序列进行了功率谱分析，结果表明年际变率主要周期为 4.3 年。

接下来，将所构造的风应力随机强迫模块（τ_{SF}）引入到 ICM 中以考察大气风应力随机强迫的作用，这时取相对较小的耦合系数（取 $\alpha_\tau = 0.85$）就可以维持连续稳定的年际振荡。图 3.37b 给出了考虑 τ_{SF} 影响模拟所得到的海表温度异常沿赤道的分布，很显然，所模拟的 ENSO 特性发生了显著变化。耦合系统的年际变率变得很不规则，包括海表温度异常的振幅、振荡周期和位相传播等。例如，包含了 τ_{SF} 影响的 Niño3 区海表温度异常时间序列功率谱出现了三个主要峰值：第一个峰值约为 4 年、第二个约为 5.5 年、第三个约为

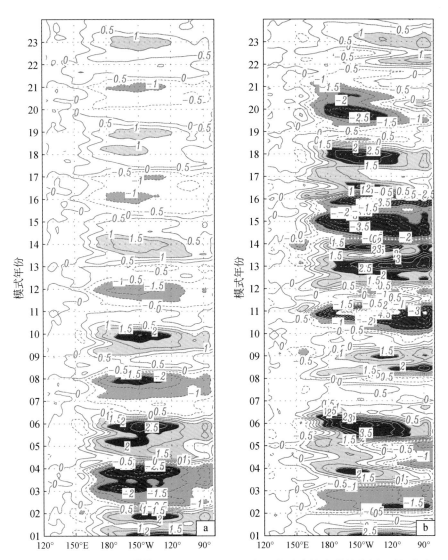

图 3.37 ICM 中采用 $T_e^{63.96}$ 模块模拟得到的海表温度异常沿赤道的纬圈-时间分布

a. 不考虑随机风场部分的影响；b. 考虑随机风场部分的影响

等值线间隔为 0.5℃

3.3 年。包含 τ_{SF} 影响的模拟试验所得到的海表温度异常沿赤道有明显的向东或向西传播性。很显然，ENSO 时空演变会受到风应力随机强迫的调制影响，其大小取决于所添加的 τ_{SF} 的符号和强度，当 τ_{Sig} 和 τ_{SF} 符号相同（相反）时，驱动海洋的风应力的振幅会变大（减小）。进一步，用包含了 τ_{SF} 的 ICM 进行了长时间的积分，图 3.38 给出 200 年模拟所得到的海表温度异常沿赤道的纬圈-时间分布，模拟得到的年际振荡表现出长时间的稳定性和持续性，海表温度异常时空演变表现出极大的不规则性。同时也可以看出，ENSO 表现出年代际变化特性，包括振幅、周期和年际异常场时空传播性等，如有些时段海表温度年际变率的振幅很强而有些时段会变得很弱。

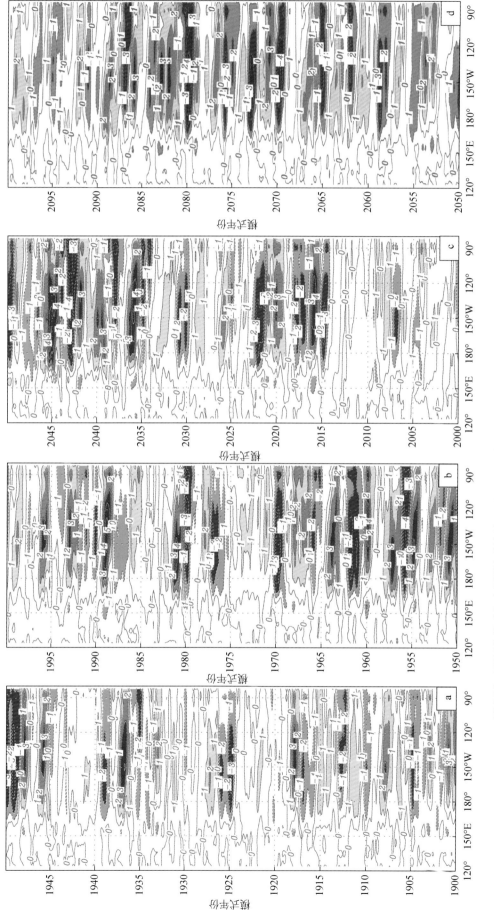

图 3.38 ICM 中显式包含了随机风场部分积分 200 年模拟得到的海表温度异常沿赤道的纬圈-时间分布

a. 1900~1949 年；b. 1950~1999 年；c. 2000~2049 年；d. 2050~2099 年

等值线间隔为 1℃

这些数值模拟结果与以前其他类似研究相一致，表明海气耦合模式中加入大气风应力随机强迫会对 ENSO 产生显著的调制作用，造成 ENSO 时空演变的不规则性。这说明在实际的热带太平洋海洋–大气耦合系统中，大气风场随机强迫确实会对 ENSO 产生重要的调制影响。但这种调制效应既不是系统性的也不是确定性的，完全是随机产生的。换句话说，大气风场随机强迫的作用并没有系统性地改变 ENSO 的结构特征（如造成海表温度年际异常沿赤道传播方向的改变），这与下节要分析的 T_e 对 ENSO 的确定性调制影响有所不同，如 T_e 年代际变化会引起海表温度年际异常沿赤道传播方向从以西传为主转变到以东传为主的系统性的转变。

一般来说，随机风场与大气内部变率有关，在 ICM 中加入大气风场随机强迫确实会导致 ENSO 明显的不规则性，但其调制作用似乎是随机的。虽然大气风场随机强迫可以对 ENSO 的振幅和周期产生随机调制作用，但还没有发现它能够导致 ENSO 特性发生系统性的变化（如位相的传播方向等）。通过在 ICM 中显式地将随机风场部分加入到风应力的确定性信号部分中，进行数值试验来阐明大气风场随机强迫对 ENSO 的调制作用。研究发现，大气中的随机部分会造成 ENSO 的不规则性，这说明在实际的大气–海洋耦合系统中，大气风场随机强迫可能会对 ENSO 产生重要的影响。

3.5　T_e 年代际变化对 ENSO 的调制影响

本节利用 IOCAS ICM 开展关于热带太平洋次表层海水上卷到混合层海水温度（T_e）年代际变化对 ENSO 的调制作用的研究。如第 2.1 节所述，IOCAS ICM 的特点之一是采用了 T_e 的经验参数化模块，即可利用历史资料通过奇异值分解（SVD）方法构建 T_e 与海面高度年际变率（反映海洋温跃层的结构及变化）间的关系。为了考虑 20 世纪 70 年代末气候突变前后次表层热力结构的变化，可采用两个时期（1963～1979 年和 1980～1996 年）的历史资料来分别构建出两个 T_e 模块（$T_e^{63\text{-}79}$ 和 $T_e^{80\text{-}96}$），利用 ICM 重点考察 T_e 年代际变化对 ENSO 结构等的影响（如海表温度异常位相传播特性等）。结果表明，当 ICM 中分别采用 $T_e^{63\text{-}79}$ 和 $T_e^{80\text{-}96}$ 模块时（反映 T_e 年代际变化），耦合系统的年际变率出现了显著的变化（如振荡周期、空间结构和时间演变等）。当采用 $T_e^{63\text{-}79}$ 模块试验时，ICM 中主要表现为准 2 年周期振荡，赤道太平洋海表温度异常具有沿赤道西传的显著特征；而当采用 $T_e^{80\text{-}96}$ 模块试验时，ICM 表现为准 5 年周期振荡，赤道太平洋海表温度异常变为沿赤道向东传播。这些 ENSO 相关特征的改变与 20 世纪 70 年代末所观测到的现象相一致。混合层热收支分析进一步表明，与 T_e 相关的垂向平流项对 ENSO 特性的改变起到了主导作用。

3.5.1　引言

观测表明，ENSO 的振荡周期、海表温度异常的传播特性等具有显著的年代际变化（Trenberth and Hurrel，1994；Miller et al.，1994；Latif et al.，1997；Wang and An，2001）。例如，在 20 世纪 70 年代末发生了气候突变现象，在 20 世纪 60～70 年代，ENSO 的主要振荡周期为 2～3 年，厄尔尼诺事件相关的海表温度异常主要起源于赤道东太平洋并沿赤道向西传播；而在气候突变后的 20 世纪 80～90 年代，ENSO 的主要振荡周期变为 4～5 年，包括 1982 年和 1997 年的厄尔尼诺事件，相关海表温度异常主要起源于赤道西太平洋，之后沿赤道向东传播。

造成上述 ENSO 特性年代际变化的原因及其相关影响引起了学术界的浓厚兴趣和激烈讨论。一些研究表明，这些变化可以归因于全球变暖的外部影响，也有些研究认为，这是由气候系统的内部低频变率所造成的。目前，已有一些机制可以用来解释这种 ENSO 特性的改变，如大气随机强迫（Kirtman and Schopf，1998）、大气/海洋中赤道外过程的影响（Gu and Philander，1997；Zhang et al.，1998；Kleeman et al.，1999；Barnett et al.，1999；Schneider et al.，1999）、热带气候系统平均态的改变（Fedorov and Philander，2000；Wang and An，2001）以及气候系统的非线性及其相关要素的改变（Timmermann and Jin，2002）等。特别地，在年代际时间尺度上，通过太平洋海洋副热带环流圈（subtropical cells，STCs），热带外海洋过程的遥影响（如平均 STCs 对温度异常的平流作用或 STCs 本身强度的变化等）可以改变热带太平洋海温结构并引起厄尔尼诺特性的改变（Gu and Philander，1997；Zhang et al.，1998；Kleeman et al.，1999；McPhaden and Zhang，2002）。确实，观测表明 20 世纪 70 年代末热带太平洋次表层海温结构发生了明显的变化（Levitus et al.，1994；Zhang et al.，1998），这与北太平洋副热带海区热力异常和其向赤道海区的传播及其影响有关。

就气候态而言，赤道中东太平洋温跃层较浅、平均上升流很强，海洋温跃层变化是影响混合层温度变化的重要强迫因子。在年际时间尺度上，观测和模式模拟表明，赤道太平洋海表温度异常受到温跃层垂直升降的直接影响，使得次表层热力结构及其异常在 ENSO 循环过程中起重要作用。作为海洋温跃层影响混合层温度的主要变量，T_e 表征了次表层海洋热力异常对海表温度的直接强迫作用。如方程（2.11）所示，T_e 显式地出现在海表温度的控制方程中，通过混合层底部的垂向过程（夹卷和混合）对海表温度产生影响，次表层热力异常是产生海表温度年际异常的主要强迫源（Zebiak and Cane，1987）。进一步诊断分析表明，通过温跃层–海表温度–风场之间的正反馈机制（即温跃层反馈；Jin and An，1999），与 T_e 异常相关的垂直平流作用是海表温度异常产生和变化的主要贡献项，是造成热带太平洋海气耦合系统中 ENSO 事件发生、发展和演变的重要因子。

在年代际时间尺度上，观测表明，20 世纪 70 年代末热带太平洋的次表层热力结构发生了显著的年代际变化（例如 Levitus et al.，1994；Zhang and Levitus，1997；Zhang et al.，1998；Schneider et al.，1999），相关研究进一步指出这种温跃层年代际变化会对海表温度场产生显著的影响，也会对 ENSO 产生调制作用。T_e 受这种温跃层年代际变化的影响而表现出相应的变化（包括 T_e 年际异常的结构和振幅等），这些变量间相互关系的年代际变化可影响温跃层反馈的强度，如温跃层与 T_e 间关系所发生的年代际变化可改变温跃层对海表温度影响的方式和大小，造成 ENSO 特性的改变。因此，作为引发海表温度年代际变化的重要因子，T_e 年代际变化对海表温度和 ENSO 产生调制影响。

本节利用 ICM 来探究次表层海温结构年代际变化对 ENSO 的影响，为反映 T_e 年代际变化，可从两个时期（1963～1979 年和 1980～1996 年）分别构建得到两个 T_e 模块（T_e^{63-79} 和 T_e^{80-96}），用 ICM 进行数值模拟，试图回答下面几个基本问题：为什么在 20 世纪 70 年代之后

ENSO 特性发生了显著变化（如赤道太平洋海表温度异常的传播方向）？气候突变引发的次表层海温结构的变化是否会对 ENSO 特性产生调制作用而出现所观测到的 ENSO 年代际变化？是什么过程决定了热带太平洋耦合系统中 ENSO 的空间结构和振荡周期？

3.5.2 数值模拟试验的设计

为利用 IOCAS ICM 来考察热带太平洋次表层海温年代际变化对 ENSO 的调制影响，分别构建了 1963 ~ 1996 年、1963 ~ 1979 年和 1980 ~ 1996 年三个时期的 T_e 模块（$T_e^{63\text{-}96}$、$T_e^{63\text{-}79}$ 和 $T_e^{80\text{-}96}$）。其中后两个时期（1963 ~ 1979 年和 1980 ~ 1996 年）所构建的 T_e 模块分别表征 20 世纪 70 年代末太平洋气候突变前后的年代际变化的特征。图 3.39 给出了 1963 ~ 1979 年和 1980 ~ 1996 年两个时期由 SVD 分析得到的关于 T_e 第一奇异向量的空间模态。与海表温度的变化类似，T_e 的年际变化也集中在赤道中东太平洋（主要变率位于日界线以东），这种分布与厄尔尼诺或拉尼娜成熟期状态相对应。同时，T_e 在 20 世纪 70 年代末发生了显著的年代际变化，其空间结构和振幅在这两个时期存在明显的不同。例如，在 1963 ~ 1979 年这一时期，赤道东太平洋和 140°E 到日界线之间的赤道外北太平洋海域，T_e 异常相对较弱（图 3.39a）；但在 20 世纪 70 年代末之后，这两个区域的 T_e 异常显著加强（图 3.39b），表明 T_e 与温跃层（可由海面高度来表征）两者关系发生了显著的年代际变化。这样，利用这两个时期所构建的 T_e 模块得到的 T_e 异常场的强度会发生显著差异，即在给定相同的海面高度异常时，用不同年代际时期所构建的 T_e 模块会导致不同的 T_e 异常（包括其振幅和空间结构等），这种 T_e 与海面高度关系间的改变反映出温跃层对海表温度场影响的程度，从而对 ENSO 产生影响，下面将利用 IOCAS ICM 进行数值模拟试验来检验这种影响。

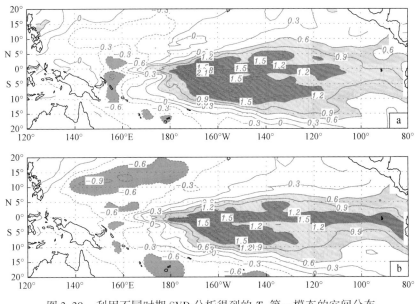

图 3.39 利用不同时期 SVD 分析得到的 T_e 第一模态的空间分布

a. 1963 ~ 1979 年；b. 1980 ~ 1996 年

等值线间隔为 0.3℃

致性向西传播；当海表温度异常到达赤道中太平洋海区时，对应于中西部海盆有大的风场异常。因此，在 ENSO 循环中，相关海洋-大气异常的位相是从东部海盆向西传播到中部海盆的。

图 3.42 详细展示了 T_e^{63-79} 试验中模拟所得到的海表温度和风应力异常在 ENSO 循环不同演变阶段的空间分布：从模式第 2 年的厄尔尼诺事件开始（图 3.42a，b），到第 3 年的拉尼娜事件（图 3.42e，f），再到第 4 年的厄尔尼诺事件（图 3.42j）。ENSO 从一个位相

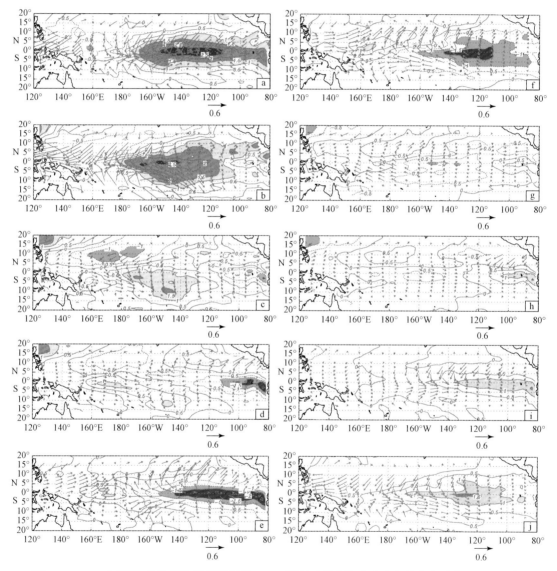

图 3.42　ICM 中采用 T_e^{63-79} 模块模拟得到的 ENSO 循环过程中海表温度和风应力异常的空间分布

a. 第 2 年 1 月；b. 第 2 年 4 月；c. 第 2 年 7 月；d. 第 2 年 10 月；e. 第 3 年 1 月；f. 第 3 年 4 月；

g. 第 3 年 7 月；h. 第 3 年 10 月；i. 第 4 年 1 月；j. 第 4 年 4 月

海表温度的等值线间隔为 0.5℃；风应力为矢量，右下角所示的风应力箭头的大小为 0.6dyn/cm²

(如厄尔尼诺)向另一个位相（如拉尼娜）转变时，异常信号首先出现在赤道东太平洋沿岸海区，然后随着异常信号沿赤道向西传播，海洋和大气中相关异常也系统地发展起来。以一次拉尼娜事件的发展为例，海表温度负异常首先出现在赤道东太平洋沿岸海区（图 3.42c，d），然后沿赤道向西传播（图 3.42d～f）；当海表温度负异常信号持续发展并向西传播到中太平洋的过程中，异常东风也随之向西发展并加强（图 3.42e）；随后，这些异常信号继续向西传播到达中西部海盆，其强度达到最大（图 3.42e，f）。值得注意的是，在模式第 3 年，中东部海盆的海表温度负异常和东风异常的发展非常迅速（图 3.42e），说明相关大气风场强迫和局地海洋–大气相互作用对这些大气和海洋异常信号的增强起正反馈作用。厄尔尼诺的演变过程与此类似（图 3.42h～j），只是异常信号的符号相反。

在采用 T_e^{80-96} 模块的试验中（取 $\alpha_\tau = 0.87$），耦合模式中 ENSO 循环的时间尺度以及厄尔尼诺和拉尼娜的演变特征等都发生了显著的变化（图 3.40c），如功率谱分析（图 3.41c）所示，这时 ENSO 周期变得更长，出现三个峰值，ENSO 表现出周期以 5.6 年为主的年际振荡特征，其次是 3.6 年的周期，第三个是 2.2 年的周期。此外，海洋和大气相关异常信号首先出现在中西部海盆，然后沿赤道向东传播。例如，不同于采用 T_e^{63-79} 模块的试验结果（图 3.40b），T_e^{80-96} 试验中海表温度异常信号首先出现在靠近日界线的中西部海盆，随后沿赤道向东传播且强度增强，最大振幅出现在赤道东太平洋沿岸海区（图 3.40c）。

图 3.43 给出了采用 T_e^{80-96} 模块的试验模拟得到的 ENSO 循环中不同时期海表温度和风应力异常的空间结构：从模式第 2～3 年的拉尼娜事件发展和衰减（图 3.43a～d），到第 4～6 年厄尔尼诺事件的发展和衰减过程（图 3.43d～i），再到下一次拉尼娜事件发生的整个过程（图 3.43i～j）。在这次 ENSO 循环过程中，ENSO 异常信号从日界线附近的中西部海盆开始发展，然后沿赤道向东传播并最终到达东部海盆。这类 ENSO 循环的一个突出特点是：海表温度异常信号首先出现在日界线附近的赤道外海区（6°～10°N）；之后，这些海表温度异常信号会随着热带西太平洋的异常风场向南延伸并进入赤道中太平洋。随后，海表温度和风场异常在中部海盆系统性地发展，并迅速扩展到东部海盆，最终在赤道东太平洋出现强海表温度异常。下面以一次厄尔尼诺事件的演变为例来说明，在模式第 4 年年初，赤道外 6°～10°N 海域出现了显著的海表温度正异常并伴有西风异常（图 3.43d）；随后，这一海表温度正异常继续向南发展并进入赤道中太平洋（图 3.43e，f）；在第 4 年年末和第 5 年年初，随着厄尔尼诺事件的发展，海表温度正异常和西风异常在中部海盆迅速加强（图 3.43g～i），进一步加深了赤道东太平洋的温跃层深度，也使得海表温度正异常增强（图 3.43h，i），进而在耦合系统中形成了风场–温跃层–海表温度正反馈过程，使得赤道东太平洋较大的海表温度正异常得以维持（图 3.43i）；在厄尔尼诺事件成熟期（图 3.43i），整个东太平洋海盆都出现较大的海表温度正异常（约 2℃），并且可以持续维持超过 1 年以上；接着，在第 6 年年初，赤道外 6°～10°N 日界线附近海域出现了海表温度负异常信号（图 3.43i），并在西太平洋海区伴有东风异常；类似于厄尔尼诺事件的发展，这些海气异常相互作用进而发展成为拉尼娜事件。这种 ENSO 循环的发生和发展演变过程与 Zhang 和 Busalacchi（1999）对 1997-1998 年厄尔

尼诺事件的分析结果是一致的。这种演变过程表明，沿着北赤道逆流（NECC）路径传播的赤道外海区（6°~10°N）次表层海温异常对于日界线附近海表温度异常的出现有着重要作用。

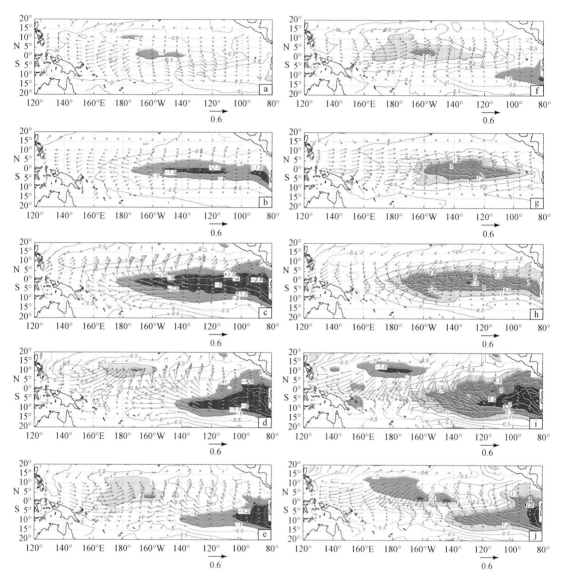

图 3.43　ICM 中采用 T_e^{80-96} 模块模拟得到的 ENSO 循环过程中海表温度和风应力异常的空间分布

a. 第 2 年 1 月；b. 第 2 年 7 月；c. 第 3 年 1 月；d. 第 4 年 1 月；e. 第 4 年 3 月；f. 第 4 年 4 月；

g. 第 4 年 7 月；h. 第 5 年 1 月；i. 第 6 年 1 月；j. 第 6 年 4 月

海表温度的等值线间隔为 0.5℃，风应力为矢量，右下角所示的风应力箭头的大小为 0.6dyn/cm²

3.5.4 ENSO 特性改变的机制分析

ICM 采用不同时期构建的 T_e 模块模拟所得到的 ENSO 特性产生显著的不同。进一步，通过混合层热收支分析来探究为什么采用不同 T_e 模块的模拟会得到不同的 ENSO 特性。如 Jin 和 An（1999）的研究表明，垂向平流项对 ENSO 的发展和位相的转换非常重要。图 3.44 分别给出采用 $T_e^{63\text{-}79}$ 和 $T_e^{80\text{-}96}$ 模块试验所得到的赤道上升流引起的次表层海温异常相关的垂向平流项。可见，在 160°~110°W 的东太平洋海盆，垂向平流项是热收支中的主导项；而在中西太平洋，水平平流项更加重要；110°W 以东海域，水平平流项在热收支中起主导作用（主要是经向流异常对海表温度场的影响，图未给出）。因此，次表层海洋过程通过与 T_e 异常相关的垂向平流作用对 160°~110°W 海区的海表温度变化产生重要的调制影响。

当采用两个不同的 T_e 模块时，ICM 模拟所得到的垂向平流项表现出很大的不同。在采用 $T_e^{63\text{-}79}$ 模块的试验中，垂向平流项与纬向平流项（图未给出）一样，都有沿赤道西传的特征（图 3.44a）。此外，赤道东太平洋出现的 T_e 异常会比较弱（图 3.39a），所引起的温跃层反馈也会比较弱，从而使得水平平流项比垂向平流项在海表温度变化中的作用更为重要。因此，在利用 $T_e^{63\text{-}79}$ 模块的试验中，混合层水平流场异常相比于次表层海温异常对赤道东太平洋海表温度的影响更为重要。

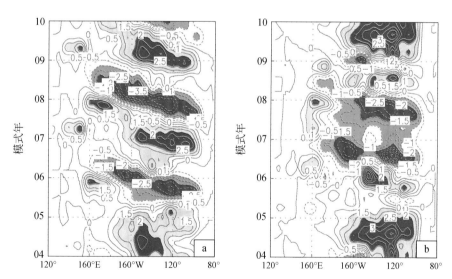

图 3.44 ICM 采用不同 T_e 模块模拟得到的赤道上升流引起的
海温异常的垂向平流项沿赤道的纬圈-时间分布
a. $T_e^{63\text{-}79}$ 模块；b. $T_e^{80\text{-}96}$ 模块
等值线间隔为 0.5×10^{-7}℃/month

在采用 $T_e^{80\text{-}96}$ 模块的试验中，垂向平流项表现出准静止或沿赤道东传的特征（图 3.44b），这是赤道太平洋海表温度异常东传的主要原因（图 3.40c）。由于 T_e 在赤道外

平衡，从而可得到与观测最为一致的海表温度倾向场；进一步，我们利用反算出的 T_e 和模式模拟得到的海面高度场构建出两个不同时期关于 T_e-SL 间关系的两个模块来表征 T_e 的年代际变化，进一步用 ICM 来阐明热带太平洋气候系统年代际变化（包括 T_e、海面高度和其他变量场对 ENSO 的调制影响）。通过这一构建方式，热带太平洋气候系统中其他变量场年代际变化（如风场和海洋气候态等）可隐式地包含在所构建出的 T_e-SL 关系中，使得其他变量场的年代际变化的影响也会反映在 T_e-SL 间关系的变化上，由此，当用 IOCAS ICM 来评估 T_e 对 ENSO 的调制影响时，可能会错误地表示了其他变量场年代际变化的作用。另一个相关问题是用海面高度异常场通过 SVD 方法所构建的 T_e 模块来估计 T_e 场，一方面，这种由海面高度计算 T_e 场的方法应该是合理的，这是因为赤道太平洋海面高度异常主要反映了热带海洋对风应力异常的动力响应，使得 T_e 与海面高度异常场间在年际尺度上有很好的相关性；但另一方面，T_e 还受其他众多因素的影响，如一些与海面高度不直接相关（非海面高度因子）的局地热力学过程等。当利用从历史资料所构建的 T_e-SL 模块由海面高度场来计算 T_e 场时，只要这些对 T_e 变化有影响的过程能反映在海面高度场上，那么在用 IOCAS ICM 评估 T_e 年代际变化对 ENSO 的调制影响时，可能会错误地把与海面高度不直接相关过程的年代际变化的作用表征在 T_e-SL 关系中，需要进一步开展模拟试验来探究这些问题。

本文探讨了 T_e 场年代际变化对 ENSO 特性的影响，而没有讨论 T_e 年代际变化本身的原因，这是因为有很多过程都能引起赤道太平洋次表层海温结构的年代际变化，如太平洋副热带环流圈（STCs）本身强度和沿太平洋副热带环流圈路径的温度异常平流作用等。不论什么原因造成了热带太平洋年代际变化，这些变化都会在赤道太平洋温跃层的变化中得到体现，并最终影响到 T_e 与海面高度间的关系。我们利用 T_e 的经验模块，通过数值试验探究了 20 世纪 70 年代末所发生的次表层海温结构的年代际变化，并用 ICM 阐明了其在 ENSO 特性变化中的重要作用。然而，ENSO 年代际变化的确切机制至今仍未有很好的认知，如它是热带太平洋本身的固有模态还是外部因素所诱发的，或是与连接副热带与热带的海洋通道/大气桥有关等。未来，我们计划从大气随机强迫、海气间相互作用的非线性、海洋/大气平均态的变化以及本节所提出的新的影响因素——次表层海水上卷进入到混合层的海温场等方面，进一步探究 ENSO 年代际变化的原因。

参 考 文 献

Alexander M A, Vimont D J, Chang P, et al., 2010. The Impact of Extratropical Atmospheric Variability on ENSO: Testing the Seasonal Footprinting Mechanism Using Coupled Model Experiments [J]. Journal of Climate, 23 (11): 2885-2901.

Barnett T P, Latif M, Graham N, et al., 1993. ENSO and ENSO-related predictability. Part I: Prediction of equatorial Pacific sea surface temperature with a hybrid coupled ocean-atmosphere model [J]. Journal of Climate, 6 (8): 1545-1566.

Barnett T P, Pierce D W, Latif M, et al., 1999. Interdecadal interactions between the tropics and midlatitude in the Pacific basin [J]. Geophysical Research Letters, 26 (5): 615-618.

Battisti D S, Hirst A C, 1989. Interannual variability in a tropical atmosphere-ocean model: Influence of the basic state, ocean geometry and nonlinearity [J]. Journal of Atmospheric Sciences, 46 (12): 1687-1712.

Bjerknes J, 1969. Atmospheric teleconnections from the equatorial Pacific [J]. Monthly Weather Review, 97 (3): 163-172.

Cane M A, Zebiak S E, 1985. A theory for El Niño and Southern Oscillation [J]. Science, 228 (4703): 1085-1087.

Chen D, Lian T, Fu C, et al., 2015. Strong influence of westerly wind bursts on El Niño diversity [J]. Nature Geoscience, 8 (5): 339-345.

DiNezio P N, Deser C, 2014. Nonlinear controls on the persistence of La Niña [J]. Journal of Climate, 27 (19): 7335-7355.

Fedorov A V, Philander S G, 2000. Is El Niño changing? [J]. Science, 288: 1997-2002.

Feng L C, Zhang R H, Wang Z G, et al., 2015. Processes leading to the second-year cooling of the 2010-12 La Niña event, diagnosed using GODAS [J]. Advances in Atmospheric Sciences, 32 (3): 424-438.

Gao C, Zhang R H, 2017. The roles of atmospheric wind and entrained water temperature (T_e) in the second-year cooling of the 2010-12 La Niña event [J]. Climate Dynamics, 48 (1-2): 597-617.

Gu D F, Philander S G H, 1997. Interdecadal climate fluctuations that depend on exchanges between the tropics and extratropics [J]. Science, 275 (5301): 805-807.

Hu S N, Fedorov A V, 2016. Exceptionally strong easterly wind burst stalling El Niño of 2014 [J]. Proceedings of the National Academy of Sciences of the United States of America, 113 (8): 2005-2010.

Hu Z Z, Kumar A, Xue Y, et al., 2014. Why were some La Niñas followed by another La Niña? [J]. Climate Dynamics, 42 (3-4): 1029-1042.

Huang B Y, Xue Y, Zhang D X, et al., 2010. The NCEP GODAS ocean analysis of the tropical Pacific mixed layer heat budget on seasonal to interannual time scales [J]. Journal of Climate, 23 (18): 4901-4925.

Jin F F, 1997. An equatorial ocean recharge paradigm for ENSO. Part I: Conceptual Model [J]. Journal of the Atmospheric Sciences, 54 (7): 811-829.

Jin F F, An S I, 1999. Thermocline and zonal advective feedbacks within the equatorial ocean recharge oscillator model for ENSO [J]. Geophysical Research Letters, 26 (19): 2989-2992.

Kalnay E, Kanamitsu M, Kistler R et al., 1996: The NCEP/NCAR 40-year reanalysis project [J]. Bulletin of The American Meteorological Society, 77 (3): 437-471.

Kessler W S, McPhaden M J, 1995. The 1991-1993 El Niño in the central Pacific [J]. Deep-Sea Research Part II-Topical Studies in Oceanograhy, 42 (2-3): 295-333.

Kirtman B P, Schopf P S, 1998. Decadal variability in ENSO predictability and prediction [J]. Journal of Climate, 11 (11): 2804-2822.

Kleeman R, McCreary J P, Klinger B A, 1999. A mechanism for generating ENSO decadal variability [J]. Geophysical Research Letters, 26 (12): 1743-1746.

Large W G, McWilliams J C, Doney S C, 1994. Oceanic vertical mixing: A review and a model with a nonlocal boundary layer parameterization [J]. Reviews of Geophysics, 32 (4): 363-403.

Latif M, Kleeman R, Eckert C, 1997. Greenhouse warming, decadal variability, or El Niño? An attempt to understand the anomalous 1990s [J]. Journal of Climate, 10 (9): 2221-2239.

Latif M, Sperber K, Arblaster J, et al., 2001. ENSIP: The El Niño simulation intercomparison project [J]. Climate Dynamics, 18 (3-4): 255-276.

Lee S K, DiNezio P N, Chung E S, et al., 2014. Spring persistence, transition, and resurgence of El Niño [J]. Geophysical Research Letters, 41 (23): 8578-8585.

Levine A F Z, McPhaden M J, 2016. How the July 2014 easterly wind burst gave the 2015-2016 El Niño a head start [J]. Geophysical Research Letters, 43 (12): 6503-6510.

Levitus S, Boyer T P, Antonov J, 1994. World Ocean Atlas, Volume 5, Interannual variability of upper ocean thermal structure [R]. NOAA Atlas NESDIS 5, U. S. Government Printing Office, Washington D C.

McCreary J P, 1981. A linear stratified ocean model of the equatorial undercurrent [J]. Philosophical Transactions of the Royal Society A-Mathematical Physical and Engineering Sciences, 298 (1444): 603-635.

McCreary J P, Anderson D L T, 1991. An overview of coupled ocean-atmosphere models of El Niño and the Southern Oscillation [J]. Journal of Geophysical Research-Oceans, 96 (S): 3125-3150.

McPhaden M J, Zhang D X, 2002. Decadal spindown of the Pacific ocean shallow meridional overturning circulation [J]. Nature, 415 (6872): 603-608.

McPhaden M J, 2015. Playing hide and seek with El Niño [J]. National Climate Change, 5: 791-795.

Meinen C S, McPhaden M J, 2000. Observations of warm water volume changes in the equatorial Pacific and their relationship to El Niño and La Niña [J]. Journal of Climate, 13 (20): 3551-3559.

Miller A J, Cayan D R, Barnett T P, et al., 1994. The 1976-77 climate shift of the Pacific Ocean [J]. Oceanography, 7 (1): 21-26.

Min Q Y, Su J Z, Zhang R H, et al., 2015. What hindered the El Niño pattern in 2014? [J]. Geophysical Research Letters, 42 (16): 6762-6770.

Neelin J D, Latif M, Allaat M A F, et al., 1992. Tropical air-sea interaction in general circulation models [J]. Climate Dynamics, 7 (2): 73-104.

Okumura Y M, Deser C, 2010. Asymmetry in the duration of El Niño and La Niña [J]. Journal of Climate, 23 (21): 5826-5843.

Reynolds R W, Rayner N A, Smith T M et al., 2002. An improved in-situ and satellite SST analysis for climate [J]. Journal of Climate, 15 (13): 1609-1625.

Rothstein L M, Zhang R H, Busalacchi A J, et al., 1998. A Numerical Simulation of the mean water pathways in the subtropical and tropical Pacific ocean [J]. Journal of Physical Oceanography, 28 (2): 322-343.

Schneider N, Venzke S, Miller A J, et al., 1999. Pacific thermocline bridge revisited [J]. Geophysical Research Letters, 26 (9): 1329-1332.

Schopf P S, Suarez M J, 1988. Vacillations in a coupled ocean-atmosphere model [J]. Journal of Atmospheric Sciences, 45 (3): 549-566.

Syu, H H, Neelin J D, Gutzler D, 1995. Seasonal and interannual variability in a hybrid coupled GCM [J]. Journal of Climate, 8: 2121-2143.

Timmermann A, Jin F F, 2002. A nonlinear mechanism for decadal El Niño amplitude changes [J]. Geophysical Research Letters, 29 (1): 1003.

Trenberth K E, Hurrell J W, 1994. Decadal atmosphere-ocean variations in the Pacific [J]. Climate Dynamics, 9 (6): 303-319.

Wang B, An S I, 2001. Why the properties of El Niño changed during the late 1970s [J]. Geophysical Research Letters, 28 (19): 3709-3712.

Wang C Z, 2001. A unified oscillator model for the El Niño-Southern Oscillation [J]. Journal of Climate, 14 (1): 98-115.

Weisberg R H, Wang C Z, 1997. A western Pacific oscillator paradigm for the El Niño-Southern Oscillation [J]. Geophysical Research Letters, 24 (7): 779-782.

Zebiak S E, Cane M A, 1987. A model El Niño southern oscillation [J]. Monthly Weather Review, 115 (10): 2262-2278.

Zhang R H, Busalacchi A J, 1999. A possible link between off-equatorial warm anomalies propagating along the NECC path and the onset of the 1997-98 El Niño [J]. Geophysical Research Letters, 26 (18): 2873-2876.

Zhang R H, Busalacchi A J, 2005. Interdecadal change in properties of El Niño-Southern Oscillation in an intermediate coupled model [J]. Journal of Climate, 18 (9): 1369-1380.

Zhang R H, Busalacchi A J, DeWitt D G, 2008. The roles of atmospheric stochastic forcing (SF) and oceanic entrainment temperature (T_e) in decadal modulation of ENSO [J]. Journal of Climate, 21 (4): 674-704.

Zhang R H, Gao C, 2016. Role of subsurface entrainment temperature (T_e) in the onset of El Niño events, as represented in an intermediate coupled model [J]. Climate Dynamics, 46 (5-6): 1417-1435.

Zhang R H, Gao C, 2017. Processes involved in the second-year warming of the 2014-15 El Niño event as derived from an intermediate ocean model [J]. Science China Earth Sciences, 60 (09): 1601-1613.

Zhang R H, Kleeman R, Zebiak S E, et al., 2005. An empirical parameterization of subsurface entrainment temperature for improved SST anomaly simulations in an intermediate ocean model [J]. Journal of Climate, 18 (2): 350-371.

Zhang R H, Levitus S, 1997. Interannual variability of the coupled Tropical Pacific ocean-atmosphere system associated with the El Niño-Southern Oscillation [J]. Journal of Climate, 10 (6): 1312-1330.

Zhang R H, Rothstein L M, 2000. The role of off-equatorial subsurface anomalies in triggering the 1991-92 El Niño as revealed by the NCEP ocean reanalysis data [J]. Journal of Geophysical Research-Oceans, 105 (C3): 6327-6339.

Zhang R H, Rothstein L M, Busalacchi A J, 1998. Origin of upper-ocean warming and El Niño change on decadal scale in the tropical Pacific Ocean [J]. Nature, 391 (6670): 879-883.

Zhang R H, Rothstein L M, Busalacchi A J, et al., 1999. The Onset of the 1991-92 El Niño Event in the Tropical Pacific Ocean: The NECC Subsurface Pathway [J]. Geophysical Research Letters, 26: 847-850.

Zhang R H, Zebiak S E, Kleeman R, et al., 2003. A new intermediate coupled model for El Niño simulation and prediction [J]. Geophysical Research Letters, 30 (19): 2012.

Zhang R H, Zheng F, Zhu J, et al., 2013. A successful real-time forecast of the 2010-11 La Niña event [J]. Scientific Reports, 3: 1108.

Zhu J S, Kumar A, Huang B H, et al., 2016. The role of off-equatorial surface temperature anomalies in the 2014 El Niño prediction [J]. Scientific Reports, 6: 19677.

Zhu Y C, Zhang R H, 2019. A modified vertical mixing parameterization for its improved ocean and coupled simulations in the tropical Pacific [J]. Journal of Physical Oceanography, 49 (1): 21-37.

第 4 章   ENSO 回报和预测试验

ENSO 是地球气候系统中最强的年际变化信号，其发生、发展和演变由明确的物理过程所控制，是目前为止已知的最具可预报性的年际气候变率信号；同时，ENSO 会引发全球天气和气候异常，这为地球气候系统的季节到年际尺度的气候预测奠定了物理基础，实时预测的信息对缓解和减小与 ENSO 事件相关的自然灾害至关重要。自从 Cane 等（1986）与 Zebiak 和 Cane（1987）等用海气耦合动力模式开展 ENSO 预测等开创性工作以来，科学家们已发展了不同的海气耦合模式用于 ENSO 实时预测。目前已能提前 6 个月甚至更长时间对 ENSO 事件做出合理的预测（Barnston et al., 2012；详情请见 IRI 关于 ENSO 预测集合的网站）。目前，20 多个复杂程度不同的模式定期进行赤道太平洋海表温度的实时预测试验，包括我们所发展的中等复杂程度的海气耦合模式（IOCAS ICM）和其他基于海洋-大气原始方程的环流型耦合模式（CGCMs；Barnston et al., 2012）等。

目前利用海气耦合模式提前几个季节对 ENSO 现象的发生和发展进行实时预测已取得了一定的成功，但 ENSO 事件本身表现出极其的复杂性和多变性，并且对大气影响的方式也非常复杂而多变；基于不同耦合模式得到的海表温度模拟和预测结果表现出很大的不确定性和模式间的差异性（Latif et al., 1998；Barnston et al., 2012），这种对热带太平洋海表温度的预测所表现出来的模式依赖性表明，应发展不同模式，开展多模式的集合预测（Tang et al., 2018）。

如第 3 章所述，IOCAS ICM 可真实地再现热带太平洋海表温度年际变化的空间结构和时间演变，这为热带太平洋海表温度的实时预测提供了可靠的基础。该模式已进行了大量的数值模拟试验，包括回报试验；同时，自 2003 年以来，一直在进行实时预测试验，如每月用此 ICM 对热带太平洋海表温度年际异常进行提前 12 个月的预测，从 2015 年 8 月起，在 IRI 网站上以 IOCAS ICM 冠名提供实时预测结果（图 1.1）。

这一章，我们利用 IOCAS ICM 进行回报和预测试验。这里回报（或后报）是指用所发展的模式对历史时段已发生的 ENSO 事件进行预测，而预测是指从现在时刻开始进行未来时段的预测。本章主要介绍利用 IOCAS ICM 对 ENSO 的实时预测过程，并给出 IOCAS ICM 和其他模式对 ENSO 实时预测结果的一些个例；其次分析影响预测的主要因子，进一步分析利用这种基于中等复杂程度海气耦合预测系统的潜在问题和改进思路等。

4.1   ENSO 回报试验

IOCAS ICM 的最早版本完成于 2003 年（Zhang et al., 2003），首先用于对历史 ENSO 事件的回报试验，以详细评估模式的模拟和预测性能。例如，1963～2002 年每月 1 日作为初始条件，利用 ICM 分别进行了 12 个月的回报试验，分析模式对热带太平洋海表温度异常的预测技巧。与其他预测系统相比，ICM 预测所得到的海表温度场的系统性误差相对较小，且预测技巧与大多数已经采用复杂海洋资料同化方法的先进耦合模式相比有一定的优势（本节基于 ICM 的预测试验还没有采用资料同化技术）。一个显著的特征是，ICM 对热带中太平洋海表温度的预测技巧比较高，在所有预测时刻都高于海表温度异常的持续性估计（Persistent）；此外，预测技巧对季节变化有着明显的依赖性，即表现出所谓的"春季预报障碍（the spring prediction barrier of ENSO）"现象：预测的海表温度与观测值间的相关系数在春季最小、秋季最大。为了检验预测技巧对于构建 T_e 统计模块时历史数据选取时间段的敏感性，还进行了交叉验证。结果表明，T_e 模块构建期的选取（如是否独立于预测期）并未对预测技巧产生显著的影响。基于相互独立时间段（1963～1980 年和 1980～1996 年）所分别构建的两个经验模块（T_e 和 τ 模块），用 ICM 对 1997～2002 年进行独立预测的试验表明，模式可成功预测出热带太平洋海表温度于 1997 年春季转为暖位相和于 1998 年春季转为冷位相等的演变过程。

4.1.1　引言

自 20 世纪 80 年代以来，ENSO 预测研究已经取得了重大进展，特别是用所发展的各类复杂程度不同的海气耦合模式，已能够提前 6～12 个月对厄尔尼诺事件进行实时预测。尽管如此，许多耦合模式对热带太平洋海表温度的模拟和预测仍然存在系统性误差，且不同模式间对海表温度的模拟和预测结果存在较大的差异（Barnett et al.，1993；Chen et al.，2000；Kirtman et al.，2002；Jin et al.，2008；Luo et al.，2008；Zhu et al.，2012；Zheng and Zhu，2016）。为了提高预测水平，前人已在模式开发和改进、海洋资料同化和耦合初始化、模式误差修正等方面进行了大量工作，尤其是对于 ICMs 的不断改进（Chen et al.，1995，1997，2000；Zhang et al.，2003），使其对 ENSO 的预测水平可与其他更复杂的模式相当或更好。ICMs 这类模式为开展热带太平洋厄尔尼诺相关的季节到年际尺度气候预测等科学研究和实际应用提供了有效的模式平台。

然而，传统的中等复杂程度海洋模式只包含少数几个斜压模态（通常只有一个），且忽略了动量方程中非线性项的影响，因此模式对热带太平洋中部海盆海表温度变化的模拟结果并不理想（Ji et al.，1996），其主要原因是这里的纬向平流项在热收支中起着重要作用。增加模式中斜压模态的个数可以显著改善对赤道流系垂直结构的模拟（McCreary，1981），但由于忽略了动量方程中非线性项的作用，表层洋流呈现出异常增强的现象。基于以上考虑，Keenlyside 和 Kleeman（2002）发展了一种新型的中等复杂程度的海洋模式：在 McCreary（1981）斜压模分解算法的基础上考虑了层结的水平变化和动量方程中水平平流项的部分非线性效应，这些改进使模式能够更真实地模拟出上层海洋赤道洋流的气候态及其变化。

ICMs 的另一个问题是在计算海表温度异常时需要确定 T_e，以前大多采用局地参数化方法（如 ZC87；Keenlyside，2001），使得模式对于热带太平洋中部海盆的海表温度模拟效果较差，其原因之一是 T_e 的变化还受非局地过程的影响（Zhang et al.，2005a）。基于这些考虑，Zhang 等（2005a）提出了一种确定 T_e 场的非局地经验参数化方法。首先，T_e 异常场可利用观测的海表温度和模拟得到的上层海流场等从海表温度距平方程中反算得到，这样在确保混合层热收支中各项间平衡的条件下，可得到使模式模拟得到的海表温度异常与观测到的海表温度异常完全一样所需要的 T_e 场；然后，用经验正交函数（EOF）等统计方法建立由反算出的 T_e 与模拟得到的海平面高度场间的回归关系；最后，给定海面高度异常，就可以利用这种统计关系估算出 T_e 异常，进而用于模式中海表温度异常的计算。经过以上优化改进，所发展的中等复杂程度海洋模式能够很好地模拟出热带太平洋海表温度的年际变化特征。

进一步，上述改进的海洋模式与风应力统计模式进行耦合，构建了一个中等复杂程度的海气耦合模式，所建立的耦合系统能够真实地模拟出与 ENSO 现象相关的海表温度年际变化，从而保证了这一海气耦合模式对厄尔尼诺的预测具有良好的性能。由于 ICM 对计算资源的要求非常低，我们已进行了大量的 ENSO 回报试验来检验模式对热带太平洋海表温度异常的预测技巧。由于这一耦合模式的主要特征之一是 T_e 的优化计算，因此特别检验其预测技巧对 T_e 构建的敏感性。

本节的内容包括以下几个方面：首先简单介绍数据来源和模块间的耦合过程，并给出非耦合和耦合时模式模拟结果；其次介绍用耦合模式预测时所采用的一个简单初始化方法，并展示海表温度异常的回报试验结果；然后介绍了 1997～2002 年的独立回报试验结果；最后为小结与讨论。

4.1.2　数据来源和模式耦合过程

4.1.2.1　数据来源和分析过程

本节工作使用了多种观测和模拟数据来构建两个经验模块（τ 和 T_e），并对模拟结果进行了检验。观测的月平均海表温度资料取自 Reynolds 等（2002），月平均风应力资料取自美国国家环境预测中心和美国国家大气研究中心（NCEP-NCAR）的再分析产品（Kalnay et al.，1996）。图 4.1 给出了 1980～1996 年观测的海表温度和再分析得到的纬向风应力异常沿赤道的年际变化特征。此外，构建风应力异常统计模块的风应力数据为由 1950～1999 年观测的海表温度异常驱动 ECHAM4.5 进行 AMIP 模拟所得到的 24 组集合平均的大气场，使用集合平均数据能够有效地降低大气噪声，增强大气场对海表温度强迫的响应信号。

IOCAS ICM 中的 T_e 模块是这样建立的：首先由 NCEP-NCAR 再分析风应力异常资料驱动单独的海洋动力模式得到 1962～1999 年海表高度和海流异常场等；同样由 NCEP-NCAR 气候态风场驱动单独的海洋动力模式得到平均海流场。这样，利用模拟得到的月平均海流场和观测的海表温度异常场等（图 4.1a），通过海表温度距平方程可反算得到 1962～1999 年的 T_e 异常场；然后，利用这些观测和计算得到的异常场来构建 1963～1996 年（共 34 年的数据）的 T_e 模块用于 ICM 的模拟。

如第 2 章所指出的，大气和海洋的季节变化会对 ENSO 的发生和演变起重要作用。因此，对 1963～1996 年每个月的相关异常场分别进行 EOF 和 SVD 分析（共 34 个样本），从而构建出依赖于季节变化的 T_e 和风应力异常统计模块。即是说，对应于 12 个不同月份，

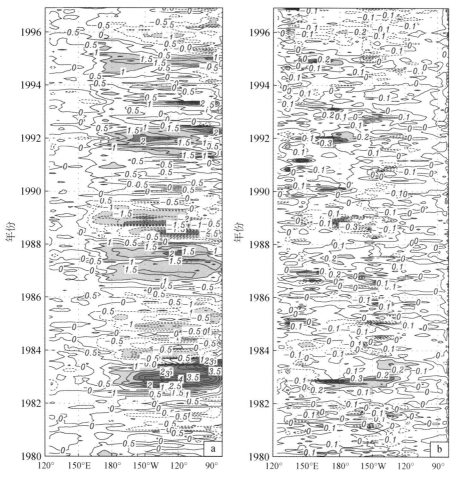

图 4.1　年际异常场沿赤道的纬圈–时间分布

a. 海表温度异常；b. 纬向风应力异常

a 中海表温度异常为观测资料，等值线间隔为 0.5℃；b 中纬向风应力异常为 NCEP-NCAR 再分析资料，

等值线间隔为 0.1dyn/cm²

T_e 和风应力异常统计模块都有相应不同的月模块。另外，我们保留了前 5 个 EOF（SVD）模态以进行 T_e（风应力）场的计算，可得到合理的振幅。

4.1.2.2　耦合过程

耦合模式各个组成部分需要进行异常场之间的交换（图 4.2）：在每一个时间积分步，首先由海洋动力模式计算出海面高度异常场、混合层流场以及混合层底的垂向流速等。然后，利用由 EOF 方法得到的 T_e 统计模块从海面高度异常场计算出 T_e 异常，作为海表温度异常模块与海洋动力模块的接口；接着，利用海表温度异常模块由 T_e 场、海流场和从观测给定的海表温度气候态及垂向温度梯度等计算出海表温度异常场；之后，用所得到的海表温度异常由风应力模块计算出风应力异常场。在下一步时间循环中，用计算所得的风应力异常场来强迫海洋动力模块，依次反复进行计算。大气（风应力）和海洋（海表温度）

间的信息交换每天进行一次，海表温度异常模块中的 T_e 异常场也通过海面高度异常每天更新一次，这样实现海洋和大气间的耦合。

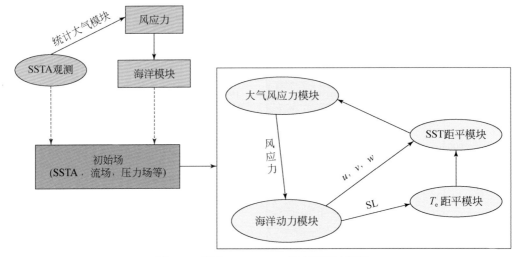

图 4.2　利用 IOCAS ICM 实时预测示意图

其中分为两个部分，左侧（方框外）表示一个简单的初始化过程，右侧（方框内）是 IOCAS ICM 的组成结构。当进行实时预测时，观测到的海表温度年际异常（SSTA）是唯一用来初始化模式的变量场，首先，观测到的海表温度异常根据统计的风应力模块计算出年际风应力异常场；其次，获得的风应力场用来强迫单独的海洋模式以获得海洋状态场（如海表温度、海流、海洋压力等异常场）；最后，用 IOCAS ICM（右侧）从由单独强迫海洋模式模拟得到的海洋初始状态（左侧）进行实时预测

在 ICM 中，海洋动力模块的强迫场风应力和海表温度异常模块的热力强迫场 T_e 都是由统计方法所确定的。在用于相应的计算时，可以通过引入对应的参数来改变 T_e 和风应力异常的振幅。例如，在以前的数值模拟研究中已表明（Barnett et al., 1993），海气耦合过程中可引入一个相对耦合系数（α_τ）来表征风应力对海表温度响应的强度。也就是说，风应力统计模块中的风应力异常在驱动海洋模式时可以乘以 α_τ 来改变其振幅大小（3.5 节的研究已表明模拟结果对 α_τ 有较强的依赖性）。同样地，次表层温度异常对海表温度场的影响大小由海面高度与 T_e 场间统计关系所控制，T_e 异常振幅大小亦可以在用于计算海表温度异常时通过乘以 α_{T_e} 来改变其振幅大小（α_{T_e} 可称为温跃层热力强度系数）。ICM 模拟得到的年际变化对于 α_τ 和 α_{T_e} 不同取值的敏感性试验表明：当采用 $\alpha_\tau = 1.0$ 和 $\alpha_{T_e} = 1.0$ 时，耦合模式模拟出的海表温度和风应力异常有点偏弱；当取 $\alpha_\tau = 1.05$ 和 $\alpha_{T_e} = 1.0$ 时，模式能够模拟出合理的具有 3 年振荡周期的年际变化。因此，在本节以下的试验中均取值 $\alpha_\tau = 1.05$ 和 $\alpha_{T_e} = 1.0$，并作为这两个参数的参考态。

4.1.3　单独海洋模式和海气耦合模式模拟

我们利用所构建的模式进行了系统性检验和大量敏感性试验，本节简单介绍单独海洋模式（即非耦合）和海气耦合模式的模拟结果，这为模式对 ENSO 的历史回报和实时预测试验奠定了基础。

4.1.3.1　T_e 模拟结果

图 4.3 给出了 1980~1990 年模拟得到的海面压力（可等价为海面高度）和反算得到的 T_e 异常沿赤道的分布，从中可以看到与厄尔尼诺和拉尼娜事件相关的年际变化。海面压力在西太平洋和东太平洋均出现显著的异常信号，且具有明显的沿赤道向东传播和赤道外海区的向西传播的特征；T_e 异常作为对海面压力动力信号的热力响应主要出现在赤道中东部海盆，并且二者在赤道海区具有显著的相关性。在日界线以东，T_e 异常紧随海面压力变化：当海面压力异常信号沿赤道向东传播时，可以看到 T_e 异常几乎立刻出现。这表明在中东太平洋海区，海洋动力调整过程是导致 T_e 变化的重要因子。此外，还可以明显看出在中部海盆区域的 T_e 异常对海面压力异常的响应有些延迟。例如，1982-1983 年厄尔尼诺事件鼎盛期过后，在中部海盆海面压力已变为负异常（图 4.3a），但显著的 T_e 正异常仍然在此维持了 3 个多月之久。

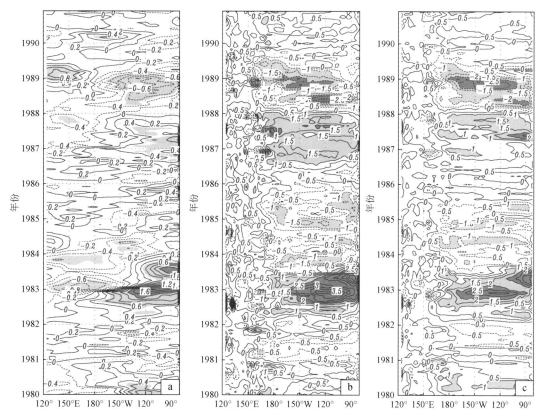

图 4.3　异常场沿赤道的纬圈−时间分布图

a. 海洋动力模式模拟得到的海面压力异常；b. 基于海表温度距平方程反算出的 T_e 异常；c. 基于 EOF 方法的统计模块重构所得到的 T_e 异常

a 中等值线间隔为 0.2m²/s²；b 和 c 中等值线间隔为 0.5℃

通过对 1963~1996 年 T_e 和海面压力异常场时间序列进行 EOF 分解，得到特征向量和对应的时间系数。图 4.4 给出了 EOF 第 1 模态的空间特征和对应的时间系数序列。从时间系数（图 4.4c）的变化中可以明显看出，第 1 模态描述了与 ENSO 相关的年际变化。从变量的空间结构分布图中可以看出厄尔尼诺和拉尼娜事件鼎盛时期的大尺度空间特征，海面压力和 T_e 年际变化的空间结构存在明显差异。海面压力的变化呈现跷跷板结构：一个变化中心位于赤道东太平洋，另一个位于西北太平洋 10°N 附近；而 T_e 主要表现为一个大的异常中心，位于赤道中东太平洋海区。T_e 与海面压力异常中心间的空间结构差异表明前者的时空演变受后者的非局地性影响。

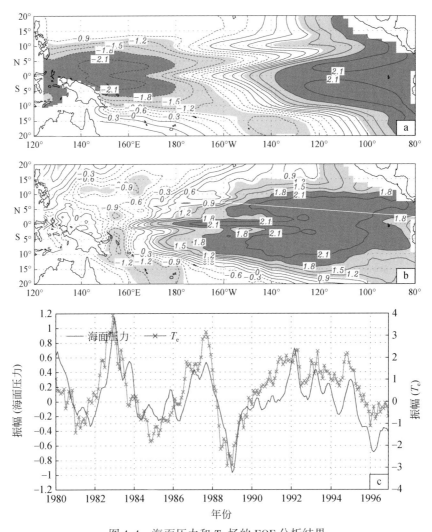

图 4.4　海面压力和 T_e 场的 EOF 分析结果

a. 海面压力第 1 模态的空间分布；b. T_e 场的第 1 模态的空间分布；c. 海面压力和 T_e 场的主分量时间序列

这里的 EOF 分析结果是基于 1963～1996 年海面压力和 T_e 异常的时间序列进行标准化处理后得到的；

a 和 b 中的等值线间隔均为 0.3

基于 EOF 分析可利用线性回归方法构建出不同月份的 T_e 模块，重构出的 T_e 异常场如图 4.3c 所示，与原始场（图 4.3b）对比可见，两者的大尺度基本特征非常一致。例如，仅保留前 5 个 EOF 模态所重构的 T_e 异常场与原始场（图 4.3b）的振幅基本相当，并且由于噪音较小，重构场的信号相对于原始场更加平滑，这表明选取保留前 5 个 EOF 模态可以有效地减小噪音的影响，起低通滤波作用。基于以上分析，选取前 5 个 EOF 模态进行重构已能够合理地从海面压力场还原出 T_e 异常场的基本响应特征。

4.1.3.2　非耦合模拟的年际变化

如上所述，风应力异常统计模块是由 1963～1996 年基于 ECHAM4.5 模拟得到的集合平均风应力与观测的海表温度资料通过 SVD 方法构建而得到的，给定海表温度异常就可求出对应的风应力异常。图 4.5a 展示了从观测得到的海表温度异常（图 4.1a）计算得到的纬向风应力异常（即重构的），可以看到，重构的风应力与 NCEP-NCAR 再分析资料（图 4.1b）相比具有很好的相似性。值得注意的是，在厄尔尼诺发生初期，赤道西太平洋纬向风异常表现出沿赤道向东传播的特征（图 4.5a），这些与观测现象是一致的。

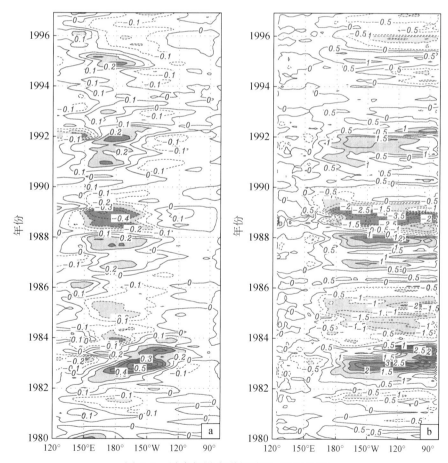

图 4.5　异常场沿赤道的纬圈–时间分布

a. 利用观测的海表温度异常通过风应力统计模块重构得到的纬向风应力异常；

b. 使用 a 中重构得到的风应力异常来强迫海洋模式得到的海表温度异常

a 中等值线间隔为 0.1dyn/cm²；b 中等值线间隔为 0.5℃

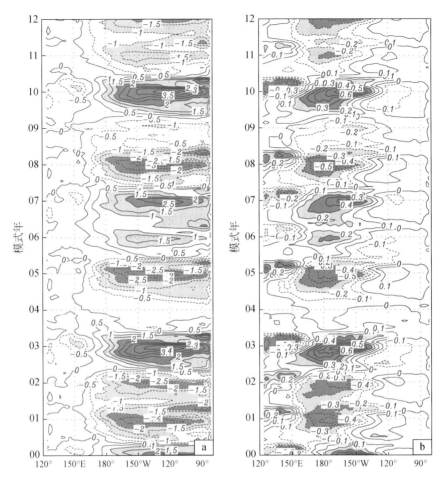

图 4.7　ICM 模拟得到的异常场沿赤道的年际变化

a. 海表温度异常；b. 纬向风应力异常

a 中等值线间隔为 0.5℃；b 中等值线间隔为 0.1dyn/cm²

式进行预测初始化。在进行实时预测试验时，通常在每个月的月中进行，这时上个月月平均的海表温度场和当前月第一周平均的海表温度场资料可由美国国家海洋和大气管理局环境模拟中心（NOAA/EMC）提供，从美国哥伦比亚大学国际气候研究所（IRI）的数据库（data library）中得到（Reynolds et al., 2002）。以 2000 年 1 月 1 日作为初始时刻进行未来预测为例：首先，将观测到的 1963 年 1 月～1999 年 12 月的月平均海表温度异常的历史数据以及 2000 年 1 月第 1 周的海表温度异常数据采用线性插值的方法得到日平均海表温度场，从而形成一个与模式网格点一致的每日变化的海表温度场；其次，作为对观测的海表温度异常的响应，风应力异常场由其经验风应力模块算出；然后，用所获得的年际风应力异常场（如从 1963 年 1 月～2000 年 1 月）来驱动海洋模式产生每个月第一天的初始海洋状态（如 2000 年 1 月 1 日）；最后，利用 2000 年 1 月 1 日作为初始条件进行预测。如第 2 章所述，ICM 是一个直接产生海表温度年际异常的距平模式，由 ICM 计算出的异常场没有采用任何修正和调整。

4.1.5　海表温度异常回报结果

本节使用上述简单的初始化过程，以 1963~2002 年的每个月 1 号作为初始时刻，分别进行了 12 个月的回报试验。在回报过程中，海气状态的初始场演化完全由热带太平洋海气耦合系统所确定。本节将给出 1963~1997 年共 420 个回报结果（其中每个月份有 35 个预测个例）。为了测试 ICM 对热带太平洋海表温度年际变化的预测能力，对模式计算出的海表温度异常值和观测值之间进行简单的异常相关系数和均方根误差（root mean square error，RMSE）的计算，分别从预测时效、初始月份和季节依赖性等几个方面进行评估。其中，使用 t 检验进行相关系数的显著性检验。

值得一提的是，这里 T_e 和风应力模块是基于 1963~1996 年的数据所构建的，由于构建 T_e 和风应力模块所使用的海表温度和风应力场的数据时段（构建期）与用这些模式进行预测时段（预测期）相重叠，两者是不独立的。因此，对海表温度预测技巧的评估结果会被人为高估。此外，表征海气耦合的强度系数（α_τ）以及温跃层热力反馈强度的系数（α_{T_e}）是基于模式对海表温度模拟效果（例如在图 4.7 中所展示的振幅大小和空间结构等）进行评估所选取的可调参数。目前对于这些参数的选择可能反映了海表温度预测的最好结果，但也可能引入了人为的影响，需要进一步进行回报试验来检验海表温度预测技巧对这些参数的敏感性。

4.1.5.1　海表温度回报的系统性误差

在基于 OGCM 的 ENSO 预测系统中，气候漂移仍然是一个显著的问题，可产生较大的模式系统性误差（Schneider et al.，2003），在有些情况下海表温度的模式误差甚至比预测的异常振幅还大。前人已采用了许多不同的方法以减小或消除这些系统性误差。例如，在一些耦合模式中运用了通量校正方法以减小气候漂移（Chen et al.，2000）；也可以根据历史回报中起始月和预测时效计算出海表温度系统性误差，并在以后的预测试验中对预测得到的海表温度场进行扣除，以此来得到一个偏差校正后的预测（Stockdale et al.，1998）；还有，在有些情况下会进行模式输出统计量（model output statistics，MOS）校正以提高预测水平（Barnett et al.，1993）。

图 4.8 显示了 ICM 回报中的海表温度异常的系统性误差，这是由 1963~1997 年每个月预测所得的海表温度异常场求总的平均而得到的。在赤道附近，中、东部海盆有变暖趋势，而西部有变冷趋势，误差的最大值（低于 0.8℃）发生在 12 月（分别出现在从 1 月和 4 月开始的预测中；图 4.8a 和图 4.8b）。与本节中提到的其他耦合模式（如 Chen et al.，2000；Schneider et al.，2003）相比，由于 T_e 参数化的优化改进，该耦合系统预测所得到的海表温度异常的系统性误差明显偏小。显然，ICM 在预测过程中不存在严重的气候漂移和初始冲击等问题。

由于我们的耦合模式直接预测所得到的海表温度年际异常的系统性误差已经很小，所以对模式所有模拟结果都没有进行任何修正和后处理以提高对海表温度的预测技巧。下面所展示的结果都来自模式的直接输出，没有经过任何额外的修正。

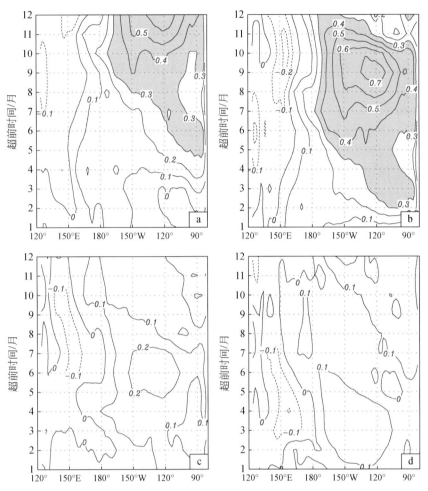

图 4.8   ICM 从不同月份开始预测得到的海表温度异常的系统性误差沿赤道的纬圈–时间分布

预测起始月份分别为 a. 1 月，b. 4 月，c. 7 月，d. 10 月

这里系统性误差是指模式从相同月份开始预测海表温度异常时所出现的系统性偏高或偏低误差；图中结果是通过
对 1963 ~ 1997 年每年从相同月份开始预测得到的海表温度异常场做总的平均来估算的；等值线间隔为 0.1℃

4.1.5.2   海表温度异常场的预测个例分析

图 4.9 给出了分别提前 3、6、9 个月预测和观测的 Niño3.4 区海表温度异常。在预测结果中没有看到明显的系统性误差，预测的初始阶段也没有出现初始冲击现象。预测所得到的海表温度异常与对应的观测结果高度相似，很好地模拟出主要冷暖事件的发生、发展以及转换过程。但对于较长的预测时效，海表温度负异常在 1984 ~ 1985 年和1988 ~ 1989 年略微增强。值得一提的是，预测所得到的海表温度异常相对于观测值间存在位相滞后现象，这是一些混合型海气耦合模式的普遍特征，但在我们的耦合系统中并不明显。由于 IOCAS ICM 没有很好地表征出自然系统中所存在的大气高频信号（如赤道西太平洋海区的西风爆发等），预测所得到的海表温度异常信号相对平滑。此外，

整个模式预测中几乎没有出现大的误报现象。

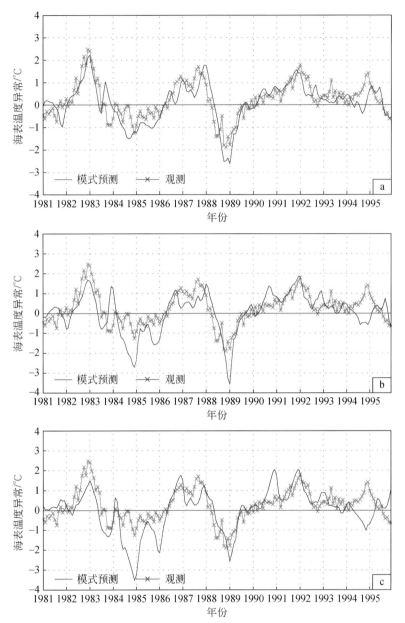

图 4.9   1981 ~ 1995 年提前预测和观测得到的 Niño3.4 区海表温度异常的时间序列

a. 提前 3 个月预测；b. 提前 6 个月预测；c. 提前 9 个月预测

4.1.5.3   总体预测水平的评估

本节中的总体评估基于整个回报期（1963 ~ 1997 年），共有 420 个回报数。图 4.10 给出了观测与预测得到的 Niño3.4 区海表温度异常时间序列之间的相关系数和均方根误差随不同预测时间长度（时长）的分布。根据 t 检验，如果相关系数大于 0.11，则相关系数为

95％置信水平。该模式在较短的预测时效内具有很高的预测水平，如其第一个月的最大相关系数为 0.97，且在提前 4 个月的预测都保持在 0.8 以上。因此，在热带中太平洋，对于所有的预测时长，模式预测能力都具有较好的体现。毫无疑问，这是该模式中通过优化 T_e 参数化表征而使得控制海表温度演变的主要过程较为平衡所致，从而使得直接采用观测的海表温度异常进行耦合初始化成为可能，也使得耦合预测时模式与初始场之间的初始冲击影响比较小。相比于海表温度本身的持续性而言，模式所表现出的良好性能表明该模式能够在耦合系统中很好地保留住观测到的海表温度信息特征。对于 4 个月以上的预测时长，模式预测能力逐步下降，但是直至提前 12 个月的预测，其相关系数都还保持在 0.5 以上，且均方根误差在提前 12 个月的预测中都小于 1℃。

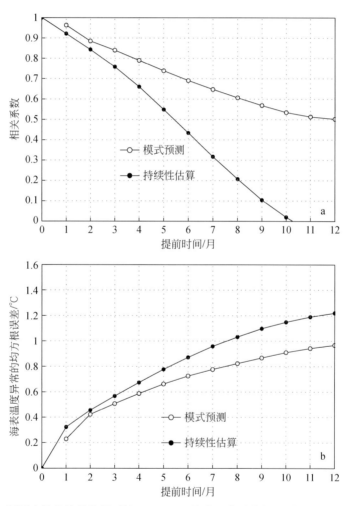

图 4.10　预测和持续性估算得到的 Niño3.4 区海表温度异常与观测间的相关系数（a）
和均方根误差（b）随不同预测时长（月）的变化

这里给出的结果是基于 1963～1997 年所有预测个例来计算的（共有 420 个），从而未区分预测起始时间的季节变化（即考虑不同月份的起始时间来做预测），换言之，如按不同初始月份分别计算这些指标量时会出现对季节的依赖性（如图 4.13）

报障碍现象（相对于北半球）：当预测期处于北半球春季时，预测能力发生明显的下降，其中发生下降最快的月份是从 4 月开始所做回报的第 1 个月；然后从 7 月至 10 月之间的初始条件开始的预测，其预测技巧可维持在较高的水平，其相关系数最初在0.98 左右，并且提前 6 个月的预测都维持在 0.7 以上。春季预报障碍过后，预测能力还可以部分恢复。

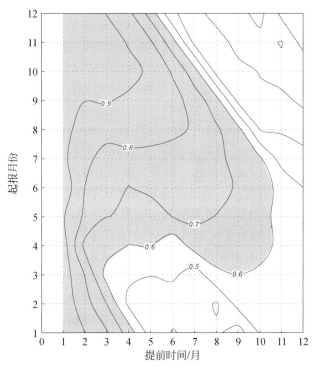

图 4.13　1963～1997 年观测与预测得到的 Niño3.4 区海表温度异常间的
相关系数随不同预测时长和起报月份的变化
等值线间隔为 0.1

　　图 4.14 给出了相关系数在不同起始时间和预测时长沿赤道的分布，从中可以看出季节依赖性的更多细节。从年初开始的预测，预测能力迅速下降。对于从 1 月份开始的预测，整个赤道海区海表温度的技巧随着预测时间延伸下降得非常迅速；而从 7 月到 10 月开始的预测，预测技巧在赤道海区下降缓慢，中部海盆的相关系数值直到第二年春天仍大于 0.8。从空间分布上看，相关系数值在热带东太平洋开始下降，并且其最小值区沿赤道向西传播。

　　很明显，从回报结果来看，该模式在热带中太平洋表现最佳，而在赤道东太平洋表现得相对较差（如预测技巧相对较低，而且随着预测时长的延伸其预测技巧下降速度比中部要快得多）。在较短的预测时长内，该模式预测明显优于 LDEO4（Chen et al.，2000）的结果；对于较长的预测时长（9～12 个月），在东部海盆预测能力明显低于 LDEO4 的结果。此外，春季预报障碍现象在该耦合系统中尤其明显。

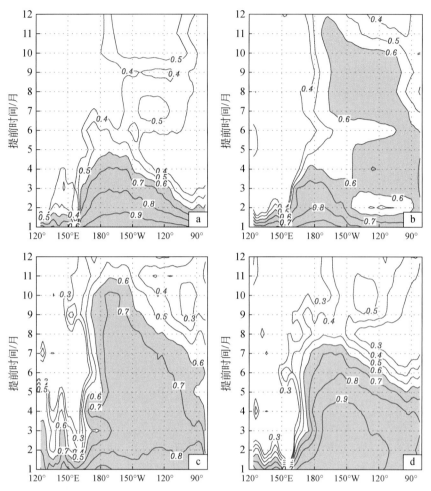

图 4.14　1963～1997 年观测与预测得到的海表温度异常之间的相关系数沿赤道的分布

预测起始时间分别为 a. 1 月；b. 4 月；c. 7 月；d. 10 月

等值线间隔为 0.1

4.1.5.5　交叉检验分析

IOCAS ICM 中嵌套的 T_e 统计模块是基于 EOF 构造出来的。与任何统计方法相同，它在模拟和预测时表现出模式构建对于所用历史资料时段的依赖性和敏感性，如在构建 T_e 与海面高度场间关系时选用一定时期的数据（构建期），所构建的模式用于一定时间的海表温度异常预测（预测期）。如果构建期与预测期重叠，则海表温度预测中一部分预测技巧可能是人为造成的（即反映了虚假的预测技巧），这是因为观测场（如海表温度）的演变信息已经包括在 T_e 的反算和 T_e-SL 的构建过程中。本节将进行敏感性试验来评估这种虚假预测能力的影响。值得注意的是，在本节中我们关注的是所构建的 T_e 模块对海表温度预测的敏感性，交叉检验仅应用于耦合模式模拟中对 T_e 经验模块的分析，未对风应力模块进行交叉检验。

本节用两个额外的 T_e 模块进行回报检验，这两个 T_e 模块是分别基于 1963～1979 年和 1980～1996 年的数据来构造的。这些试验在预测期和构造期重叠（不重叠）的情况下定义为非独立（独立）试验。图 4.15 和图 4.16 分别显示了对 1963～1979 和 1980～1997 年预测与观测的海表温度异常值之间的相关性。此外，还给出了采用基于 1963～1996 年整个时间段的数据构造的 T_e 模块进行预测的结果以供参考。正如所预期的，非独立试验的海表温度异常相关性（图 4.15a，b，d，e 和图 4.16a，b，d，e）高于独立试验（图 4.15c，f 和图 4.16c，f），但是在通常情况下差异并不大。在热带中太平洋海区，提前 3 个月和 6 个月的预测与观测间的相关系数下降不超过 0.1；在热带东太平洋，相关系数的下降幅度稍微增大。因此，由于使用非独立的 T_e 模块导致的预测能力的人为增大并不明显。此外，与其他模式预测相比（Schneider et al.，2003），从上述两个独立试验得到的相关性仍然很高。特别要指出的是，IOCAS ICM 在提前 6 个月的预测中，赤道中部海盆存在一个相当大的区域，其相关系数都超过 0.6。

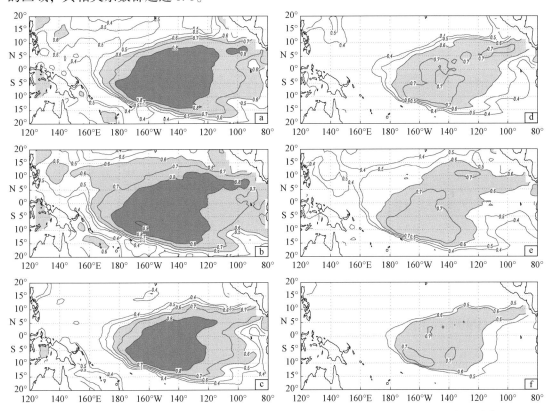

图 4.15　1963～1979 年观测与 ICM 预测得到的海表温度异常间的相关系数的水平分布

左侧：提前 3 个月预测。a. 非独立试验，采用 T_e^{63-96} 模块预测 1963～1979 年；b. 非独立试验，采用 T_e^{63-79} 模块预测 1963～1979 年；c. 独立试验，采用 T_e^{80-96} 模块预测 1963～1979 年；

右侧：提前 6 个月预测。d. 非独立试验，采用 T_e^{63-96} 模块预测 1963～1979 年；e. 非独立试验，采用 T_e^{63-79} 模块预测 1963～1979 年；f. 独立试验，采用 T_e^{80-96} 模块预测 1963～1979 年

这里用 ICM 进行预测的时期为 1963～1979 年（预测期），而 T_e 模块是基于 EOF 方法在不同时间段所构造的（构造期）；预测时分别使用与构造期重叠（a、d）、相同（即非独立；b、e）和不同（即独立；c、f）的 T_e 模块；等值线间隔为 0.1

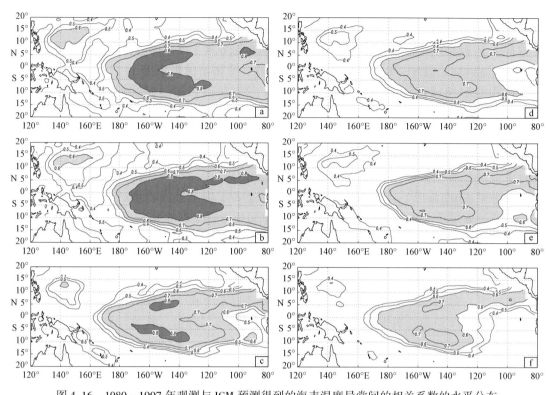

图 4.16 1980～1997 年观测与 ICM 预测得到的海表温度异常间的相关系数的水平分布

左侧：提前 3 个月预测。a. 非独立试验，采用 T_e^{63-96} 模块预测 1980～1997 年；b. 非独立试验，采用 T_e^{80-96} 模块预测
1980～1997 年；c. 独立试验，采用 T_e^{63-79} 模块预测 1980～1997 年；

右侧：提前 6 个月预测。d. 非独立试验，采用 T_e^{63-96} 模块预测 1980～1997 年；e. 非独立试验，采用 T_e^{80-96} 模块预测
1980～1997 年；f. 独立试验，采用 T_e^{63-79} 模块预测 1980～1997 年

这里用 ICM 进行预测的时期为 1980～1997 年（预测期），而 T_e 模块是基于 EOF 方法在不同时间段所构造的（构造期）；预测
时分别使用与构造期重叠（a、d）、相同（即非独立；b、e）和不同（即独立；c、f）的 T_e 模块；等值线间隔为 0.1

4.1.6 1997～2002 年的独立回报试验

1997～1998 年，热带太平洋发生了一次超强厄尔尼诺事件，许多 ENSO 预测模式开展
了相应的预测试验，但都不是十分成功。例如，从 1996 年年底或 1997 年年初的初始条件
开始预测 1997-1998 年厄尔尼诺事件的发生和发展，对许多预测模式来说仍然是一个很大
的挑战（Barnston et al.，2012）。这里给出用 ICM 开展对 1997～2002 年预测试验的一些结
果。注意，本节中 T_e 和风应力这两个经验模块都是基于 1963～1996 年的数据来构造的，
因此这两个统计模块的构造时段和预测时段是不重叠的（即是完全独立的回报试验），相
比于前一小节的敏感性试验，这个时段的结果是对模式和方法更为严格的检验，因为这里
的风应力模块也是独立时间段所构造的。

图 4.17 给出了 1997～1998 年观测的海表温度异常沿赤道的纬圈–时间分布和 1997-

1998 年厄尔尼诺事件发展阶段的空间分布；模式预测结果如图 4.18 和图 4.19 所示。结果表明，该模式提前 12 个月即可成功预测出 1997-1998 年厄尔尼诺事件以及之后的异常变冷事件（图 4.18a）。如从 1997 年年初对该厄尔尼诺事件发展阶段的预测可见，模式很好地刻画了此次厄尔尼诺事件的振幅，但在 1997 年春末的快速增暖强度被低估了。与观测相比，峰值时间略有延迟，且 1997 年春季正异常的持续时间较短。此外，模式还很好地预测出了 1998 年年初向拉尼娜事件的转换（尽管变冷发生得太早且过强）。图 4.18b 和图 4.18c 分别给出了模式从 1997 年 1 月和 1998 年 1 月开始预测所得到的海表温度异常沿赤道随时间的演变。与相应的观测结果（图 4.17a）相比，预测所得到的 1997~1998 年热带中太平洋海表温度沿赤道的时空演变具有合理的结构，但在热带东太平洋，1997-1998 年厄尔尼诺事件的振幅被低估了（图 4.18b），且 1998 年的负异常被高估了（图 4.18c）。

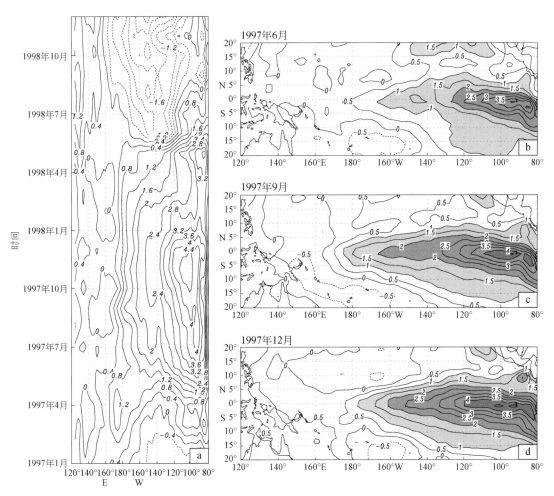

图 4.17　1997~1998 年间观测到的海表温度异常沿赤道的纬圈-时间分布（a）
以及相应的水平分布（b，c，d）
a 中等值线间隔为 0.4℃；b~d 中等值线间隔为 0.5℃

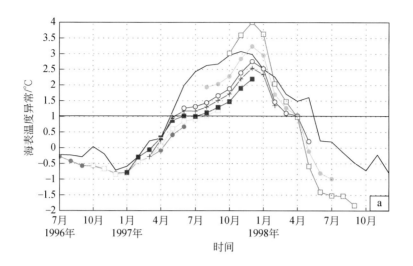

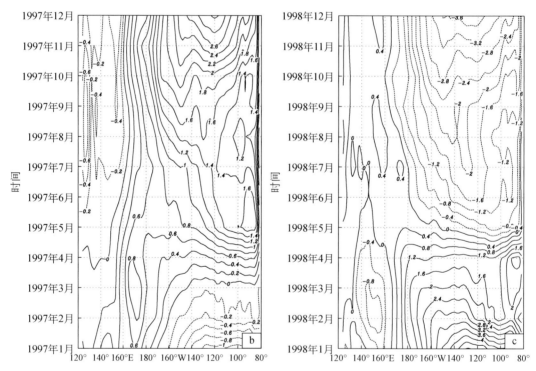

图 4.18　在 1997-1998 年厄尔尼诺期间观测（实线）和预测得到的 Niño3 区海表温度异常的时间演变
（a）、ICM 从 1997 年 1 月开始进行 12 个月预测得到的海表温度异常沿赤道的纬圈–时间分布（b）和 ICM
从 1998 年 1 月开始进行 12 个月预测得到的海表温度异常沿赤道的纬圈–时间分布（c）

a 中实线为观测，每条预测曲线表示从不同起始条件预测得到的 12 个月的结果；b 中等值线间隔为 0.2℃；

c 中等值线间隔为 0.4℃

　　预测所得到的 1997-1998 年厄尔尼诺现象开始和发展阶段中海表温度异常的空间结构
和演变（图 4.19）与相应的观测结果非常吻合（图 4.17b～d）。模式可以提前一年预测出此次暖事件：海表温度升高信号首先在 1997 年年初出现在热带西太平洋（图 4.18b），随后于 5 月至 6 月在东太平洋区域开始变暖（图 4.18b 和图 4.19a）；在夏季和秋季，中、东部海盆的海表温度正异常迅速发展；到 1997 年 12 月，海表温度正异常覆盖了整个赤道海盆（图 4.19c）。

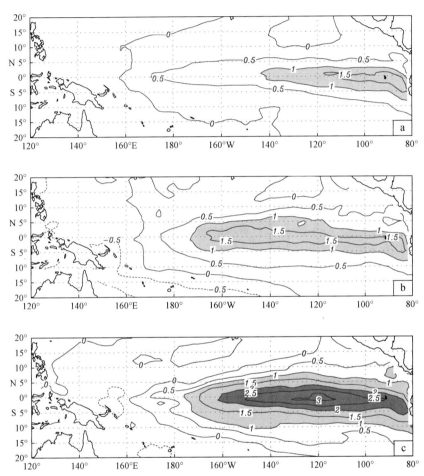

图 4.19　利用 ICM 从 1997 年 1 月开始提前预测得到的海表温度异常的水平分布

a. 提前 6 个月预测，1997 年 6 月；b. 提前 9 个月预测，1997 年 9 月；c. 提前 12 个月预测，1997 年 12 月

等值线间隔为 0.5℃

　　模式预测所得到的 1997 年 1 月至 2001 年 12 月间海表温度异常与观测之间的相关系数如图 4.20 所示。该时期的预测技巧与以上描述的其他时期相当甚至更好（如图 4.11、图 4.15 和图 4.16）。这些结果令人鼓舞，并且清楚地表明 IOCAS ICM 的预测能力并不特别依赖于人为构建两个经验模块所选择的数据时段。虽然该预测试验选择的时段可能太短以至于无法为 IOCAS ICM 提供一个稳定的总体评估统计量，但可以看出由历史数据构建的 T_e 和风应力模块所产生的人为影响似乎并不重要。

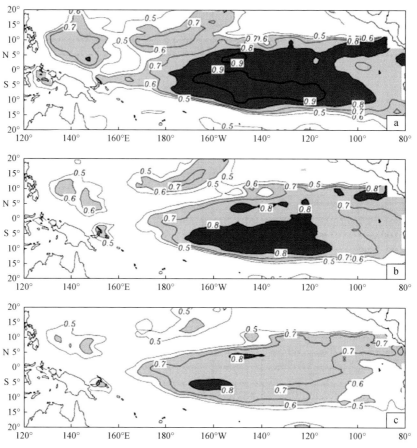

图 4.20　利用 ICM 提前预测与观测得到的海表温度异常间相关系数的水平分布（1997～2001 年）

a. 提前 3 个月预测；b. 提前 6 个月预测；c. 提前 9 个月预测

等值线间隔为 0.1

4.1.7　小结与讨论

本节描述了用 ICM 进行 ENSO 回报试验的结果。从 1963～1997 年每月 1 号开始进行 12 个月的回报试验，这里模式还没有采用先进的海洋资料同化方法，而只采用了一个仅仅利用观测的海表温度异常为模式提供初始场的简单初始化方法。首先利用海表温度观测数据通过所构建的风应力模块计算出风应力异常；然后用其驱动海洋模式，得到预测起始时刻的海洋状态场。作为预测的初始条件，海洋动力场是由模式模拟得到的，而在预测起始时刻模式的海表温度初始场直接由观测到的海表温度场来替换。结果表明，与文献记载的其他耦合模式相比，该耦合模式预测的海表温度异常的系统性误差要小得多，特别是对赤道中太平洋海表温度异常的预测最为成功。这显然要归因于优化的 T_e 参数化方案。更具体地，在较短的预测时长内，对热带中太平洋海表温度异常的预测技巧很高（这里海表温度短时预测水平较高的重要因素是使用了观测得到的海表温度异常米进行初始化，同时也未出现初始冲击的影响）；在提前 12 个月的预测时长内预测技巧均超过海表温度异常的可持续性预测水平。然而，模式对季节的依赖性很强，在起始于或跨越北半球春季进行预测时预测水平有显著的下降。

在 T_e 统计模块的构建期与预测期不重叠的情况下，进行了交义验证。结果表明，这些时段上独立和非独立构建的 T_e 模块在对中太平洋海表温度预测能力上大致相同。模拟结果对于构建 T_e 模块的数据时段的选择敏感性很小，预测技巧的人为影响并不显著。包括 1997-1998 年厄尔尼诺现象在内的 1997~2002 年的独立回报试验进一步证明了这一点，该模式很好地再现了 1997 年和 1998 年春季分别向暖位相和冷位相转变的过程。值得注意的是，该模式从 1997 年年初就成功地预测出了 1997-1998 年厄尔尼诺事件的发展过程，这是对 1997-1998 年厄尔尼诺事件模拟和预测的一个更为严格的检验，因为风应力模块也是独立构建的。

美国哥伦比亚大学 LDEO 已基于 ZC87 构建了 ENSO 预测系统（Cane et al.，1986；Zebiak and Cane，1987；Chen et al.，1995，2000），我们的预测系统与 LDEO 预测系统的当前和早期版本进行比较可以得到很有趣的发现。如上所述，我们所发展和改进的 ICM 与 ZC87 模式在模式构建和模拟结果等方面有很大的不同。从模拟和预测的角度，通过包括资料同化在内的多种技术，LDEO 预测系统已从早期版本（LDEO1、LDEO2、LDEO3）改进为 LDEO4。特别是早期 LDEO 系统中所存在的海表温度系统偏差已被成功地消除了（Chen et al.，2000），而我们所发展的 ICM 在模拟和预测海表温度时没有出现明显的系统偏差，这应该归因于 T_e 的优化参数化方法。目前用这两个模式对 ENSO 预测所采用的初始化方案有明显的差异，如上所述，我们的预测试验只利用观测的海表温度来做简单的初始化，并在预测时刻直接采用观测的海表温度场来替换模式的海表温度场，这样我们的 ICM 在较短预测时长内（低于 4 个月）比 LDEO4 有更好的预测技巧。在空间上，这两个模式的预测技巧优势依赖于不同的区域：我们的 ICM 在热带中太平洋有更高的预测技巧，但 LDEO4 在东部海盆预测技巧更高。对于较长的预测时长（超过 9 个月），LDEO4 在东太平洋的预测结果明显优于我们的 ICM。

本节介绍了我们所发展和改进的一个中等复杂程度的海气耦合模式对 ENSO 模拟和预测的效果，该模式中还存在一些系统性误差，需进一步完善和改进。例如，风应力经验模块是从由观测的海表温度异常强迫 ECHAM4.5 得到的风应力数据所构建的，利用大气模式模拟得到的风应力资料（而非实际观测场）可导致大气模式中潜在误差会隐含地包含在风应力统计模块的构造中。在我们的 ICM 中，T_e 优化参数化方案是基于 SVD 或 EOF 统计方法根据历史资料来构建的，模拟和预测在热带中、西太平洋效果最为理想，但在东部海盆区域不太理想。而 ZC87 的 ICM 中，其 T_e 是基于双曲正切函数来构建的（即表示为 $\tanh h$ 的形式，其中 h 为温跃层异常），这种参数化方法在东部海盆区域非常成功。这样，相比于 ZC87 的 T_e 参数化方法，我们的 T_e 参数化方案仍有着明显的改进空间，也许这两种方案的最优组合可能会提高对整个海盆海表温度的预测水平。此外，我们的 ICM 在预测时的初始化过程中仅使用了海表温度的观测场，应使用更多的海洋观测资料以及复杂的海洋资料同化和耦合初始化等方法，预期能更有效地改进 ENSO 的预测，这将在后面的章节中予以介绍。

4.2   2010-2012 年拉尼娜事件二次变冷的预测试验

在 ENSO 历史回报检验和模式进一步优化的基础上，利用 ICM 进一步开展实时预测试验，即从实时的初始条件开始对热带太平洋海洋–大气状态进行提前 12 个月的预测，将所得到的热带太平洋海表温度异常结果发送至 IRI，供进一步的合成分析和应用；同时，后面更新的观测资料会对模式预测结果进行系统性验证和评估，以进一步改进模式本身和预测方法。值得指出的是，在包括 4.1 节中关于 1997-1998 年厄尔尼诺事件和以后的实时预测试验中，ICM 中风应力（τ）和 T_e 这两个统计模块都是用 1963～1996 年这一时段的数据所构建的，因预测时段和构建时段没有重叠，所进行的预测试验都是独立的。本节将给出用 ICM 对 2010-2011 年拉尼娜事件二次变冷的实时预测结果。

4.2.1   引言

过去几十年中，科学家们为 ENSO 模式的发展和完善付出了巨大的努力。所发展的海气耦合模式已被广泛用于热带太平洋海表温度的实时预测。自从 20 世纪 80 年代中期哥伦比亚大学发展出第一个 ENSO 动力模式以来，科学家们开展了大量的 ENSO 预测试验。在随后的几十年里，又相继发展了多个模式，用来提高 ENSO 的实时预测能力。目前，国际上已有超过 20 个模式用来对赤道太平洋海表温度进行实时预测（详见 IRI 网站）。

如 3.2 节所示，观测显示在 2010～2012 年热带太平洋经历了一次持久的拉尼娜事件（Zhang et al.，2013；Hu et al.，2014），2010 年冬季达到负异常的峰值，其后于 2011 年秋季出现了海表温度二次变冷现象。如图 4.21 给出的不同模式对 2010～2012 年 Niño3.4 区海表温度异常的预测结果（Barnston et al.，2012）所示，不同模式间的预测存在较大的差异。很明显，大部分模式在 2011 年年初开始预测时，未能准确预测出 Niño3.4 区海表温度的年际异常，很多模式从 2011 年 6 月开始进行预测时，对 2011 年秋季二次变冷事件的预测都失败了（参见 NOAA/NWS 科学与技术应用气候公报网站：http://www.nws.noaa. gov/ost/climate/STIP/r2o+o2r.htm）；但我们的 ICM［因其当时在美国马里兰大学（UMD）地球系统交叉中心（ESSIC）运行，故称之为 ESSIC ICM］对 2011 年发生于热带太平洋的拉尼娜事件进行了准确的预测。本节重点分析该 ICM 对海表温度预测的性能，进而结合第 3 章第 2 节一起探究其能够准确预测 2011 年海表温度二次变冷过程的原因，以阐述温跃层热力效应在 2011 年二次变冷事件中的作用，结果表明，模式中基于 T_e 与海面高度间的关系优化出的 T_e 参数化方法可以提高模式对 2010-2011 年拉尼娜事件的预测能力。尤其是，赤道中东太平洋持续的 T_e 负异常的强度是影响 2011 年二次变冷的重要因子。另一个与 2010～2012 年海表温度负异常发展和维持相关的显著特征是赤道中西太平洋持续的东风异常，作为温跃层正反馈循环的一个要素，年际风场强迫的强度对 ENSO 过程也同样重要。

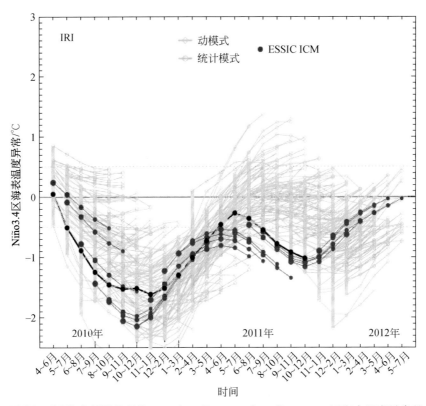

图 4.21　观测和不同模式预测得到的 2010 年 4 月 ~2012 年 7 月 Niño3.4 区海表温度异常的时间序列
黑线为观测，每条彩线表示不同模式从不同的初始场进行 5 个月预测的轨迹（其中 IOCAS ICM 预测的结果用
红色点线表示），此图直接取自 IRI 网站（http：//iri. columbia. edu/climate/ENSO/currentinfo/SST_table. html）

4.2.2　取 2011 年 1 月 1 日为初始时刻的预测结果

在 2010 ~ 2011 年，热带太平洋持续处于拉尼娜状态，如第 3 章图 3.13 所示的 2011 年赤道太平洋相关异常场的水平结构和时空演变过程。在 2010 年出现了一次中等强度的拉尼娜事件，该事件似乎于 2011 年春季结束［详见热带大气海洋计划（TAO）实时数据观测网站：http：//www. pmel. noaa. gov/tao/］，即在 2011 年 4 ~7 月，赤道东太平洋海表温度确实恢复到中性状态，但在 2011 年 8 月上旬，较弱的海表温度负异常信号再次出现，到 2011 年 11 月时，这次冷事件已经发展为中等强度。这次持续近两年的拉尼娜事件的一个显著特征是，在 2011 年秋季，赤道太平洋发生了海表温度二次变冷过程。

IOCAS ICM 可以真实地预测出 2010 ~ 2011 年观测到的海表温度的时空演变特征。如图 4.21 所示，该 ICM 对海表温度异常的预测结果与相应的观测结果十分接近。观测的海表温度的演变存在两个转向点：一个是在 2011 年 6 月从变高转为变低，另一个是在 2012 年 1 月由变低转为变高。2011 年年初，拉尼娜状态变弱，海表温度在 7 月接近正常值；2011 年秋季海表温度变低，又回到拉尼娜状态并持续维持到 2012 年年初；此后，海表温度负异常状态再一次转变成为正状态，并继续发展使得热带太平洋逐渐变暖。

因此，该模式很好地预测了此次拉尼娜事件，尤其是对继 2010 年出现海表温度变低现象之后，于 2011 年出现的二次变冷过程所进行的准确预测。相关分析发现（详见第 3 章第 2 节），温跃层反馈过程是导致 2011 年海表温度二次变冷的决定性因素，在 2010～2011 年，赤道中太平洋持续存在较大的 T_e 负异常，导致了 2011 年 7～8 月东太平洋海表温度负异常，进而又发展成为二次变冷现象。

图 4.22 和图 4.23 给出了当取 $\alpha_\tau = 1.0$ 和 $\alpha_{T_e} = 1.0$ 时，ICM 从 2011 年 1 月的初始条件预测得到的异常场的时空分布。从图中可以发现，ICM 从 2011 年 1 月 1 日的初始条件开始，就能对二次变冷事件的起源和发展做出较为准确的实时预测（包括 2011 年年中海表温度变为正常态和 2011 年秋冬季海表温度负异常的再次出现）。如第 3 章第 2 节所示，中东太平洋的海表温度异常态的演变受到几个海洋过程的影响，这些过程在基于 ICM 的预测中均能得到合理的反映。如 2010 年，热带太平洋经历着拉尼娜事件，热含量的正异常在西太平洋聚积，并于 2011 年年初沿赤道向东传播，对东太平洋海面温度的变高产生影响；同时，次表层的温度负异常（由 T_e 表征）持续维持在赤道中东太平洋区域，并与赤道外温度负异常相联系；此外，持续的东风异常出现在赤道中西太平洋，维持了 T_e 负异常型和海表温度负异常。

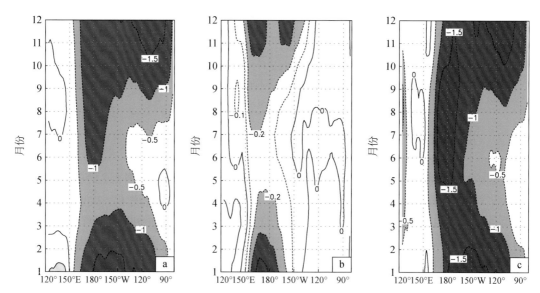

图 4.22 ICM 从 2011 年 1 月的初始场预测得到的相关变量年际异常场沿赤道的纬圈–时间分布
a. 海表温度异常；b. 纬向风应力异常；c. T_e 异常
a、c 中等值线间隔为 0.5℃；b 中等值线间隔为 0.1dyn/cm²

这样，2011 年热带太平洋海气耦合系统最终是发展成海表温度正异常状态还是负异常状态取决于两个相互抵消过程的相对重要性：来自西太平洋过程的变暖效应（与 2010 年拉尼娜期间产生的热含量的正异常有关）和与中东太平洋局地过程所维持的 T_e 负异常相关

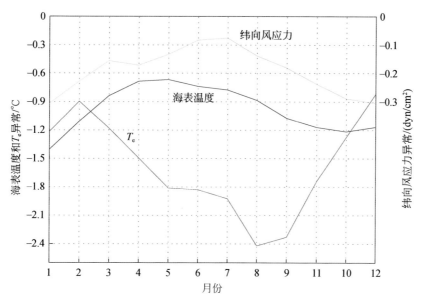

图 4.23　ICM 从 2011 年 1 月的初始场预测 12 个月得到的 Niño4 区海表温度、T_e 和纬向风应力异常的时间序列

的变冷效应（在整个赤道中东太平洋一直持续维持的 T_e 负异常）。如果前者占主导地位，那么 2011 年秋季会变成正异常状态；否则，将会持续存在一个负异常状态。在 2011 年中后期，东部海盆海表温度变低，表明后者（与持续的 T_e 负异常局地相关的冷效应）对 2011 年负异常状态的维持起到了主导作用。同时，持续的东风异常使得 T_e 负异常型得以维持。在温跃层正反馈机制中，持续的东风异常和 T_e 负异常的强度彼此相关，二者对 2011 年二次变冷事件都产生重要影响。

4.2.3　取 2011 年 6 月 1 日为初始时刻的预测结果

在 2010～2011 年，热带太平洋次表层持续存在较大的海温异常。如观测表明，在 2010 年拉尼娜事件中，热含量正异常在赤道西太平洋形成并加强，西太平洋积累的热含量沿赤道向东传递，减弱了 2011 年春季东太平洋海表温度负异常。这种状况非常明显地表现在 2011 年 6 月的海表温度异常场上，此时赤道太平洋海表温度已恢复到中性状态（图 4.24），但赤道中太平洋次表层海温仍为负异常，负异常中心位于赤道以南海区。此外，实际观测表明，与 2010 年拉尼娜事件相关的海面高度负异常信号沿赤道外海区西传。次表层海温异常的结构和演变能够很好地由 T_e 场来表示，与赤道中太平洋海表温度相比，T_e 场具有更大的振幅并存在轻微的位相超前。

图 4.25 展示了 ICM 从 2011 年 6 月 1 日的初始条件预测所得到的海面高度、T_e 和海表温度异常沿赤道的纬圈–时间分布。与相关的观测结果对比可见，模式的预测性能良好。特别是，ICM 可以提前 6 个月甚至更长时间预测出海表温度的年际异常，捕捉到 2011 年夏秋季发生的二次变冷过程。通过研究 ICM 预测中海表温度的演变发现，T_e 场的结构和

演变是影响海表温度变化的关键性因素，下面给出更详细的分析。

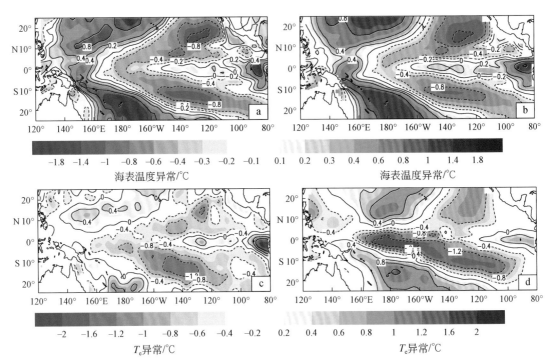

图 4.24　热带太平洋海表温度和 T_e 异常场的水平分布

左侧为基于 Argo 观测得到的 2011 年 5 月的月平均场：a. 海表温度异常，c. T_e 异常；

右侧为由 ICM 初始化后模拟得到的 2011 年 6 月 1 日的瞬时场：b. 海表温度异常，d. T_e 异常

海表温度场的等值线间隔为 0.2~0.4℃，T_e 场的等值线间隔为 0.4℃

4.2.3.1　T_e 场的结构

图 4.26 展示了 ICM 从 2011 年 6 月 1 日的初始场（图 4.24）预测所得到的 2011 年 6~10 月 T_e 和海表温度异常场的水平分布。实际观测显示，在 2010~2011 年，T_e 正异常持续存在于热带西太平洋区域；而在赤道和赤道外海区次表层的 T_e 负异常分布呈马蹄形结构，且在 2010~2011 年持续存在。一些大气和海洋过程可能有利于该 T_e 状态的维持。在大气方面，2010~2011 年，日界线及其以西海域的东风异常造成中太平洋温跃层的抬升并促进 T_e 负异常的发展；在海洋方面，赤道外次表层海温负异常在中部海盆进入到赤道海域，也促进了赤道海域 T_e 负异常的发展。此外，观测显示在 2010 年的海表温度变低事件中，海面高度负异常信号沿赤道外海域西传，这些传递到赤道中部海盆的海面高度负异常信号进一步加强了中部海盆的 T_e 负异常。

与观测相比，该 ICM 的预测结果也有一些偏差之处。例如，2010~2011 年海表温度负异常的振幅模拟过大，这可能是由于赤道中太平洋 T_e 负异常的振幅计算过大所导致的（图 4.25）。此外，赤道东太平洋 T_e 预测场与观测场也不太一致，赤道东太平洋所观测到

的显著的 T_e 正异常信号在预测结果中没有得到体现（图 4.25）。另外，2011 年 6~7 月模拟所得到的赤道中太平洋东风异常也明显偏弱（图 4.26f，g）。

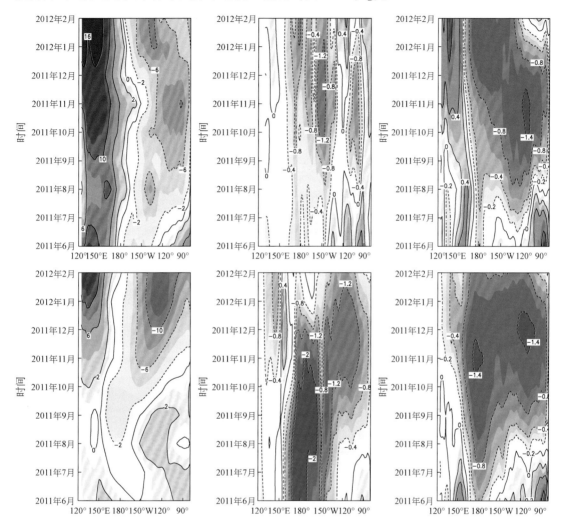

图 4.25　2011 年 6 月~2012 年 2 月异常场沿赤道的纬圈-时间分布

上图：观测结果；下图：ICM 从 2011 年 6 月 1 日的初始场预测所得结果；从左到右依次为海面高度异常场、T_e 异常场和海表温度异常场

海面高度的等值线间隔为 2~6cm；T_e 的等值线间距为 0.4~0.8℃；海表温度的等值线间隔为 0.2~0.6℃

4.2.3.2　赤道中太平洋 T_e 负异常的影响

观测显示，在 2010 年拉尼娜事件中，热带西太平洋次表层持续积累而成的海温正异常（由 T_e 正异常所表征）沿赤道向东延伸并对东太平洋的海表温度产生影响。2011 年 4~6 月，东传的 T_e 正异常信号减弱了东太平洋海表温度负异常，甚至有扭转拉尼娜状态的趋势。最终，赤道东太平洋海表温度在 2011 年年中恢复到中性状态（图 4.26f，g）。此时，在中东部海盆出现了较大的 T_e 负异常（图 4.26a，b），阻挡了 T_e 正异常信号从西太

平洋沿赤道向东的传播。观测显示，在 2011 年 7 月，中东部海盆的 T_e 负异常引起了中部海盆的表层冷却（图 4.26g），进一步诱发出东风异常（图 4.26h），进而引发海气耦合过程。最终，在 2011 年秋季，热带太平洋又一次发生弱的拉尼娜现象（图 4.26i，j）。

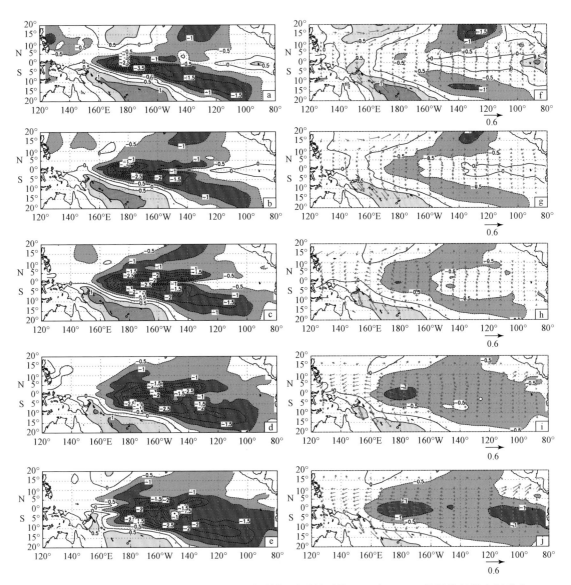

图 4.26　利用 ICM 从 2011 年 6 月 1 日的初始场预测得到的 2011 年 6 ~ 10 月异常场的空间分布
左侧为 T_e 异常：a. 2011 年 6 月；b. 2011 年 7 月；c. 2011 年 8 月；d. 2011 年 9 月；e. 2011 年 10 月；
右侧为海表温度和风应力异常：f. 2011 年 6 月；g. 2011 年 7 月；h. 2011 年 8 月；i. 2011 年 9 月；j. 2011 年 10 月
T_e 和海表温度异常的等值线间隔为 0.5℃；风应力异常为矢量，单位为 dyn/cm^2

　　因此，2011 年年中赤道东太平洋海表温度的演变过程可能是由以下两个过程相互抗衡所决定的：即西部海盆在 2010 年所积累起来的热含量正异常沿赤道东传，会对赤道东太平洋海表温度产生升高效应；而赤道外过程所维持的赤道中太平洋 T_e 负异常会对赤道中东太平洋海表温度产生变低效应。2011 年 8 月赤道东太平洋海表温度变低表明 T_e 负异常的变冷效应在 2011 年海表温度二次变冷过程中起到了主导作用，而西太平洋的热含量正异常的变暖效应并不足以扭转 2010 年拉尼娜事件所造成的海温负异常状态。

4.2.3.3 模式对海表温度演变的预测

图 4.27 进一步给出了由 ICM 预测得到的 2011～2012 年 Niño3.4 区海表温度异常结果。可以清楚地看到，模式很好地模拟出 2011 年秋季海表温度二次变冷过程的发生、发展和演变过程。例如，该 ICM 至少可以提前 6 个月甚至更长时间预测出海表温度发展的两个转折点：一个是 2011 年 6 月由高变低的过程，另一个是 2012 年 1 月由低转高的过程。具体地，ICM 的预测结果显示，拉尼娜在 2011 年年初发展减弱，赤道中东太平洋海表温度在 7 月中旬恢复到中性状态；但在 2011 年秋季，拉尼娜现象再次出现，强的海表温度负异常持续到 2012 年年初，之后热带太平洋海表温度转为变高的状态。

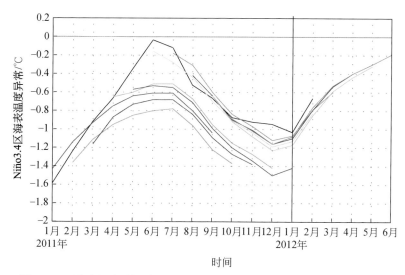

图 4.27 观测和预测得到的 2011～2012 年 Niño3.4 区海表温度异常演变

黑线为观测，每一条彩色线代表利用 ICM 从不同的初始场（每月 1 日）预测 12 个月得到的结果

4.2.3.4 敏感性试验

众所周知，热带太平洋温跃层的结构及变化在 ENSO 发生和发展中起着重要作用；相关的过程被称为温跃层反馈机制。在本研究所使用的 ICM 中，该过程由 T_e 与海面高度间的经验关系所表征，根据 SVD 分析从历史数据构建的统计关系来获得，记作 $T_e = \alpha_{T_e} \cdot F_{T_e}$（$SL_{inter}$）。这里用所引入的参数 α_{T_e} 来表征温跃层反馈的强度（即 α_{T_e} 的取值变化可以调节 T_e 与温跃层变化之间的关系，进而改变其对海表温度的影响）。因此，该 ICM 对 ENSO 的模拟和预测的能力可能依赖于由参数 α_{T_e} 所表征的温跃层反馈的强度。同样，在本研究所使用的

ICM 中，风应力（τ）的年际异常作为对海表温度的响应来表征的，风应力的年际变化可表示为 $\tau = \alpha_\tau \cdot F_\tau (SST_{inter})$，其中 F_τ 表示风应力与海表温度间根据历史资料由统计方法得到的关系表达式；α_τ 表示其相应强度的参数（其在耦合模式中赋以常数，大小是可以调整的）。

第 3 章第 2 节给出了 ICM 预测海表温度结果对 α_{T_e} 和 α_τ 取值的敏感性，表明 ICM 对 2011 年海表温度二次变冷过程有非常准确的预测，甚至从 2011 年年初的初始条件进行预测都能获得很好的结果。α_{T_e} 取值大小对 ENSO 位相的转换和海表温度振幅的变化都有直接的影响。α_{T_e} 取值越大，所代表的温跃层反馈就越强，预测得到的海表温度异常的振幅也就越大。当 ICM 中所表征的温跃层反馈强度超过一定程度时，就会在 2011 年出现二次变冷现象。相反地，α_{T_e} 取值减小时，温跃层反馈强度的表征就会变弱，导致赤道中太平洋 T_e 负异常变小，进而导致对海表温度的影响变弱。而当温跃层反馈强度降低到一定程度时（如 $\alpha_{T_e} < 0.5$），模式中 2011 年的二次变冷现象不再出现，海表温度反而出现升高现象。这些敏感性试验充分表明，ENSO 预测能力依赖于温跃层反馈强度在模式中的表征，这在该 ICM 中是通过 T_e 与海面高度间的经验关系中所引入的系数（α_{T_e}）来表征的。另外，赤道中太平洋 T_e 负异常的强度和持续时间对 2011 年的二次变冷事件也至关重要。这些都表明该 ICM 中 T_e 场的显式表示和相应的经验参数化方法为 ENSO 预测提供了一种有效的优化方法，如可通过改变系数 α_{T_e} 值来合理调整 T_e 与海面高度间的关系，从而调整温跃层反馈的强度，进而得到最优的模式预测结果。

同样，第 3 章第 2 节的敏感性试验表明，α_τ 的取值对海表温度异常的强度和位相转换时间的预测产生直接影响。α_τ 越大，表明风应力强迫越强，预测得到的海表温度负异常也越大。尤其是当东风异常达到一定的强度后，将出现二次变冷现象，并在 2011 年中后期变强且可维持较长一段时间。此外，α_τ 的增大同样对暖位相向冷位相的转变时间有调制作用。相反地，当 α_τ 减小时，风场强迫的强度减弱，那么整个赤道中西太平洋对东风异常的响应也变弱，导致风场对海洋状态的影响也同样减弱。尤其是当对风场强迫强度的表征太弱而低于一定程度时（如 $\alpha_\tau < 0.5$），那么模式中 2011 年的二次变冷现象就不会出现；相反地，海表温度则会出现升高的趋势。因此，在 ICM 中将东风强迫的强度维持在一定程度时就可以再现二次变冷过程。上述基于 ICM 的预测试验表明，持续的东风强迫是影响 2011 年二次变冷事件的重要因子。

4.2.4　小结与讨论

在 2010 年年末热带太平洋出现一次中等强度的拉尼娜事件，于 2011 年 5 月衰减并趋于结束，随后海表温度恢复至中性状态；但在 2011 年 8 月初，赤道东太平洋海表温度再次出现负异常并逐渐加强，直到 2012 年年初，热带太平洋一直都维持着较弱的拉尼娜状态。同时，在 2010 ~ 2011 年，热带太平洋次表层的海温异常呈马蹄形分布，对应的赤道中太平洋次表层一直持续着较大的海温异常。这种分布形态能够有效抑制 2011 年年初赤道西太平洋海温正异常沿赤道向东传播。此外，赤道中太平洋持续的 T_e 负异常维持了 2011 年 7 ~ 8 月东部海盆海表温度的负异常，并进一步引起风场响应和海气耦合过程，最终导致 2011 年秋季拉尼娜现象的再次产生。

本文利用我们发展的 ICM 对 2010～2011 年海表温度的演变开展了实时预测，并聚焦于造成 2011 年二次变冷现象的海洋过程。结果表明，ICM 能够合理地表征相关异常场（海面高度、T_e 和海表温度等）的演变过程和相互关系，对热带太平洋海表温度的实时预测也非常成功，特别是对 2011 年海表温度二次变冷过程的成功预测。对 ICM 的预测结果分析表明，温跃层反馈过程对海表温度的年际变化至关重要，该过程在 ICM 中由 T_e-SL 之间的经验关系来表征。进一步通过敏感性试验考察了海表温度预测能力受温跃层反馈过程影响的程度，结果表明，耦合模式中应合理表征温跃层反馈强度才能准确地再现 2011 年秋季时的海表温度二次变冷现象。

为了更好地描述 2011 年海表温度二次变冷过程，仍需进行更多的模式试验研究。在 ICM 模拟所得到的海表温度的演变过程中，除了 T_e 相关过程起到了重要作用外，在 2011 年年初赤道中太平洋也存在持续性的东风异常，这表明大气过程也可能对海表温度有直接作用，有必要对海表温度二次变冷过程中海洋和大气的相对作用大小做进一步的分析。此外，对历史 ENSO 事件的分析发现，热带太平洋之前也发生过类似的二次变冷现象，其中包括 1998-1999 年拉尼娜事件，需要进一步分析这些事件之间的异同，以探究这些特殊的 ENSO 演变过程的本质及其年代际变化特征，包括对各种强迫的响应和太平洋气候系统中各种反馈之间的作用。

目前，不同模式对 2010～2011 年热带太平洋海表温度的实时预测仍存在显著的差异和较大的不确定性，如 IRI 收集了由 20 多个模式所提供的实时 ENSO 预测结果，其中大多数模式的预测结果与观测到的 2011 年春季时海表温度状态很不一致，结果出现了模式对 2011 年海表温度二次变冷预测失败的现象。那么相比于本工作中基于 ICM 的成功预测，其他模式缺失了哪些机制使得相应的预测没有成功？正如敏感性试验所表示的，如果 ICM 中的温跃层反馈强度弱到某一程度时，该模式将无法再现 2011 年的海表温度二次变冷过程。因此可以推断，其他模式之所以未能预测出 2011 年海表温度二次变冷过程，很可能是低估了温跃层反馈的强度，导致 2011 年预测所得到的海表温度偏高。关于 IOCAS ICM 和其他耦合模式在预测 2011 年二次变冷事件中的差异，需要进行进一步详细的比较，其中可用 T_e 场及其与海面高度间的关系来诊断温跃层反馈的强度及其影响。

本节只是基于一个简单海气耦合模式对一个个例进行了分析，结论可能会依赖模式或者具体事件。今后将进一步开展预测试验来扩展对二次变冷事件的研究，如计划对历史上其他二次变冷事件（如 1988-1999 年）进行预测来更好地描述和理解类似观测到的与 2011 年一样的海温演变过程。此外还需要回答一些具体的问题，如对 2011 年的事件分析和预测得到的结论是否同样适用于历史上其他二次变冷事件？与我们所发展的 ICM 相比，其他耦合模式是否确实缺少了什么关键过程从而未能预测出二次变冷事件？基于 ICM 模拟和预测所提出的机制是否同样适用于其他耦合模式？这些问题将需要进行更多的预测试验来阐明。

4.3　2015-2016 年厄尔尼诺事件的实时预测

2015～2016 年，热带太平洋经历了一次超强厄尔尼诺事件，不同复杂程度的海气耦合模式已用于这一事件的实时预测。结果表明，目前所使用的耦合模式对热带太平洋海表温度年际异常的预测与观测间存在较大的偏差，如从 2015 年春季开始，大部分模式预测都严重低估了 2015 年年底时海表温度增高的强度；同时，不同耦合模式间实时预测结果差别很大，预测技巧明显地依赖于所使用的模式。因此，目前模式对 ENSO 的实时预测仍有很大的不确定性。本节重点分析 IOCAS ICM 对 2015-2016 年厄尔尼诺事件中主要海气场时空演变的预测结果，以评估该模式的实时预测能力。值得指出的是，这里所进行的实时预测中，我们采用了一个非常简单的初始化方法（还没有采用复杂的海洋资料同化方法），唯一用于 IOCAS ICM 初始化的海洋观测场是海表温度异常（即由观测到的海表温度年际异常场用从历史资料构建的统计模式来计算出风应力场，驱动海洋模式得到海洋状态场）。结果表明，从 2015 年春末开始，该模式可以较好地预测出热带太平洋海表温度变高的趋势；随后，从 2015 年的夏秋季开始，模式能真实地再现 2015-2016 年厄尔尼诺事件的强度；之后，从 2016 年春末的初始条件进行预测，模式也能再现在 2016 年夏季时的海表温度正异常向正常和变负状态的转变。本节也将进行 IOCAS ICM 的预测结果与其他模式间的比对，并讨论影响 IOCAS ICM 预测性能的因素和潜在的问题及改进方法等。

4.3.1　引言

2015～2016 年，热带太平洋经历了一次超强厄尔尼诺事件，这不仅成为学术界的热门话题，同样也受到了公众和媒体的高度关注。这次厄尔尼诺事件所表现出来的一个显著的特征是：热带西太平洋海表温度正异常在 2014 年到 2015 年年初缓慢发展并维持；随后，相关的海气异常在 2015 年春季耦合并增大，在 2015 年春末快速发展成为一个暖事件。值得注意的是，上一次厄尔尼诺事件发生在 2009 年，与此次事件已有 5～6 年的时间间隔，两次厄尔尼诺事件发生时间间隔较长。对 2015 年厄尔尼诺事件广泛关注的另一个原因是大部分 ENSO 预测模式对 2014 年海表温度演变的错误预测：在 2014 年年初，热带西太平洋确实观测到有一个与 1997-1998 年强厄尔尼诺事件发展相似的海–气演变过程，但是海表温度正异常于 2014 年年中减弱，并没有在 2014 年发展为一个厄尔尼诺事件；然而，一些耦合模式却预测 2014 年会有强厄尔尼诺发生，结果是虚惊一场，令学术界很是尴尬。对于 2015 年的厄尔尼诺事件，耦合模式从春季开始的预测存在着很大的不确定性，如不同耦合模式对 2015 年夏秋季海表温度增高强度的预测差别很大。这些结果表明，即使采用当前最先进的海气耦合模式和高级的海洋资料同化方法，目前对厄尔尼诺事件的实时预测仍存在着很大的挑战和困难。因此，亟须认知和表征 ENSO 相关的过程以提高海气耦合模式的实时预测技巧。

如上所述，IOCAS ICM 注重于对海洋次表层热力异常对海表温度影响的优化表征，其特点之一是次表层海水上卷到混合层温度的优化参数化方法。该模式已成功地应用于 ENSO 的模拟和实时预测，例如，这一模式是对 2010～2012 年热带太平洋海表温度负异常状态预测最为准确的耦合模式之一。本节基于 IOCAS ICM 模拟结果来分析其对 2015 年厄尔尼诺事件实时预测的效果（Zhang and Gao，2016），举例说明该模式的预测性能，包括 2015 年秋冬季的热带太平洋海表温度变高期以及 2016 年春季的转换期等，并讨论模式的局限性及如何更有效地提高未来实时预测的水平（如采用有效的海洋资料同化方法等）。

4.3.2　2015 年厄尔尼诺事件的观测分析

自 2014 年起，赤道太平洋经历了持续的正异常状态，图 4.28 给出了 2014～2015 年观测的 Niño3.4 区海表温度异常及多个模式（其中包括 IOCAS ICM）的预测结果。观测表明，赤道太平洋海表温度在 2014 年呈现持续的正异常态；在 2015 年 2 月，海表温度出现短期的降低过程（3 个月滑动平均的海表温度异常值低于 0.5℃）；随后 5 月起至夏秋季再次迅速升高。对于次表层海洋而言，次表层温度正异常于 2014 年到 2015 年年初在热带西太平洋区域形成并维持；西部海盆观测到的热含量正异常于 2015 年年初沿赤道向东扩展，引发 2015 年春季东部海盆海表温度的快速升高，到 2015 年年底强度到达峰值。对于大气而言，伴随着海表温度正异常，在西部海盆区域出现西风异常。这样，海表温度与风应力异常间的耦合导致海表温度正异常于 2015 年 5～10 月迅速增大，发展成为一个超强的厄尔尼诺事件，并于 2015 年年末达到顶峰（如图 4.29 所示的沿赤道的时空演变），这些特征在热带大气 – 海洋（TAO）观测阵列所得到的实时资料中清晰可见（http：//www.pmel.noaa.gov/tao/）。之后，热带太平洋海表温度异常在 2016 年年初发生位相转变，图 4.30 给出 2016 年年初观测到的海表温度和海面高度异常的水平分布。

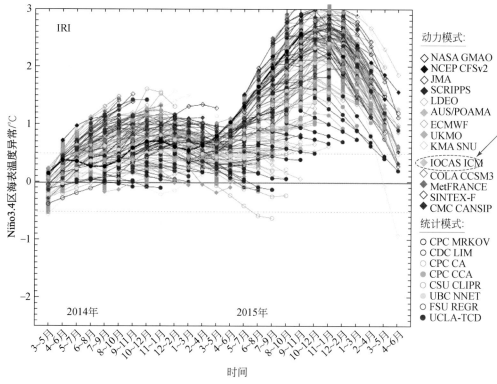

图 4.28　2014～2015 年观测和不同模式预测得到的 Niño3.4 区海表温度异常的时间序列
黑线为观测，每条彩线代表不同模式从不同的初始场预测 5 个月的轨迹，此图直接取自 IRI 网站
（http：//iri.columbia.edu/our-expertise/climate/forecasts/enso/2015–December-quick-look）

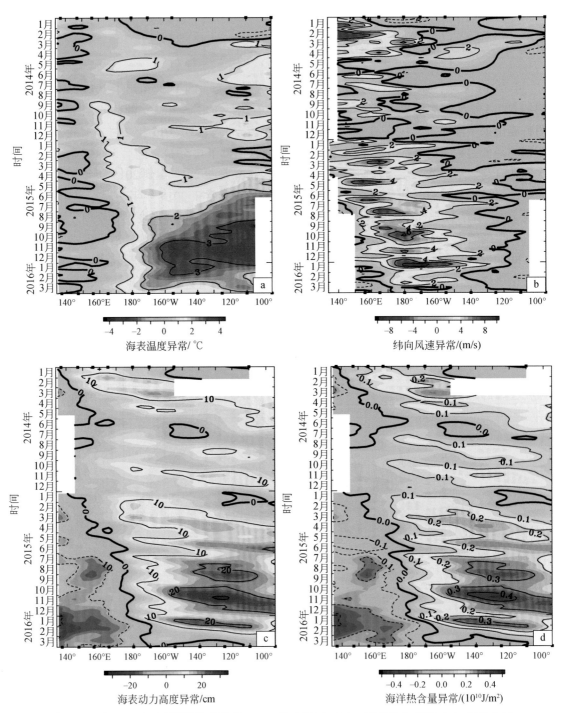

图 4.29　由 TAO 实时观测的海表温度（a）、纬向风速（b）、海表动力高度（c）以及上层
海洋热含量（d）异常沿赤道（2°S ~ 2°N 的平均）的纬圈–时间分布

此图直接取自 TAO 实测网站（http://www.pmel.noaa.gov/tao/）

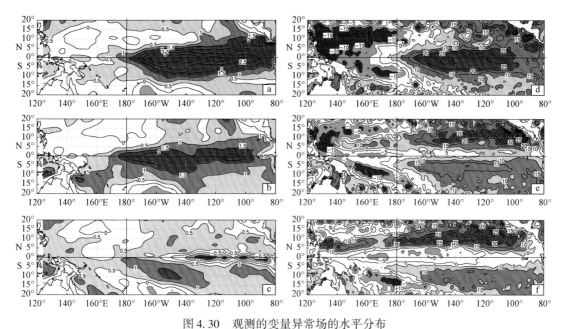

图 4.30　观测的变量异常场的水平分布

a. 2016 年 1 月海表温度异常；b. 2016 年 3 月海表温度异常；c. 2016 年 5 月海表温度异常；
d. 2016 年 1 月海面高度异常；e. 2016 年 3 月海面高度异常；f. 2016 年 5 月海面高度异常
海表温度异常的等值线间隔为 0.5℃；海面高度异常的等值线间隔为 5cm

　　不同的海气过程在 2014~2015 年赤道太平洋海表温度升高过程中发挥着作用。在海表温度距平方程中，海表温度变化（倾向）受到不同过程的影响，包括与洋流异常相关的水平平流项和与 T_e 异常场相关的垂直混合及上翻项。因此，2015 年海表温度状态的发展和演变取决于多个海气过程的影响，其中海洋和大气间的耦合是导致海面温度迅速升高的一个主要过程。海洋中，上层热含量正异常自 2014 年起就在西边界区域出现并加强，正异常信号于 2015 年年初沿赤道东传（以赤道 Kelvin 波的形式；图 4.29）；于 2015 年年中到达东部海盆并引发那里的海表温度升高，这一海表温度正异常引发了西风异常。大气中，西风异常于 2014~2015 年出现在日界线附近及其以西热带太平洋海区。局地而言，热带西太平洋西风异常直接驱动洋流异常，通过水平平流效应导致海表温度升高。此外，西风异常促使温跃层变深，并以赤道波的形式向东传播，造成赤道中东太平洋次表层温度正异常，进一步加强了东部海盆海表温度的升高。因此，大尺度海气耦合造成海表温度正异常迅速发展成为厄尔尼诺事件。此外，热带西太平洋海区出现极其活跃的西风爆发事件。上述这些多尺度过程间的相互作用，共同导致了 2015 年强厄尔尼诺事件的发生。之后，在 2016 年春季，热带太平洋转变为变冷状态（图 4.30）。

4.3.3　2015~2016 年的实时预测

　　图 4.28 给出了不同模式从不同初始条件预测所得到的 2015~2016 年 Niño3.4 区海表温度异常。这里显示了模式预测这次厄尔尼诺事件不同演变阶段的能力，包括 2015 年厄

尔尼诺事件的发生、发展、成熟、衰退及转变时期。结果表明，模式预测与观测间的海表温度异常存在着较大的偏差：不同模式对 2014～2015 年海表温度升高趋势和 2016 年春季的变冷趋势的实时预测的差别很大，显示出对季节的强烈依赖性，即由于春季预报障碍现象的存在，模式从 2015 年年初至春季的初始条件进行预测所得的结果与观测偏离很大。图 4.31 给出了不同模式从 2015 年 1 月的初始条件开始对 2015～2016 年 Niño3.4 区海表温度异常预测 12 个月的轨迹，很多模式从 2015 年年初的初始条件开始对 2015 年夏秋季时海表温度的快速升高的预测都不理想，特别是严重低估了 2015 年厄尔尼诺事件中夏秋季海表温度变高的强度。

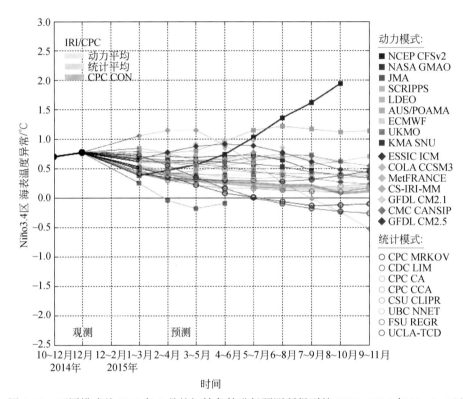

图 4.31　不同模式从 2015 年 1 月的初始条件进行预测所得到的 2015～2016 年 Niño3.4 区
海表温度异常的时间序列

每条彩线表示不同模式（其中 ESSIC ICM 是 IOCAS ICM 的前身）预测得到的 3 个月滑动平均的结果，
此图直接取自 IRI 网站（http：//iri. columbia. edu/our-expertise/climate/forecasts/enso/2015-January-quick-look）

　　第 1 章中图 1.1 给出了不同模式从 2015 年 8 月的初始条件开始对 2015～2016 年 Niño3.4 区海表温度异常预测 12 个月的轨迹（其中包括 IOCAS ICM）。此时，2015 年厄尔尼诺事件已在热带太平洋形成，耦合模式能较好地预测出观测到的 2015 年夏季到冬季海表温度的发展演变。例如，预测所得到的海表温度异常与观测间的升高趋势非常一致。自从 2015 年 8 月起，许多模式可准确地刻画出海表温度持续的升高过程（包括 2015 年年末发展至成熟阶段）。然而，大多数模式严重低估了 2015 年夏秋季变暖的强度。尽管大多数动力模式在一定程度上已利用观测资料来进行初始化，但是预测几个月后得到的海表温度异常就会与观测结果相差很大。此外，不同模式间对变暖强度的预测仍有很大的差异，并且海表温度异常强度越大，不同模式间预测结果的差别也变得更大，因此模式对变暖强度的预测存在很大的不确定性。

进一步，图 4.32 给出了不同模式从 2015 年 12 月的初始条件开始预测得到的 2015～2016 年 Niño3.4 区海表温度异常（其初始条件对应于 2015 年厄尔尼诺事件的成熟阶段）。预测结果表明，热带太平洋会出现一个向海表温度变低的转变：此次厄尔尼诺事件在 2016 年年初迅速衰减并向正常态转换，海表温度会于 2016 年春季发展成为负异常态（对应的观测结果如图 4.30 所示）；同时这里再次表明，变冷强度的预测强烈地依赖于所用的模式，即不同模式预测的变冷程度有很大的差别，因而对海表温度的实时预测有着很大的不确定性。

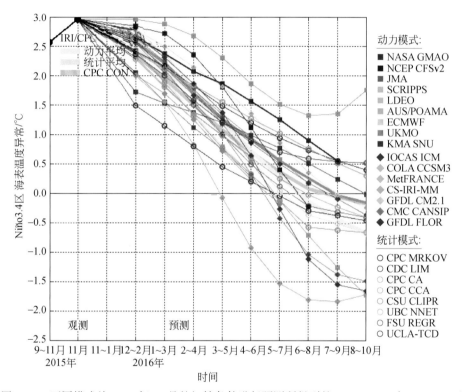

图 4.32　不同模式从 2015 年 12 月的初始条件进行预测所得到的 2015～2016 年 Niño3.4 区
海表温度异常的时间序列

每条彩线表示不同模式（包括 IOCAS ICM）预测得到的 3 个月滑动平均的结果，此图直接取自 IRI 网站
（http：//iri.columbia.edu/our-expertise/climate/forecasts/enso/2015-December-quick-look）

利用 IOCAS ICM 进行实时预测的详细结果如图 4.33 至图 4.35 所示。为了更清晰地展示 IOCAS ICM 对 2014～2016 年不同阶段实时预测的结果（包括 2015 年厄尔尼诺事件的发生、发展、成熟、衰退及转换期等），图 4.33 给出了 IOCAS ICM 从不同的初始条件进行 12 个月预测的结果。表明该模式可较为合理地抓住 2014～2016 年海表温度变高和变低的趋势。例如，IOCAS ICM 可以预测出 2015 年持续的变暖趋势：从 2015 年春末开始至 2015 年夏季期间东太平洋区域海表温度正异常进一步增强。厄尔尼诺事件从 2016 年年初开始

快速衰减，东太平洋区域海表温度演变成正常态，并于 2016 年年中转变为负异常态等。很明显，与其他模式预测结果相比，IOCAS ICM 也存在着一些类似的偏差问题。

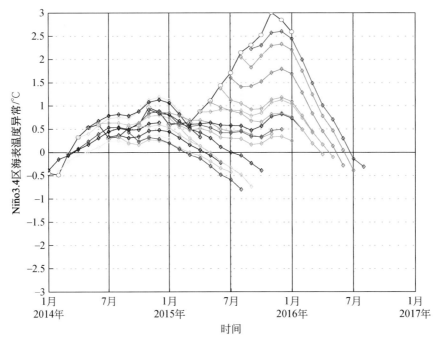

图 4.33　观测和利用 IOCAS ICM 预测得到的 2014～2016 年 Niño3.4 区海表温度异常的时间序列
黑线为观测，每条彩线代表 IOCAS ICM 从不同的起始月份（2015 年 9 月为最后一次）所做的 12 个月的预测结果

例如，从 2015 年年初的初始条件开始对 2015 年厄尔尼诺事件发生和发展进行预测时，我们的模式低估了增暖的强度，特别是模式对 2015 年春末至夏季出现的迅速变暖的预测比较困难，表明模式在表征大气与海洋间的耦合方面存在一定的问题（如观测到 2015 年夏秋季海表温度正异常强烈发展并增强，但模式模拟有明显的误差）。另外，IOCAS ICM 实时预测中表现出一些特点，如与对历史上 ENSO 预测结果所反映出来的特性一致（即 IOCAS ICM 对海表温度异常预测值倾向于所有动力模式预测结果的集合平均值），对 2015 年厄尔尼诺事件预测中所得到的海表温度年际异常的振幅接近于所有动力模式预测结果的平均值（表 4.1）。此外，IOCAS ICM 对 2015 年厄尔尼诺事件预测的强度没有像 1982-1983 年和 1997-1998 年的厄尔尼诺事件那么强。

为了更详细地说明海表温度异常时空演变的特征，图 4.34 给出了 IOCAS ICM 从 2015 年 7 月的初始条件开始预测 12 个月所得到的海表温度、纬向风应力和海面高度异常沿赤道的纬圈–时间分布；相关的水平分布如图 4.35 所示，其中给出了 2015 年厄尔尼诺事件中海表温度异常在不同阶段的空间分布：厄尔尼诺事件于 2015 年 7 月发展加强，在 2015 年年末到达顶峰，至 2016 年春季演变为近乎中性的状态，并在 2016 年春季海表温度转为负异常态。如观测资料所显示的（图 4.29 和图 4.30），海洋上层热含量正异常于 2014 年在西太平洋堆积，并于 2015 年年初沿赤道向东传播，于 2015 年春季到达东部海盆区域，对赤道中东太平洋次表层温度产生增高效应，并显著地增强了那里的海表温度正异常；显

表 4.1　不同海气耦合动力模式（包括 IOCAS ICM）预测得到的 2015~2016 年 Niño3.4 区海表温度异常值

模式（动力模式）	10~12 月	11~1 月	12~2 月	1~3 月	2~4 月	3~5 月	4~6 月	5~7 月	6~8 月
NCEP CFS version 2	2.3	2.2	1.9	1.6	1.3	0.9	0.6	0.2	—
NASA GMAO model	2.8	2.9	2.9	2.8	2.4	1.9	1.2	—	—
Japan Met. Agency model	2.7	2.6	2.2	1.7	1.4	—	—	—	—
Scripps Inst. HCM	2.5	2.5	2.4	2.1	1.7	1.1	0.5	−0.1	−0.7
Lamont-Doherty model	2.6	2.6	2.6	2.5	2.5	2.2	1.9	1.6	1.4
POAMA（Austr.）model	2.7	2.7	2.5	2.1	1.8	1.4	1.2		
ECMWF model	2.6	2.7	2.5	2	1.4				
UKMO model	2.8	3	2.9	2.7	—				
KMA（Korea）SNU model	1.8	1.7	1.5	1.4	1.3	1.1	0.9	0.6	0.4
IOCAS（China）Intermed. Coupled model	2.6	2.6	2.4	2.1	1.6	1.2	0.8	0.5	0.2
COLA CCSM3 model	2.1	2.1	2.1	1.8	1.1	0.3	−0.4	−0.9	−1.1
ME'TEO FRANCE model	2.5	2.3	1.9	1.5	1.2	—			
Japan Frontier Coupled model	2.8	2.7	2.5	2.4	2.2	2	1.5	1	0.5
CSIR-IRI 3-model MME	2.1	2.2	1.9	1.6	1.1	0.7			
GFDL CM2.1 Coupled Climate model	2.9	2.9	2.7	2.3	1.8	1.2	0.5	−0.2	−0.9
Canadian Coupled Fest Sys	2.7	2.7	2.6	2.3	1.9	1.4	0.8	0.2	−0.3
GFDL CM2.5 FLOR Coupled model	2.6	2.5	2.3	2	1.7	1.2	0.6	−0.3	−1.1
Average, dynamical models	2.5	2.5	2.3	2.1	1.6	1.3	0.8	0.3	−0.2

注：每个值表示从 2015 年 10 月起预测的 3 个月滑动平均的结果（如 10~12 表示 10 月、11 月、12 月的平均），所有模式预测结果的平均值见表的最后一行，此表直接取自 IRI 网站（https://iri.columbia.edu/our-expertise/climate/forecasts/enso/2015-October-quick-look/）

著的海表温度异常于 2015 年春末出现在赤道东太平洋，并在其西侧伴有西风异常；随后，海表温度和表层风场异常通过耦合进一步增大，导致 2015 年春末海表温度正异常的快速增大，这表明热带太平洋海气系统已准备就绪，将发展为一次暖事件。实时预测显示，一个显著的海表温度正异常于 2015 年夏季在赤道中东太平洋出现，表明厄尔尼诺事件已经形成；这一海表温度异常进一步加强，于 2015 年年末达到成熟阶段。2015 年厄尔尼诺事件形成后，一些相关的负反馈过程开始发挥作用。例如，海洋上层热含量负异常在热带西太平洋出现并沿赤道向东传播，于 2016 年年初到达东部海盆，致使那里的海表温度变低。实时预测表明，海表温度会在 2016 年春季演变为正常态，并会在 2016 年年中或年末转变为负异常状态（相应观测结果如图 4.29 所示）。

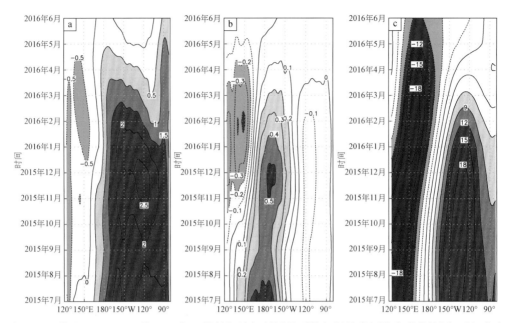

图 4.34　利用 IOCAS ICM 从 2015 年 7 月的初始场预测得到的年际异常场沿赤道的纬圈–时间分布
a. 海表温度异常；b. 纬向风应力异常；c. 海面高度异常
a 中等值线间隔为 0.5℃；b 中等值线间隔为 0.1dyn/cm²；c 中等值线间隔为 3cm

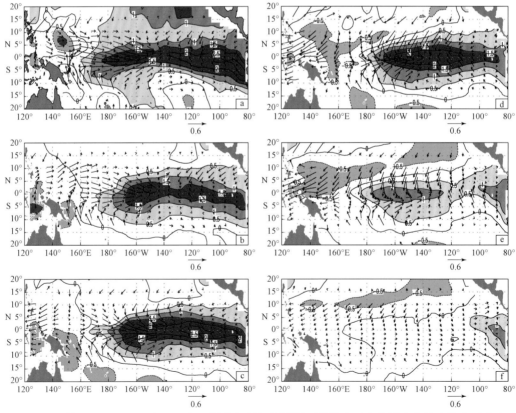

图 4.35　利用 IOCAS ICM 从 2015 年 7 月的初始场预测得到的海表温度和风应力异常的水平分布
a. 2015 年 7 月；b. 2015 年 9 月；c. 2015 年 11 月；d. 2016 年 1 月；e. 2016 年 3 月；f. 2016 年 5 月
海表温度异常的等值线间隔为 0.5℃；风应力异常为矢量，单位为 dyn/cm²

4.3.4　小结与讨论

　　热带太平洋在 2014 年持续的正异常态后，于 2015 年产生一次强厄尔尼诺事件。这次事件可追踪到 2015 年年初的海洋–大气异常状态，随后海表温度正异常在春末至夏季迅速发展，并于 2015 年年末达到成熟阶段。这里对不同模式的实时预测的性能进行了检验。总体而言，目前先进的海气耦合模式可以预测出与 2015 年厄尔尼诺事件相关的变暖趋势及其在 2016 年年初的消亡过程，但是对海表温度发展演变的实时预测仍存在很大的偏差。例如，在 2014 年年初，有些模式错误地预测 2014 年年底会有超强厄尔尼诺事件的发生，而实际上只观测到较弱的海表温度正异常；对于 2015 年的厄尔尼诺事件，许多模式从 2015 年年初的初始场进行预测时，都未能很好地再现 2015 年春季厄尔尼诺事件的起源以及夏季的快速变暖。大多数耦合模式的预测都低估了 2015 年夏秋季节变暖的强度；2015 年厄尔尼诺事件于年末达到成熟期，其后模式预测海表温度会在 2016 年春季快速转变成正常态并在随后出现负异常态。

　　IOCAS ICM 很好地再现了 2014～2016 年海表温度升高和降低的趋势，对海表温度振幅的预测趋近于所有动力模式的集合平均值。此外，IOCAS ICM 对 2015 年厄尔尼诺事件的预测为强厄尔尼诺事件，但是其强度并没有超过 1982-1983 年和 1997-1998 年的厄尔尼诺事件。然而，与其他模式一样，IOCAS ICM 的实时预测仍存在很多具有挑战性的问题。例如，模式从 2015 年年初的初始条件开始对 2015 年厄尔尼诺事件起源和快速发展期的预测存在困难；此外，对 2015 年春夏海表温度的快速升高的预测仍存在偏差。

　　从这些模式预测结果可以发现，预测技巧对模式和季节有着强烈的依赖性，对海表温度变高和变低的强度预测存在很大的不确定性，如不同模式对 ENSO 振幅的实时预测差异很大。因此亟须减小 ENSO 实时预测的不确定性和差异性，并有效提高 ENSO 的实时预测水平；同时，应进一步分析和认清导致厄尔尼诺事件出现与否的过程以及影响海气耦合强度的因素等。

　　在 ENSO 循环过程中，热带太平洋所存在的强迫和反馈过程都可对赤道太平洋海表温度的演变产生影响。例如，其中一个重要因素是热带太平洋上层海洋热含量的大尺度结构，这为年际异常演变提供了确定性的低频记忆信号。正如温跃层反馈过程所反映的，大气与海洋间大尺度相互作用及耦合过程对厄尔尼诺事件的发生、发展起到重要作用。例如，海洋中赤道波动过程对赤道东太平洋海表温度产生遥影响和局地影响，为 ENSO 循环提供正/负反馈机制。此外，表层风场对海洋的强迫作用非常重要，它包含确定性的信号部分和随机部分：前者表现为对海表温度异常的确定性响应，是可预测的部分；后者是与天气扰动等相关的随机部分，与大尺度海表温度异常强迫信号没有直接关联，从而是不可以预测的部分（例如，其中一种形式是在热带西太平洋中经常观测到的西风爆发事件）。如 Lian 等（2014）研究所证实的，西风爆发对海表温度的发展起到显著的调节作用，这或许是造成厄尔尼诺事件不规则性的原因之一（Chen et al.，2015）。进一步，西风爆发与大尺度海气耦合过程间存在明显的相互作用，可对 2015 年春季海表温度正异常的快速发展产生影响（如观测表明 2015 年年初热带西太平洋海表温度的发展受到西风爆发的调节作用）。此外，ENSO 发展具有一定的随机性，这明显与随机风场强迫有关。因此，利用耦合模式对厄尔尼诺事件进行预测时，必须充分考虑随机风场强迫对 ENSO 预测不确定性的影响。

4.4 2020～2021 年的实时预测

美国哥伦比亚大学国际气候研究所（IRI）集成了二十多个模式关于 ENSO 实时预测的结果（其中包括 IOCAS ICM 在内的约 17 个动力模式和 7 个统计模式），并定期开展对 ENSO 实时预测的评估和集成分析。图 4.36 给出了不同模式从 2020 年 7 月的初始条件预测得到的 2020～2021 年 Niño3.4 区海表温度异常的时间序列，由图可见，各个模式对 ENSO 预测存在很大的差异，包括海表温度振幅和正负位相间的转换，特别是随着预测时效的延长，模式间的差异逐步加大。大部分模式的预测结果表明，2020 年秋季和 2021 年年初热带太平洋海表温度会处于一个负异常态，但是不同模式对变冷强度的预测存在很大的差异。

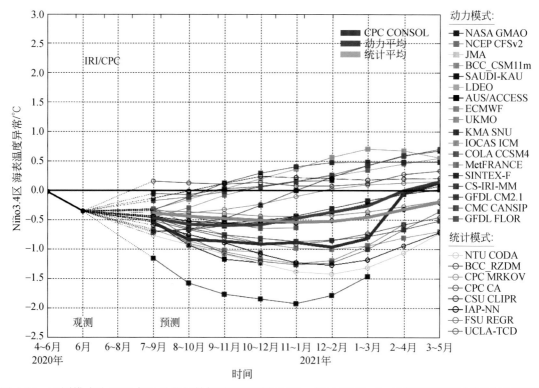

图 4.36　不同模式从 2020 年 7 月的初始场预测得到的 2020～2021 年 Niño3.4 区海表温度异常的时间序列

每条彩线表示不同模式（包括 IOCAS ICM）预测 3 个月滑动平均的结果，此图直接取自 IRI 网站

(http://iri.columbia.edu/our-expertise/climate/forecasts/enso/2020-July-quick-look)

4.5　总结与讨论

IOCAS ICM 为 ENSO 过程分析和实时预测提供了模式工具和模拟平台，这是首个以我国国内机构命名的海气耦合模式为国际学术界提供 ENSO 实时预测结果。该模式性能优良，是少数几个能准确预测出 2010-2012 年拉尼娜事件二次变冷过程的模式之一（在第 3 章中用该模式阐明了大气风场强迫和次表层热力强迫在 2010-2012 年拉尼娜事件的二次变冷现象中起同等重要的作用，为改进 ENSO 预测提供理论依据）；也能较为准确地预测出 2014-2016 年厄尔尼诺事件的发展演变过程（在第 3 章中用该模式揭示了 2015 年厄尔尼诺事件二次变暖过程的物理机制）。IOCAS ICM 和其他海气耦合模式的最新预测结果（以 2020 年 7 月为初始条件）表明，2020 年下半年热带太平洋海表温度会处于一个负异常态；从 Niño3.4 区海表温度异常指数来看，将在 2020 年年末发生一次拉尼娜事件。但是，各个模式间预测结果存在很大的差异性。

由于 ENSO 过程复杂多变，受到多种因素的影响，因此，关于进一步提高 IOCAS ICM 预测技巧的有关工作目前正在努力进行中。例如，将进一步扩充 IOCAS ICM 的区域至包括印度洋和大西洋在内的整个热带海区，综合考虑印度洋海气过程对 ENSO 事件的影响；将盐度效应和海气界面淡水通量强迫作用引入到 IOCAS ICM 中，以表征其对 ENSO 动力过程和预测的重要影响等。此外，目前模式的版本只考虑了大气对海表温度响应的确定性的风场强迫部分，还未考虑随机风场部分的影响（如西风爆发事件等），这导致 IOCAS ICM 对 ENSO 事件的模拟非常有规则。由于 ENSO 事件受到随机风场的作用，西风爆发等的影响需要在 IOCAS ICM 的模拟和预测中加以考虑。另一个与预测相关的问题是模式的初始化问题，当 IOCAS ICM 进行实时预测时，模式只采用了一个简单的初始化过程（即仅利用观测的海表温度异常来进行初始化），次表层的观测并未考虑。由于次表层热力状态对海表温度的发展演变至关重要，初始化时应考虑将具有可靠数理基础的资料同化方法引入到 IOCAS ICM 中，特别是在实时预测时需利用观测数据为模式提供最优的初始场，从而改进模式对 ENSO 的模拟和预测效果。

近年来，基于 IOCAS ICM 模式进一步深化了对 ENSO 理论和过程的认知，为模式改进提供了理论依据，又扩展了模式的应用，如已将四维变分资料同化方法及条件非线性最优扰动方法等引入到 IOCAS ICM 中，开展了 ENSO 可预报性及预测改进的研究，这些将在后面的章节中详细介绍。

参 考 文 献

Barnett T P, Latif M, Graham N, et al., 1993. ENSO and ENSO-related predictability. Part I: Prediction of equatorial Pacific sea surface temperature with a hybrid coupled ocean-atmosphere model [J]. Journal of Climate, 6 (8): 1545-1566.

Barnston A G, Tippett M K, L'Heureux M L, et al., 2012. Skill of real-time seasonal ENSO model predictions during 2002-11: Is our capability increasing? [J]. Bulletin of The American Meteorological Society, 93 (5): 631-651.

Cane M A, Zebiak S E, Dolan S C, 1986. Experimental forecasts of El Niño [J]. Nature, 321 (6073): 827-832.

Chen D, Cane C M, Zebiak S E, et al., 2000. Bias correction of an ocean-atmosphere coupled model [J]. Geophysical Research Letters, 27 (16): 2585-2588.

Chen D K, Lian T, Fu C B, 2015. Strong influence of westerly wind bursts on El Niño diversity [J]. Nature Geoscience, 8 (5): 339-345.

Chen D, Zebiak S E, Busalacchi A J, et al., 1995. An improved procedure for El Niño forecasting: Implications for predictability [J]. Science, 269 (5231): 1699-1702.

Chen D K, Zebiak S E, Cane M A, et al., 1997. Initialization and predictability of a coupled ENSO forecast model [J]. Monthly Weather Review, 125 (5): 773-788.

Hu Z Z, Kumar A, Xue Y, et al., 2014. Why were some La Niña as followed by another La Niña? [J]. Climate Dynamics, 42 (3-4): 1029-1042.

Ji M, Leetmaa A, Kousky V E, 1996. Coupled model predictions of ENSO during the 1980s and the 1990s at the National Centers for Environmental Prediction [J]. Journal of Climate, 9 (12): 3105-3120.

Jin E K, Kinter J L, Wang B, et al., 2008. Current status of ENSO prediction skill in coupled ocean-atmosphere models [J]. Climate Dynamics, 31 (6): 647-664.

Kalnay E, Kanamitsu M, Kistler R, et al., 1996. The NCEP/NCAR 40-year reanalysis project [J]. Bulletin of The American Meteorological Society, 77 (3): 437-471.

Kirtman B P, Fan Y, Schneider E K, 2002. The COLA global coupled and anomaly coupled ocean-atmosphere GCM [J]. Journal of Climate, 15 (17): 2301-2320.

Latif M, Anderson D, Barnett T, et al., 1998. A review of the predictability and prediction of ENSO [J]. Journal of Geophysical Research: Oceans, 103 (C7): 14375-14393.

Lian T, Chen D K, Tang Y M, Wu Q Y, 2014. Effects of westerly wind bursts on El Niño: A new perspective. Geophysical Research Letters, 41 (10): 3522-3527.

Luo J J, Masson S, Behera S K, et al., 2008. Extended ENSO predictions using a fully coupled ocean-atmosphere model [J]. Journal of Climate, 21 (1): 84-93.

McCreary J P, 1981. A linear stratified ocean model of the equatorial undercurrent [J]. Philosophical Transactions of Royal Society: Mathematical Physical and Engineering Sciences, 298 (1444): 603-635.

Reynolds R W, Rayner N A, Smith T M, et al., 2002. An improved in-situ and satellite SST analysis for climate [J]. Journal of Climate, 15 (13): 1609-1625.

Schneider E K, DeWitt D G, Rosati A, et al., 2003. Retrospective ENSO forecasts: Sensitivity to atmospheric model and ocean resolution [J]. Monthly Weather Review, 131 (12): 3038-3060.

Stockdale T N, Anderson D L T, Alves J O S, et al., 1998. Global seasonal rainfall forecasts using a coupled ocean-atmosphere model [J]. Nature, 392 (6674): 370-373.

Tang Y M, Zhang R H, Liu T, et al., 2018. Progress in ENSO prediction and predictability study [J]. National Science Review, 5 (6): 826-839.

Zebiak S E, Cane M A, 1987. A model El Niño-Southern Oscillation [J]. Monthly Weather Review, 115 (10): 2262-2278.

Zhang R H, Gao C, 2016. The IOCAS intermediate coupled model (IOCAS ICM) and its real-time predictions of the 2015-16 El Niño event [J]. Science Bulletin, 61 (13): 1061-1070.

Zhang R H, Kleeman R, Zebiak S E, et al., 2005a. An empirical parameterization of subsurface entrainment temperature for improved SST simulations in an intermediate ocean model [J]. Journal of Climate, 18 (2): 350-371.

Zhang R H, Levitus S, 1997. Interannual variability of the coupled tropical Pacific ocean-atmosphere system associated with the El Niño-Southern Oscillation. Journal of Climate, 10 (6): 1312-1330.

Zhang R H, Zebiak S E, Kleeman R, et al., 2003. A new intermediate coupled model for El Niño simulation and prediction [J]. Geophysical Research Letters, 30 (19): 2012.

Zhang R H, Zebiak S E, Kleeman R, et al., 2005b. Retrospective El Niño forecast using an improved intermediate coupled model [J]. Monthly Weather Review, 133 (9): 2777-2802.

Zhang R H, Zheng F, Zhu J, et al., 2013. A successful real-time forecast of the 2010-11 La Niña event [J]. Scientific Reports, 3 (1108): 1-7.

Zheng F, Zhu J, 2016. Improved ensemble-mean forecasting of ENSO events by a zero-mean stochastic error model of an intermediate coupled model [J]. Climate Dynamics, 47 (12): 3901-3915.

Zhu J S, Huang B H, Marx L, et al., 2012. Ensemble ENSO hindcasts initialized from multiple ocean analyses [J]. Geophysical Research Letters, 39 (L09602): 1-7.

第5章 基于 IOCAS ICM 的四维变分资料同化系统及其初步应用

IOCAS ICM 对 ENSO 的数值模拟性能良好，为进一步提高该模式对 ENSO 的实时预测水平，一方面应加深对 ENSO 动力学过程的理解和表征，另一方面还应寻找有效的技术手段，例如利用资料同化方法改进模式的初始化过程和模式参数，因此我们将四维变分资料同化方法（four dimensional variational data assimilation，4D-Var）引入到 IOCAS ICM 中，建立了一个基于 IOCAS ICM 的四维变分资料同化预测系统。进而可通过优化初始场和模式参数，提高模式对 ENSO 模拟和预测的准确性以及观测资料与模式动力过程间的协调性。本章将重点介绍基于 IOCAS ICM 的四维变分资料同化系统及其初步应用。

5.1 四维变分资料同化方法及其伴随模式

为了把四维变分资料同化方法应用到 IOCAS ICM 中，我们开发了与 IOCAS ICM 相应的切线性模式和伴随模式，并设计了最优化方案，此外，对伴随模式和最优化方案的精确性进行了严格的检验，并通过一系列敏感性试验，完成了对该模式和四维变分资料同化方法而言最佳的同化参数的设置、组合等调试工作，最终成功地建立了一个基于 IOCAS ICM 的四维变分资料同化预测系统（高川，2016）。

5.1.1 引言

当前数值模式的发展已日益完善，能够相对真实地模拟出一些要素场的实际时空演变；同时，目前各类观测资料也能够提供一些要素场的基本时空特征。基于这些考虑，如何充分合理地利用多源的观测资料为模式提供准确的初始场，以提高模式的模拟和预测水平变得非常关键。资料同化是改进数值模拟和预测的有效方法，它通过将具有不同时空分布的观测数据与数值模式相结合，为数值预报提供最优初始场和模式参数，其目的就是利用所有可用的观测信息，尽可能准确地给出海洋和大气状态的估计和模式参数的估算。

作为资料同化方法的一个重要分支，变分同化方法是将求解初始场问题转化为以模式动力约束为条件的目标函数（cost function）极小化的问题，它利用最优控制原理，通过调整控制变量，使得在给定的时间窗口中由控制变量得到的模式预报结果与实际观测资料之间的偏差达到最小。变分同化方法的目的是使产生的分析场与观测间的某种距离最小化，同时分析场也必须满足一定的动力约束，这些约束可以是一个或多个数值预报方程组。变分同化方法可分为三维变分同化方法（three dimensional variational data assimilation，3D-Var）和四维变分同化方法。其中，三维变分同化方法是在某一时刻进行分析，模式上一步同化得到的结果可以作为本次同化的初猜值，但是不能用后一步的观测资料来修正本次同化的结果，这就造成同化结果在时间上的不连续性；同时，还有一个相关关键问题是如何选定背景误差协方差矩阵。当然，三维变分同化方法也有很多优点，如可避免同化的分析场不一定是全局最优的，又如对于观测算子来说可以是非线性的，并且可以在目标函数中添加一些弱约束项等。后来，Thompson（1969）等强调在进行资料同化时，必须还要保证在一定的观测时间段上的观测资料与动力方程间的协调性，于是形成了四维变分资料同化方法的基本思想。四维变分资料同化方法是在三维变分资料同化方法的基础上增加了时间维数（即考虑了一定时间长度上观测资料分布的影响）：在一定的时间窗口内进行资料同化以获得最优的初始分析场。四维变分资料同化方法作为一种先进的同化方法，具有夯实的数理基础支撑，是将求解初始场问题转化为以求解模式动力约束为条件的目标函数极小化问题：利用最优控制原理，通过调整控制变量，使得在给定的同化时间窗口中由控制变量得到的模式模拟结果与实际观测资料之间的偏差达到最小（Zhang et al.，2001）。因此，四维变分资料同化方法具有能够提供数学上以及与模式动力间更为协调一致的初始分析场的优点，被广泛引入到气象和海洋学的各个研究领域中，并应用于国内外各个业务化预报系统中（Dommenget and Stammer，2004）。

一个完整的资料同化系统包括观测资料、模式以及资料同化方案等，即一个有效的资料同化系统不仅要包括高质量的资料和一个有效的同化方案，还要通过一个合理的方式将二者有效地结合起来，最终为预测提供协调一致的初始分析场，得到更为真实的预测结果。

如前几章所述，IOCAS ICM 对 ENSO 的模拟和预测具有良好的性能，目前已用于实时预测并每月为国际学术界提供 ENSO 实时预测结果。尽管如此，模式对 ENSO 的预测仍存在一定的不确定性，与实际观测间仍存在较大的偏差。造成这些现状的因素有很多，如模式预测时所用的初始场和模式参数等误差都会引起预测结果的偏差；同时，不同模式的预测结果间存在较大的差异；此外，高时空分辨率的海洋观测资料十分匮乏，从而导致预测所需的初始条件存在较大的不确定性，进而造成 ENSO 预测的误差。所以，目前对 ENSO 进行准确的实时预测仍有较大困难，需寻求改进其预测精度的有效方法。前面章节已经提到，IOCAS ICM 对 ENSO 事件的模拟以及实时预测都很成功，但是目前对实时预测的初始化并没有应用具有坚实理论基础的资料同化方法（如四维变分资料同化方法等）。为此，应发展一个与 IOCAS ICM 相应的伴随模式，用以构建基于 IOCAS ICM 的四维变分资料同化预测系统，这样可为模式提供与模式动力过程更为相融的初始海洋状态，进一步改善对 ENSO 的模拟和预测。

5.1.2　四维变分资料同化方法

四维变分资料同化方法考虑在一定的时间区间（同化时间窗口）上的观测资料的分布，通过在同化时间窗口中最小化模拟状态轨迹与观测资料间的距离来获得最优初始场。

因受到模式动力方程的严格约束，由分析得到的初始场必须满足模式的动力方程（Courtier and Talagrand，1990；Courtier et al.，1994；Klinker et al.，2000）。也就是说，四维变分资料同化方法寻求的最优初始分析场需在同化时间窗口下使得模拟变量与观测间达到最优拟合。具体地，首先要定义一个反映模式模拟与实际观测间距离的目标函数，然后以模式的控制方程组为约束条件，用最优控制方法反演模式的初值，使得由此初值得到的模式解满足目标函数的最小值。实施四维变分资料同化方法的关键是计算目标函数关于控制变量（初值或参数）的梯度，它可由模式的伴随方程反向积分所得。现具体介绍如下（Kalnay，2003）。

假设 ICM 的控制方程为

$$\begin{cases} \dfrac{\partial \boldsymbol{X}}{\partial t} = \boldsymbol{F}(\boldsymbol{X}) \\ \boldsymbol{X}\big|_{t_0} = \boldsymbol{X}_0 \end{cases} \tag{5.1}$$

其中，t 代表时间，t_0 为初始时刻；$\boldsymbol{X}$ 代表控制变量（为一个向量，包括 ICM 中的海表温度、海面高度和海洋的水平流速等变量场）；$\boldsymbol{X}_0$ 是 $\boldsymbol{X}$ 的初始值；$\boldsymbol{F}$ 代表非线性算子。这样方程（5.1）在 t 时刻的解只依赖于初始条件，可以写成：

$$\boldsymbol{X}(t) = \boldsymbol{S}\big[\boldsymbol{X}(t_0)\big] \tag{5.2}$$

其中，$\boldsymbol{S}$ 是模式从初始 t_0 时刻到 t 时刻的向前时间积分的非线性算子。四维变分资料同化方法就是寻找最优的 $\boldsymbol{X}_0^*$，使得目标函数最小，即

$$\boldsymbol{J}(\boldsymbol{X}_0^*) = \min \boldsymbol{J}(\boldsymbol{X}_0) = \min \int_0^T <\boldsymbol{X}(t)-\boldsymbol{Y}_o,\ \boldsymbol{X}(t)-\boldsymbol{Y}_o> \mathrm{d}t \tag{5.3}$$

其中，$\boldsymbol{Y}_o$ 为 $[0,T]$ 上的观测，T 为同化窗口的长度，$<\cdot,\ \cdot>$ 为相空间的内积。

为此，$\boldsymbol{J}$ 应满足如下条件：

$$\frac{\partial \boldsymbol{J}}{\partial \boldsymbol{X}_0}\Big|_{x_0^*} = 0 \tag{5.4}$$

如果观测 $\boldsymbol{Y}_o$ 无误差，并且模式也无误差，则：

$$\boldsymbol{J}(\boldsymbol{X}_0^*) = 0 \tag{5.5}$$

可利用下降算法（如共轭梯度法等）来求解：

$$\frac{\partial \boldsymbol{J}}{\partial \boldsymbol{X}_0}\Big|_{X_0=X} = 0 \tag{5.6}$$

因此，我们需要知道 $\dfrac{\partial \boldsymbol{J}}{\partial \boldsymbol{X}_0}$ 在任意一个 $\boldsymbol{X}$ 处的值，这由下式给出：

$$\frac{\partial \boldsymbol{J}}{\partial \boldsymbol{X}_0}\Big|_{X_0=X} = \delta \boldsymbol{X}^*(0) \tag{5.7}$$

这里 $\delta \boldsymbol{X}^*$ 满足：

$$\begin{cases} \dfrac{\partial \delta \boldsymbol{X}^*}{\partial t} = -\nabla_x \boldsymbol{F}\big[\boldsymbol{X}(t)\big]^{\mathrm{T}} \delta \boldsymbol{X}^* \\ \delta \boldsymbol{X}^*\big|_{t=T} = 0 \end{cases} \tag{5.8}$$

方程（5.8）称为方程（5.1）的伴随方程。

由此，方程（5.3）也可以改写为

$$\frac{\partial J}{\partial X_0}\bigg|_{X_0 = X} = 2\int_0^T \boldsymbol{M}(t)\left[\boldsymbol{X}(t) - \boldsymbol{Y}_o\right]\mathrm{d}t \tag{5.9}$$

其中，$\boldsymbol{M}(t) = \nabla_x \boldsymbol{F}\left[\boldsymbol{X}(t)\right]$ 为（5.8）的线性算子。

对于 ICM 而言，我们设定目标函数时，除了考虑同化时间窗口中的观测误差项外，还需考虑初始时刻的背景误差项，以便在求得与观测更加接近的模式解时，同时还受到模式的原始背景场的约束。这样，目标函数可以表示为

$$J(\boldsymbol{X}_0) = \frac{1}{2}\left[\boldsymbol{X}(t_0) - \boldsymbol{X}_{\mathrm{b}}\right]^{\mathrm{T}}\boldsymbol{B}^{-1}\left[\boldsymbol{X}(t_0) - \boldsymbol{X}_{\mathrm{b}}\right]$$
$$+ \frac{1}{2}\sum_{i=1}^{N}\left\{\boldsymbol{H}\left[\boldsymbol{X}(t_i)\right] - \boldsymbol{Y}_o(t_i)\right\}^{\mathrm{T}}\boldsymbol{R}^{-1}\left\{\boldsymbol{H}\left[\boldsymbol{X}(t_i)\right] - \boldsymbol{Y}_o(t_i)\right\}$$
$$\tag{5.10}$$

其中，下标"b"表示背景场，$\boldsymbol{X}_{\mathrm{b}}$ 为模式中控制变量的初始值；下标"o"表示观测场，$\boldsymbol{Y}_o$ 表示对应时间点的观测值；i 为时间点，N 表示最优化时间窗口下的积分步数；上标"T"表示矩阵的转置；$\boldsymbol{B}$、$\boldsymbol{R}$ 和 $\boldsymbol{H}$ 分别表示背景误差协方差矩阵、观测误差协方差矩阵和观测投影运算矩阵。等号右侧第一项为背景误差项，第二项为观测误差项。

四维变分资料同化方法需要通过优化算法来获得最优初始分析场。优化算法的输入包括控制变量的初猜值 $\boldsymbol{X}_0$、控制变量的维数、目标函数 $\boldsymbol{J}$ 以及与控制变量相关的目标函数的梯度 $\nabla \boldsymbol{J}$；其中目标函数关于控制变量的梯度的计算涉及用于反向积分的伴随模式。从数学上来讲，如果视伴随模式为一种运算，那么伴随模式就是切线性模式的转置，而切线性模式就是向前积分的非线性模式的线性化结果。优化算法是否能够准确地获得最优初始分析场取决于目标函数关于控制变量的梯度计算的准确性，因此，需要检验由伴随模式所计算的梯度的准确性。下面将介绍 ICM 的切线性模式和伴随模式的具体构架，并检验其准确性；另外还将对 ICM 的四维变分资料同化系统中的最优化过程进行简单介绍。

5.1.3　切线性模式

切线性模式是原始非线性模式的线性化近似，它并未直接参与到四维变分资料同化系统中，但是对伴随模式的发展及准确性的检验等非常重要。设控制变量 $\boldsymbol{X}$ 有一个小扰动 $\delta\boldsymbol{X}$，那么 ICM 的切线性模式可以表示为

$$\begin{cases} \dfrac{\partial \delta\boldsymbol{X}}{\partial t} = \dfrac{\partial \boldsymbol{F}(\boldsymbol{X})}{\partial \boldsymbol{X}}\delta\boldsymbol{X} = \boldsymbol{M}(\boldsymbol{X})\delta\boldsymbol{X} \\ \delta\boldsymbol{X}\big|_{t_0} = \delta\boldsymbol{X}_0 \end{cases} \tag{5.11}$$

其中，$\delta\boldsymbol{X}$ 是向量 $\boldsymbol{X}$ 的小扰动；$\boldsymbol{M}(\boldsymbol{X}) = \dfrac{\partial \boldsymbol{F}(\boldsymbol{X})}{\partial \boldsymbol{X}}$ 是一个雅可比（Jacobian）矩阵，是非线性算子 $\boldsymbol{F}$ 的切线性算子。采用泰勒（Taylor）展开的一阶近似，方程（5.11）的解可以表示为

$$\delta\boldsymbol{X}(t) = \boldsymbol{L}(t_0, t)\delta\boldsymbol{X}(t_0) \tag{5.12}$$

其中，$\boldsymbol{L}\,(t_0,\ t)$ 为切线性模式的传播因子（propagation），表示将小扰动 $\delta\boldsymbol{X}_0$ 从 t_0 时刻传播到 t 时刻。

在整个时间积分窗口内，假设 t_0 与 $t=t_n$ 间具有 n 个时间积分步，那么 $L(t_0, t)$ 则是每一个时间积分步的切线性模式的传播因子的乘积：

$$L(t_0, t_n) = L(t_{n-1}, t_n)L(t_{n-2}, t_{n-1})\cdots L(t_1, t_2)L(t_0, t_1) \tag{5.13}$$

根据（5.9）式推导出 $J(X_0)$ 关于 X_0 的梯度为

$$\delta J = 2 < X(t) - Y_o, \delta X(t) > = 2 < X(t) - Y_o, L(t_0, t)\delta X(t_0) > \tag{5.14}$$

以（5.10）式为例，ICM 中的目标函数的切线性模式可表示为

$$\delta J(X_0) = [X(t_0) - X_b]^T B^{-1}\delta X(t_0) + \sum_{i=1}^{N}\{H[X(t_i)] - Y_o(t_i)\}^T R^{-1}\{H[\delta X(t_i)]\} \tag{5.15}$$

为了检验所建立的 ICM 的切线性模式是否准确，根据 Taylor 公式展开

$$S(X_0 + \delta X_0) = S(X_0) + \frac{\partial S}{\partial X}\delta X_0 + O[(\delta X_0)^2] = X(t) + \delta X(t) + O[(\delta X_0)^2] \tag{5.16}$$

忽略小扰动的二次项和高阶项 $O[(\delta X_0)^2]$，对于初始的小扰动增量而言，切线性模式可以近似为两个非线性模式积分间的差值，则结合方程（5.11），公式（5.16）可以转化为

$$RV = \frac{\|F(X + \varepsilon \cdot \delta X) - F(X)\|}{\varepsilon\|M(X, \delta X)\|} = 1 + O(\varepsilon) \tag{5.17}$$

其中，$\|\cdot\|$ 为二阶范数；ε 为属于（0，1）的小扰动，从 10^{-1} 逐渐递减一个量级到 10^{-10}；$O(\varepsilon)$ 为高阶无穷小量；RV 是小扰动 ε 引起的 ICM 的变化与切线性模式计算的扰动间的比值。具体地，给定变量 X 的初始值，根据方程（5.1）向前积分模式，得到 $F(X)$；然后在给定的变量 X 的初始值上加上一个初始扰动 δX，再根据方程（5.1）向前积分模式，得到 $F(X+\delta X)$；最后给定变量 X 的初始值和初始扰动，根据方程（5.11）向前积分切线性模式，得到 $\|M(X, \delta X)\|$。以此类推，在小扰动 δX 上乘以从 10^{-1} 逐渐递减一个量级到 10^{-10} 的 ε 系数，根据 RV 值与 1 之间的比较，检验切线性模式的准确性。

表 5.1 列举了根据公式（5.17）对基于 ICM 的四维变分资料同化系统中相关的切线性模式的准确性进行检验的例子（双精度）。此时，将变量 X 表示为海表温度场，首先给定海表温度场的初始值，根据方程（5.1）向前积分模式，计算如公式（5.10）所示的目标函数，得到 $J(X_0)$；然后在海表温度场初始值 X_0 上加上一个初始扰动 δX，再根据方程（5.1）向前积分模式，计算如公式（5.10）所示的目标函数，得到 $J(X_0+\delta X)$；最后给定海表温度场的初始值和初始扰动，根据方程（5.11）向前积分切线性模式，计算如公式（5.15）所示的目标函数的梯度 $\delta J(X_0)$。以此类推，在小扰动 δX 上乘以从 10^{-1} 逐渐递减一个量级到 10^{-10} 的 ε 系数，计算 $RV = \frac{\|J(X_0 + \varepsilon \cdot \delta X) - J(X_0)\|}{\varepsilon\|\delta J(X_0)\|}$ 的值，检验切线性模式的准确性。从表中可以看到，当 ε 从 10^{-1} 逐渐递减一个量级到 10^{-5} 时，RV 的值逐渐增大并一致趋近于 1；当 ε 继续从 10^{-6} 递减一个量级到 10^{-10} 时，RV 与 1 之间的差值反而逐渐变大，这主要是由于计算机的截断误差所造成的。上述检验结果可以清楚地表明，我们所建立的 ICM 的切线性模式是正确的。

表 5.1　基于 ICM 的四维变分资料同化系统对相关的切线性模式的准确性进行检验所得的结果（双精度）

ε	RV
10^{-1}	0.996 913 131 771 027 0
10^{-2}	0.999 666 416 481 389 0
10^{-3}	0.999 969 231 707 985 0
10^{-4}	0.999 996 932 888 356 0
10^{-5}	0.999 999 602 982 723 0
10^{-6}	0.999 999 393 244 623 0
10^{-7}	1.000 024 818 638 240 0
10^{-8}	1.000 219 575 441 160 0
10^{-9}	1.000 579 126 461 980 0
10^{-10}	1.002 462 488 951 890 0

注：变量 X 表示海表温度，X_0 为海表温度的初始值，δX 是其相应的初始扰动，ε 是从 10^{-1} 逐渐递减一个量级趋于 0 的小扰动量值；RV 是小扰动 ε 引起的 ICM 的变化与切线性模式计算的扰动间的比值，理想结果应趋于 1

5.1.4　伴随模式

伴随模式是四维变分资料同化方法中计算关于高维控制变量目标函数梯度的一种有效方式。从数学上来讲，伴随模式是切线性模式的转置，其中包括时间积分、空间积分以及其他特征的反序。

5.1.4.1　伴随方程的一些相关基本理论

（1）伴随算子的定义

首先介绍两个基本定义：

①两个向量 v_1 和 v_2 的内积定义为

$$< v_1, \ v_2 > = \sum_{i=1}^{N} v_1 v_2 = v_1^{\mathrm{T}} \cdot v_2 \qquad (5.18)$$

设矢量 X，而 F 是一个可微的有界函数，则存在 F 的变分 δF，使下式成立：

$$\delta F = < \nabla_x F, \ \delta X > \qquad (5.19)$$

其中，$\nabla_x F$ 是 F 关于 X 的梯度。

②取 G 和 W 分别为两个向空间，P 是一个从空间 G 到空间 W 的连续线性算子，则存在一个从空间 W 到空间 G 的唯一的连续线性算子 P^*，使得对于任何向量 $v_1 \in W$ 和 $v_2 \in G$，满足：

$$< P v_1, \ v_2 > = < v_1, \ P^* v_2 > \qquad (5.20)$$

则称 P^* 为 P 的伴随算子。当向空间 W 和 G 都退化为有限维且可用正交坐标系来描述时，P^* 代表了 P 的矩阵的转置。

（2）伴随与梯度间的关系

假设有矢量 $Z \in G$，若存在从向空间 G 到 W 的非线性算子 $\mathcal{L}$，使 $X = \mathcal{L}(Z)$，$X \in$

W，则：

$$F(X) = F[\mathcal{L}(z)] \qquad (5.21)$$

是 **Z** 的复合函数，**F** 关于矢量 **X** 的变分由方程（5.19）给出，而 **X** 关于 **Z** 的变分则为

$$\delta X = \mathcal{L}' \delta Z \qquad (5.22)$$

这里 $\mathcal{L}'$ 是通过 $\mathcal{L}$ 的微分得到的从空间 **G** 到空间 **W** 的线性算子。把式（5.22）代入到式（5.19），并利用式（5.20）可得到：

$$\delta F = < \nabla_x F,\ \mathcal{L}' \delta Z > = < \mathcal{L}'^{\mathrm{T}} \nabla_x F,\ \delta Z > \qquad (5.23)$$

依照梯度的定义，**F** 关于 **Z** 的梯度 $\nabla_z F$：

$$\nabla_z F = \mathcal{L}'^{\mathrm{T}} \nabla_x F \qquad (5.24)$$

公式（5.24）给出了从数值上确定非线性算子 **F** 关于控制变量 **Z** 的梯度 $\nabla_z F$ 的一个有效的方法。当 **X** 是显式的，并且是 **Z** 的复杂的复合函数时，从数学上寻找 $\nabla_z F$ 的解析表达式是不可能的，因为这涉及链式求导法则的大量的反复应用。为求得离散情况下非线性算子 **F** 的梯度 $\nabla_z F$ 的估计值，以前常用的方法是依次对 **Z** 的每一个分量作扰动；对每一次扰动，显式地计算 $X = \mathcal{L}(z)$ 以及对 **F** 的扰动结果 δF。显然，如果对于模式规模非常小的问题，计算量不太大，这一方法还可以实行，但对于高维海洋大气数值模式而言，计算量将使得这一方法根本不能实行。现在从（5.24）式可以看到，当 **F** 是 **X** 的简单函数时，$\nabla_z F$ 可以很容易地从 $\nabla_x F$ 计算出来（朱江，1995；朱江等，1997）。

5.1.4.2　ICM 的伴随模式

基于上述较为抽象的分析，ICM 的伴随模式的方程可以写为

$$\begin{cases} -\dfrac{\partial (\delta X)^*}{\partial t} = \left(\dfrac{\partial F(X)}{\partial X}\right)^{\mathrm{T}} (\delta X)^* = M^{\mathrm{T}} (\delta X)^* = M^* (\delta X)^* \\ \delta X^* \big|_{t=T} = 0 \end{cases} \qquad (5.25)$$

其中，δX^* 为 δX 的伴随向量；$M^* = \left[\dfrac{\partial F(X)}{\partial X}\right]^{\mathrm{T}} = M^{\mathrm{T}}$ 为 **M** 的伴随算子；**M** 是 ICM 的切线性算子。目标函数的梯度可由伴随模式反向积分计算得到。

根据向量内积的定义和公式（5.12），对于 t 时刻的小扰动 $\delta X(t)$ 和初始时刻的小扰动 $\delta X(t_0)$ 可以建立如下联系：

$$\begin{aligned} \| \delta X(t) \| &= \{ L[\delta X(t_0)] \}^{\mathrm{T}} \{ L[\delta X(t_0)] \} \\ &= < L[\delta X(t_0)],\ L[\delta X(t_0)] > \\ &= < L^{\mathrm{T}} L[\delta X(t_0)],\ \delta X(t_0) > \end{aligned} \qquad (5.26)$$

其中，L^{T} 则为切线性模式正向积分的伴随，也即 **L** 的转置。

同样假设 t_0 与 $t = t_n$ 间具有 n 个时间步，于是根据公式（5.13）进行乘积的转置可得

$$L^{\mathrm{T}}(t_0,\ t_n) = L^{\mathrm{T}}(t_0,\ t_1) L^{\mathrm{T}}(t_1,\ t_2) \cdots L^{\mathrm{T}}(t_{n-2},\ t_{n-1}) L^{\mathrm{T}}(t_{n-1},\ t_n) \qquad (5.27)$$

即将模式的伴随分解为若干个时间积分步长，从后一个时刻（t_n）往前（t_0）进行逐步时间积分。

为了求出 $J(X_0)$ 关于 X_0 的梯度，根据（5.14）和（5.26）式，

$$\delta \boldsymbol{J} = 2 \ < \boldsymbol{L}^{\mathrm{T}}(t, \ t_0)[\boldsymbol{X}(t) - \boldsymbol{Y}_o], \ \delta \boldsymbol{X}(t_0) \ > \tag{5.28}$$

由此得到 $\boldsymbol{J}(\boldsymbol{X}_0)$ 关于 $\boldsymbol{X}_0$ 的梯度为

$$\nabla \boldsymbol{J} = 2 \int_0^{\mathrm{T}} \boldsymbol{L}^{\mathrm{T}}(t, \ t_0)[\boldsymbol{X}(t) - \boldsymbol{Y}_o]\mathrm{d}t \tag{5.29}$$

有了梯度之后，则可以计算目标函数的条件极小值，整个算法也可被称为对初值的反演。

这样，以（5.15）式为例，ICM 中的目标函数的伴随模式可表示为

$$\delta \boldsymbol{X}_0^* = [\boldsymbol{X}(t_0) - \boldsymbol{X}_b]^{\mathrm{T}} \boldsymbol{B}^{-1} \delta \boldsymbol{J}(\boldsymbol{X}_0)^* + \sum_{i=1}^{N} \{H[\boldsymbol{X}(t_i)] - \boldsymbol{Y}_o(t_i)\}^{\mathrm{T}} \boldsymbol{R}^{-1} \{H[\delta \boldsymbol{J}(\boldsymbol{X}_0)]^*\}$$

$$\tag{5.30}$$

值得注意的是，对于简单的低阶模式而言，其切线性模式及其伴随模式可以根据公式（5.13）及（5.27）的连续积分累积来构建。但是对于复杂的模式而言，这种方法变得非常繁琐耗时，因此，采用直接从非线性模式方程的程序代码出发，根据方程（5.11）及（5.25）直接建立相应的切线性模式和伴随模式的代码。针对本工作所用的 ICM 而言，我们采用的就是 coding-to-coding 的方法，即直接从非线性模式代码出发，编写 ICM 的切线性模式及其伴随模式的相关代码。

5.1.4.3 伴随模式的检验

基于切线性模式和伴随模式间的关系［公式（5.23）］，可根据如下公式对伴随模式的准确性进行检验：

$$\langle \boldsymbol{MX}_0, \ \boldsymbol{MX}_0 \rangle = \langle \boldsymbol{M}^* \boldsymbol{MX}_0, \ \boldsymbol{X}_0 \rangle \tag{5.31}$$

其中，$\langle \cdot, \ \cdot \rangle$ 表示两个向量的内积。对于方程（5.31）的左边，以 $\boldsymbol{X}_0$ 为初始条件向前积分切线性模式（5.11）获得 $\boldsymbol{MX}_0$，然后计算其自身的内积；对于方程（5.31）的右边，以 $\boldsymbol{MX}_0$ 为初始条件积分伴随模式（5.25）获得 $\boldsymbol{M}^* \boldsymbol{MX}_0$，用来计算其与初始条件 $\boldsymbol{X}_0$ 的内积。根据在给定的精度下，方程（5.31）左右两边数值大小的一致程度来检验伴随模式的正确性。

根据上述方法，进行了一系列敏感性试验来检验不同同化时间窗口下，四维变分资料同化系统中 ICM 伴随模式的准确性。表 5.2 列举了在不同同化时间窗口下（天）对相关的伴随模式的检验结果（双精度）。具体地，将变量 $\boldsymbol{X}$ 表示为海表温度，首先给定海表温度的初始值和初始扰动，根据方程（5.11）向前积分切线性模式，计算如公式（5.15）所示的目标函数的梯度，记作公式（5.31）的左边项；然后根据方程（5.25）积分伴随模式，计算如公式（5.30）所示的目标函数的梯度，记作公式（5.31）的右边项；比较二者数值的大小和一致性程度。由表可知，随着同化时间窗口宽度的改变，$\langle \boldsymbol{MX}_0, \boldsymbol{MX}_0 \rangle$ 与 $\langle \boldsymbol{M}^* \boldsymbol{MX}_0, \boldsymbol{X}_0 \rangle$ 间至少有 10 位相同的有效数字，这表明基于 ICM 所发展的伴随模式是正确的。此外，随着同化窗口的宽度逐渐变大（从 4 天到 28 天），$\langle \boldsymbol{MX}_0, \boldsymbol{MX}_0 \rangle$ 与 $\langle \boldsymbol{M}^* \boldsymbol{MX}_0, \boldsymbol{X}_0 \rangle$ 间相同的有效位数逐渐变少（从 12 到 10），这主要是因为随着同化窗口宽度的变大，非线性逐渐加强而造成的。注意，切线性模式和伴随模式在试验的设置上必须与原始的非线性模式保持高度一致，包括分辨率、时间步长、物理过程及简化的动力学框架等。

表 5.2　基于 ICM 的四维变分资料同化系统在不同同化时间（天）
窗口下对相关的伴随模式的检验结果（双精度）

时间窗口（Time window）	$<MX_0, MX_0>$	$<M^*MX_0, X_0>$
4 天	38 243.932 296 813 0	38 243.932 296 554 5
7 天	101 439.163 365 451	101 439.163 359 537
14 天	306 869.173 465 571	306 869.173 491 971
28 天	789 400.566 949 510	789 400.566 192 024

注：这里 M 表示切线性模式运算算子，M^* 表示伴随模式运算算子，X_0 表示初始场，此处为海表温度变量；切线性模式以 X_0 为初始场向前积分得到 MX_0，保存为 $<MX_0, MX_0>$；伴随模式以 MX_0 为初始场反向积分得到 M^*MX_0，保存为 $<M^*MX_0, X_0>$；$<MX_0, MX_0>$ 和 $<M^*MX_0, X_0>$ 之间的一致性程度表示四维变分资料同化系统的准确度

除了四维变分资料同化外，伴随模式还有其他几种重要的应用，如计算在一定优化周期内最快增长的向量（即主奇异向量）；伴随模式还可以用于寻找模式中的优化参数值，用以提高模式的模拟和预测效果。所有这些应用都需要定义一个二阶范数，也就是目标函数；进一步，要选择合适的控制变量并计算目标函数以确定其关于相应的控制变量的梯度（在四维变分资料同化中，控制变量可取为初始场向量，也可扩展到模式参数和边界条件等）；然后求解得到使目标函数最小的数值解。

5.1.5　最优化过程

在正确建立了 ICM 的切线性模式及其伴随模式后，四维变分资料同化方法需要利用优化算法来找到模式的最优初始分析场。为求解四维变分资料同化方法中的最小值问题，利用最优控制学中的优化技术。最优控制技术近年来发展十分迅速，我们这里采用的是应用广泛的准牛顿（quasi-Newton）方法——Limited-memory BFGS 方法（Zou et al., 1993），它是在 Broyden-Fletcher-Goldfarb-Shanno（BFGS；以算法的四位发明者名字的第一个字母缩写命名）算法基础上，应用有限的计算机存储记忆（用向量代替矩阵存储并不断更新）来近似海森矩阵（Hessian matrix），该算法具有较完善的局部和全局收敛性理论。详情请参考 Liu 和 Nocedal（1989）。

具体流程如下（图 5.1）：首先，以 X_0 为初始场，根据方程（5.1）正向积分 ICM，计算由公式（5.10）获得的目标函数 J；然后，根据方程（5.25）利用伴随模式反向积分，计算由公式（5.30）所示的目标函数 J 关于初始场 X_0 的梯度 ∇J；最后，应用 L-BFGS 算法最小化目标函数以获得最优初始分析场。若满足精度要求，则迭代结束，得到最优初始场 X_0（optimal）；若未能满足精度要求，则获得新的初始场再次进行迭代过程，直至获得最优初始分析场为止。L-BFGS 算法需要四个输入变量：控制变量的初猜值 X_0、控制变量的维数、目标函数 J 和目标函数关于 X_0 的梯度 ∇J。

这里给出了一个给定 X_0 变量为海表温度，根据上述流程来计算目标函数 J 关于迭代次数收敛的一个例子（图 5.2）。从图中可以看到，在四次迭代后，目标函数快速下降达到稳态值，这表明基于 ICM 的四维变分资料同化方法中的迭代过程是收敛的。因此，为了

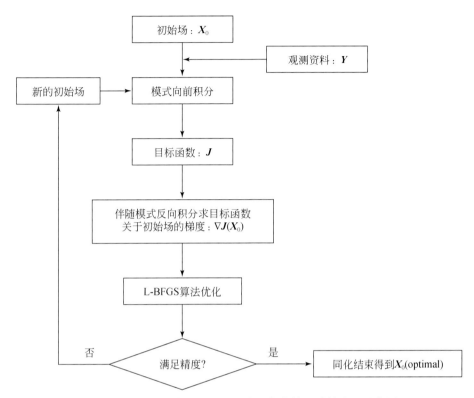

图 5.1 四维变分资料同化方法中最优化算法计算流程示意图

节省计算量，在保证迭代收敛的基础上，在以后的试验中将最大迭代次数设为 20，足以满足目标函数收敛的条件。至此，我们已成功建立了基于 IOCAS ICM 的四维变分资料同化系统。

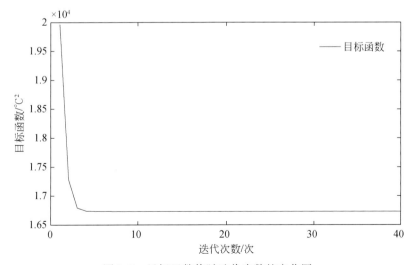

图 5.2 目标函数值随迭代次数的变化图

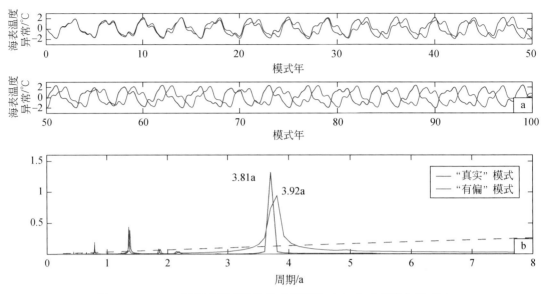

图 5.3　Niño3.4 区海表温度异常的时间序列（a）和功率谱分析（b）

a 中"真实"模式（蓝色）和"有偏"模式（红色）从相同的初始场进行 100 年模拟所得；b 中"真实"模式
（蓝色）和"有偏"模式（红色）从相同的初始场进行 200 年模拟所得，点线表示 95% 置信区间

5.2.1.2　同化试验设计

我们设计了两个试验来对四维变分资料同化方法进行评估：试验 1 为控制试验，用"真实"模式产生"观测"场；试验 2 为四维变分同化试验，利用"有偏"模式（对上一小节所述的三个模式参数进行调整）通过同化"观测"的海表温度异常场来获得最优初始分析场。模拟试验长度为 20 年，即从模式的 2080 年 1 月 1 日（表示模式时间）到 2099 年 12 月 30 日。

图 5.4 给出孪生试验情景下基于四维变分资料同化方法所进行的同化过程框架示意图。从模式的 2000 年 1 月 1 日的初始条件（初始场 0）起，将"真实"模式和"有偏"模式各自积分 80 年，可以明显地发现两个模拟彼此分离（图 5.3a）；其次将"真实"模式从 2080 年 1 月 1 日的初始条件（初始场 1；假定为"真实"的初始分析场）起，继续积分 20 年产生"观测"场；然后将同化模式（即"有偏"模式）从 2080 年 1 月 1 日的初始条件（初始场 2；假定为"有偏"的初始分析场）起，通过四维变分资料同化方法同化"观测"场并继续向前积分，获得模式对 ENSO 的最优状态估计以及预测的最优初始分析场，然后进行预测。

评价同化效果的一个关键指标是先验的均方根误差（root mean square error，RMSE），其定义为

$$\text{RMSE} = \sqrt{\frac{1}{G}\sum_{i=1}^{G}(\boldsymbol{X}_i - \boldsymbol{X}_{\text{truth }i})^2} \qquad (5.32)$$

其中，$\boldsymbol{X}$ 为控制向量；$\boldsymbol{X}_{\text{truth}}$ 为试验 1 的"真实"模式模拟获得的相关变量的"真值"；i 为

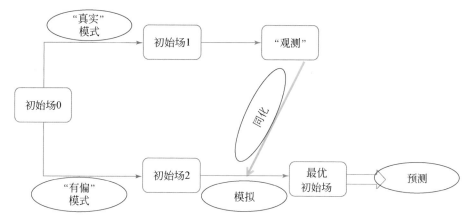

图 5.4　孪生试验情景下基于四维变分资料同化方法所进行的同化过程框架示意图

"真实"模式和"有偏"模式从相同的初始场（初始场 0）进行模拟，后者会偏离前者；然后，"真实"模式从初始
场 1 的初始条件积分 20 年取样作为"观测"，通过四维变分资料同化方法将得到的"观测"同化到"有偏"模
式中以优化模式对 ENSO 的状态估计，所获得的最优初始分析场用于 ENSO 预测

模式格点；G 为模式格点的总数。当均方根误差下降到稳态（近似保持在一个稳定数值状态），则认为同化方法可获得收敛解。本章试验中所设计的同化周期定为 20 年，结果表明在大约 2 年的自由积分后，进行同化时的模拟达到基本稳定态。

5.2.2　同化系统设置的敏感性试验

在上述基于 IOCAS ICM 的四维变分资料同化系统中，涉及几个有关"时间"方面的选择。例如，观测间隔——用多长时间抽样的观测数据来进行同化；分析间隔——多长时间进行一次同化；同化时间窗口——每次进行同化时用多长时间的观测资料；同化周期——进行多长时间的同化来做模拟和预报的分析；对这些的选取都需要一一进行分析，以获得最优同化效果和效率。对于观测间隔，前面已经介绍 ICM 的时间步长为 4800s，因此，我们选取每天的海表温度异常资料作为观测场进行同化；对于同化周期，根据上一小节的分析，将同化周期设置为 20 年，足以达到四维变分资料同化方法的同化收敛效果并提供足够的统计数据用来分析同化方法对 ENSO 状态估计和对预报水平的改善情况；而对分析间隔以及同化窗口的宽度，在本节将进行敏感性试验分析。此外，同化方法中背景误差协方差矩阵的构造非常关键，因此还需对背景误差协方差矩阵（B）和观测误差协方差矩阵（R）的设置进行一系列敏感性试验。注意，为了使同化结果的表征更加清晰明确，这里对构造的观测系统添加了平均值为 1、均方根误差为 1 的高斯噪声。

5.2.2.1　关于背景误差协方差矩阵（B）和观测误差协方差矩阵（R）的设置的敏感性试验

对于大多数资料同化方法来说，关于背景误差协方差矩阵和观测误差协方差矩阵的设置对同化效果的影响起到重要作用。对于四维变分资料同化方法中的目标函数（方程

5.10）中 B 和 R 的设置，我们进行了敏感性试验来探讨其对同化效果的影响。为了保证各个同化试验中基本设置的一致性，将"观测"的每天的海表温度资料同化到模式中，其中每 15 天进行一次同化，且同化窗口设为 15 天，并且其他系统设置完全一样，仅探讨四维变分资料同化方法对背景误差协方差矩阵和观测误差协方差矩阵的设置的敏感性。

前面提到对构造的观测系统添加了平均值为 1、均方根误差为 1 的高斯噪声，这就意味着观测误差项所占比重会大于背景误差项的比重。于是逐渐加大观测误差项，分别对 $B:R=1:1$（表示背景误差与观测误差的比重为 1:1）、$B:R=1:1/2$（表示背景误差与观测误差的比重为 1:4）、$B:R=1:1/5$（表示背景误差与观测误差的比重为 1:25）、$B:R=1:1/10$（表示背景误差与观测误差的比重为 1:100）、$B:R=1:1/20$（表示背景误差与观测误差的比重为 1:400）时进行同化试验。根据公式（5.31），经同化得到的整个热带太平洋区域（31°S ~ 31°N，124°E ~ 78°W）海表温度、纬向风应力、海面高度和次表层海水上翻到混合层的温度异常的先验均方根误差的时间序列如图 5.5 所示。为了使结果清晰可见，将均方根误差的时间序列分为前 24 个月（自由调整阶段，图中左侧）和第 25 ~ 144 个月（已基本达到稳态，图中右侧）两部分。从图中可以看出，当分别取 $B:R=1:1$、$B:R=1:1/2$、$B:R=1:1/5$、$B:R=1:1/10$、$B:R=1:1/20$ 时，同化得到的先验均方根误差无论下降速度还是稳态的维持，基本上都是一致的。这充分表明在四

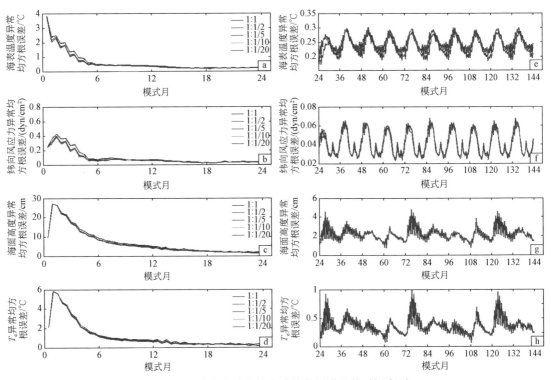

图 5.5　相关变量异常的先验均方根误差的时间序列

"有偏"模式在不同 $B:R$ 比例设置下进行同化模拟得到的整个太平洋区域的平均值，其中每条彩线分别表示 $B:R=1:1$（深蓝）、$B:R=1:1/2$（绿色）、$B:R=1:1/5$（红色）、$B:R=1:1/10$（浅蓝）、$B:R=1:1/20$（紫色）的结果，a ~ d 为同化前 24 个月的结果，e ~ h 为同化第 25 ~ 144 个月的结果

维变分资料同化过程中，用模式动力框架做强的约束并考虑了一定时间窗口内的观测资料来进行同化时，背景误差协方差矩阵和观测误差协方差矩阵的变化隐式地包含于目标函数的调整过程中。所以即便加强了观测误差所占的比重，但在同化过程中受到动力条件约束进行调整，对同化效果的影响并不显著。在实际情况下，往往由于模式的模拟性能良好以及观测资料的多源性，而使得观测误差项大于背景误差项。因此，在接下来的讨论中只采用 $\boldsymbol{B}:\boldsymbol{R}=1:1$ 的设置来进行其他同化试验的分析。

5.2.2.2　关于同化分析间隔的敏感性试验

将前面构造的每天的海表温度资料，分别每 1 天、每 3 天、每 7 天、每 15 天以及每 30 天进行一次同化，这里将同化窗口固定设为 15 天，根据上一小节的分析对背景误差协方差矩阵和观测误差协方差矩阵采用 1：1 的设置，用不同的分析间隔对同化效果的影响进行敏感性试验。根据公式（5.32），图 5.6 给出了模式在采用不同的分析间隔设置下进行同化模拟所得到的整个热带太平洋区域海表温度、纬向风应力、海面高度和次表层海水上翻到混合层的温度异常的先验均方根误差的时间序列（其中彩色线表示不同的分析间隔）。结果可以发现，当同化的频率越高，均方根误差下降的速度越快，越容易达到稳态

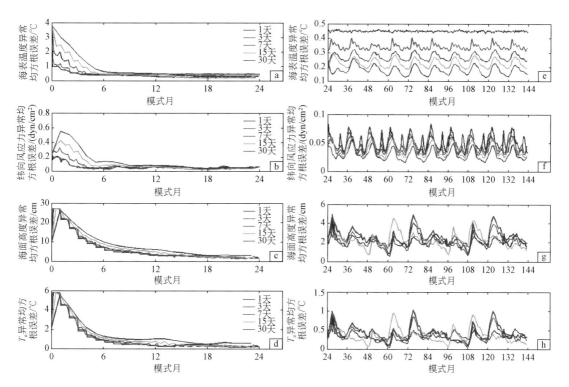

图 5.6　相关变量异常的先验均方根误差的时间序列

"有偏"模式在不同分析间隔下进行同化模拟得到的整个太平洋区域的平均值，其中每条彩线分别表示分析间隔为 1 天（深蓝）、3 天（绿色）、7 天（红色）、15 天（浅蓝）、30 天（紫色）的结果，a～d 为同化前 24 个月的结果，e～h 为同化第 25～144 个月的结果

（图 5.6a ~ d）。当到达稳态后（图 5.6e ~ h），对于海表温度和纬向风应力异常（由海表温度场根据经验关系计算得到）而言，同化的频率越高，均方根误差相对偏高，这主要是因为观测误差太大而造成累加的非线性太强所造成的；对海面高度和次表层海水上翻到混合层的温度异常而言，不同同化频率下得到的均方根误差的值不相上下，这主要是因为二者间接地受到只同化海表温度资料的影响，因此，观测资料的误差所引起的非线性对二者的同化效果影响不大。此外，值得注意的是，在此统计的均方根误差为先验估计，即在每一步同化前进行统计计算均方根误差，这样得到的均方根误差的结果会在分析间隔内模式积分时产生一定的误差，这也是导致分析间隔越大，同化模拟所得到的均方根误差相对越大的原因。

然后通过 Niño 指数来检验基于四维变分资料同化方法在采用不同的分析间隔时对 ENSO 事件的模拟精度。图 5.7 表示采用不同的分析间隔时各个同化试验模拟所得到的前 8 年的 Niño 指数的时间序列，其中 a、b、c、d 分别对应 Niño1+2 区、Niño3 区、Niño4 区和 Niño3.4 区的海表温度异常，黑线表示"真实"值，彩线表示模式在不同分析间隔时进行同化模拟得到的结果。由图可见，除了前期自由调整阶段外（大约 2 年），"有偏"模式在不同的分析间隔下进行同化模拟得到的结果都能很好地跟随"真实"值的轨迹。为了更清楚地反映具体的差异，图 5.8 给出了同化模式在不同分析间隔时进行同化模拟得到的结果与"真实"值间 Niño 指数的绝对误差在第 37 ~ 96 个月的时间序列，a、b、c、d 分别对应 Niño1+2 区、Niño3 区、Niño4 区和 Niño3.4 区的海表温度异常，其中彩线表示模式在采用不同分析间隔时进行同化模拟得到的结果。结果表明：对于 Niño1+2 区，分析间隔为

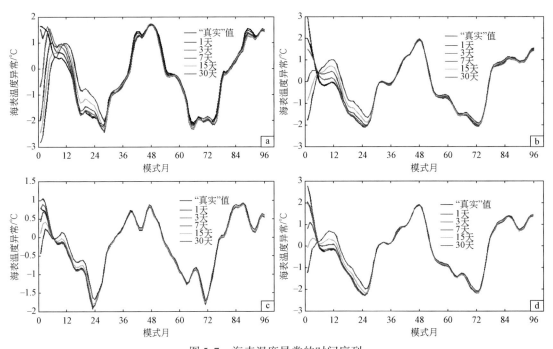

图 5.7　海表温度异常的时间序列

a. Niño1+2 区；b. Niño3 区；c. Niño4 区；d. Niño3.4 区

"有偏"模式在不同分析间隔下进行同化模拟得到的前 96 个月的结果，其中黑线表示"真实"值，每条彩线分别表示分析间隔为 1 天（深蓝）、3 天（绿色）、7 天（红色）、15 天（浅蓝）、30 天（紫色）的结果

1 天或 15 天效果最好；对于 Niño3 区，同化频率越高，对状态的估计越好；对于 Niño4 区，分析间隔为 30 天时较差，而其余情况效果大致相同；对于 Niño3.4 区，同化频率越高，对状态的估计越好。综合对均方根误差和 Niño 指数的考虑，并且兼顾计算时效的问题（分析频率越高，计算耗时越长），我们采取每 15 天进行一次同化的频率。

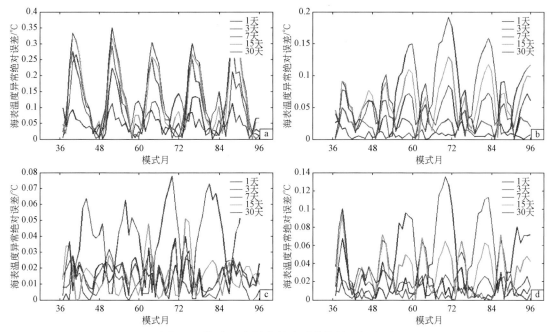

图 5.8 海表温度异常的绝对误差的时间序列

a. Niño1+2 区；b. Niño3 区；c. Niño4 区；d. Niño3.4 区

"有偏"模式在不同分析间隔下进行同化模拟得到的第 37～96 个月的结果，其中每条彩线分别表示分析间隔为 1 天（深蓝）、3 天（绿色）、7 天（红色）、15 天（浅蓝）、30 天（紫色）的结果

5.2.2.3 关于同化时间窗口的敏感性试验

在前面试验设置的基础上，对背景误差协方差矩阵和观测误差协方差矩阵采用 1∶1 的设置，并且每隔 15 天进行一次同化，将每天的海表温度资料同化到 ICM 中，分别将同化窗口的宽度设置为 1 天、3 天、7 天、15 天、30 天及 60 天，探讨不同时间宽度的同化窗口设置对同化效果的影响。图 5.9 首先给出"有偏"模式在不同同化窗口（彩线）时进行同化模拟所得到的整个热带太平洋区域海表温度、纬向风应力、海面高度和次表层海水上翻到混合层的温度异常的均方根误差的先验时间序列（其中横坐标表示同化周期，在此给出前 12 年的同化结果）。为了结果表征得更为清晰，将其分为两部分，其中左侧为同化前两年的结果（此时正处于同化的调整阶段），右侧为第 3～12 年的结果（已基本达到稳态）。从图中可以看出，同化窗口宽度越长，均方根误差下降得越快，这说明同化较长时间的观测资料，更有利于模式对初始误差的调整，使模式模拟结果快速逼近于观测（图 5.9a～d）。当同化达到稳态时，同化窗口越长，各个变量的均方根误差越大（图 5.9e～h），这是因为在这组理想试验中，为了使结果更为清晰，对用于同化的

观测资料添加了一个误差较大的高斯噪声分布，这样当同化资料越长时，均方根误差的误差累积越大，从而使得达到稳态后的均方根误差偏大。但无论同化时间窗口宽度的大小如何，均方根误差均能下降并达到稳态，这表明"有偏"模式在不同同化窗口下进行同化时都能够达到同化的效果。

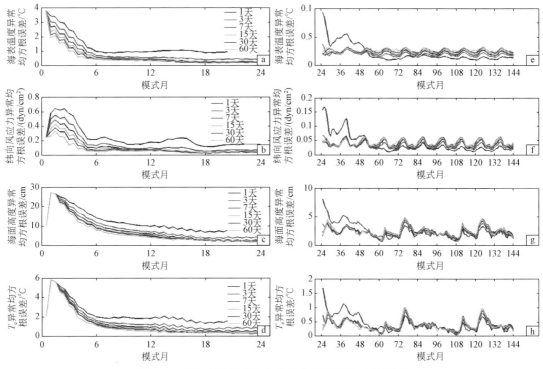

图 5.9 相关变量异常的先验均方根误差的时间序列

"有偏"模式在不同同化窗口下进行同化模拟得到的整个太平洋区域平均结果，其中每条彩线分别表示同化窗口为
1 天（深蓝）、3 天（绿色）、7 天（红色）、15 天（浅蓝）、30 天（紫色）和 60 天（黄色）的结果，a ~ d 为
同化前 24 个月的结果，e ~ h 为同化第 25 ~ 144 个月的结果

接下来对 Niño 指数进行分析（图 5.10），这里给出了前 8 年同化模拟所得到的 Niño1+2 区、Niño3 区、Niño4 区和 Niño3.4 区海表温度异常的时间序列，其中黑线表示"真实"值，彩线表示采用不同的同化窗口宽度时的模拟结果（图 5.10）。从图中可以看出，除了前期同化调整阶段外，"有偏"模式在不同同化窗口时进行同化模拟所得到的 Niño 指数的变化都能跟随"真实"值的轨迹，但均与"真实"值存在一定程度的偏差。为了更为清晰地显示同化模拟的偏差，图 5.11 给出了第 37 ~ 96 个月间"有偏"模式在不同同化时间窗口宽度时同化模拟所得到的 Niño 指数与"真实"值间的绝对误差的时间序列（其中 a、b、c、d 分别对应 Niño1+2 区、Niño3 区、Niño4 区和 Niño3.4 区海表温度异常，彩线表示不同同化时间窗口宽度模拟时所得到的结果）。从图中可以看出：同化窗口越短，到达稳态所需时间越久（蓝线所示）；同化窗口宽度太长（如 60 天），反而由于观测误差较大，相较于其他对比试验而言，Niño 指数的绝对误差相对较大（黄线所示），对状态估计的效果相对较差。综合考虑，当同化时间窗口为 15 天或 30 天时，同化效果相对好些。

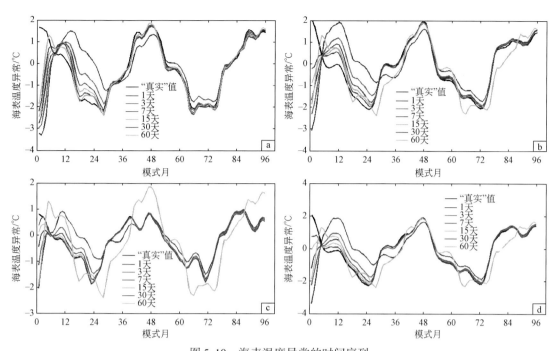

图 5.10　海表温度异常的时间序列

a. Niño1+2 区；b. Niño3 区；c. Niño4 区；d. Niño3. 4 区

"有偏"模式在不同同化窗口下进行同化模拟得到的前 96 个月的结果，其中黑线表示"真实"值，每条彩线分别

表示同化窗口为 1 天（深蓝）、3 天（绿色）、7 天（红色）、15 天（浅蓝）、30 天（紫色）和 60 天（黄色）的结果

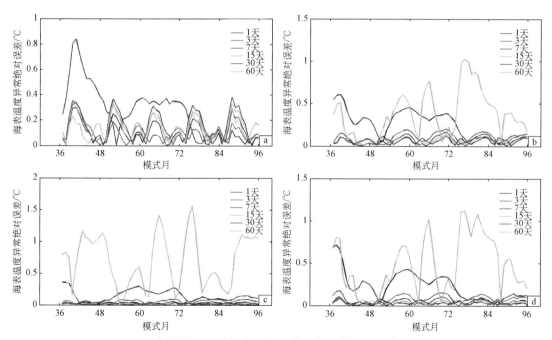

图 5.11　海表温度异常的绝对误差的时间序列

a. Niño1+2 区；b. Niño3 区；c. Niño4 区；d. Niño3. 4 区

"有偏"模式在不同同化窗口下进行同化模拟得到的第 37 ~ 96 个月的结果，其中每条彩线分别表示同化窗口

为 1 天（深蓝）、3 天（绿色）、7 天（红色）、15 天（浅蓝）、30 天（紫色）和 60 天（黄色）的结果

5.2.3 小结

本节为了检验基于 IOCAS ICM 的四维变分资料同化系统的有效性，首先在理想试验的情景下进行了验证。于是构造了理想的观测系统，用于进行基于 ICM 的四维变分资料同化系统的孪生试验，并进行一系列敏感性模拟，包括背景误差协方差矩阵和观测误差协方差矩阵的设置、分析间隔以及同化窗口的宽度等。完成一个对 IOCAS ICM 和四维变分资料同化方法而言最佳的同化参数设置、组合等调试工作。

在气象和海洋的数值预测中，准确的初始场和模式本身是预测成功的两大关键因素（穆穆等，2011）。接下来，将基于 ICM 所成功建立的四维变分资料同化系统，在理想试验的情景下，通过将"观测"的海表温度异常同化到模式中来优化初始场，评估基于四维变分资料同化方法的最优初始化对 ENSO 模拟和预测的影响；进一步，四维变分资料同化方法还可以用来优化模式参数。例如，前面章节已强调了次表层热力强迫（反应在 T_e 上）对 ENSO 事件模拟和预测的重要性，表明 ICM 模拟性能对次表层热力强迫的强度（α_{T_e}）是非常敏感的。于是，接下来将应用四维变分资料同化方法对模式中与次表层热力作用相关的模式参数 α_{T_e} 进行优化，试图通过优化模式初始场和模式参数以改进 IOCAS ICM 对 ENSO 事件的模拟和预测效果。

5.3 基于 IOCAS ICM 的四维变分资料同化系统的初始场和模式参数优化试验

本节在已建成的 IOCAS ICM 的四维变分资料同化系统的基础上，采用观测系统模拟试验评估四维变分资料同化方法对 ENSO 模拟和预测的影响。下面将分别从初始场优化和模式参数优化这两个方面，探讨四维变分资料同化方法对改进 ENSO 模拟和预测的可行性和有效性，着重考量 IOCAS ICM 对 ENSO 预测的技巧是否会通过应用四维变分资料同化方法而得以有效提高这一问题，最后通过同化实际的观测资料来加以验证。

5.3.1 模式初始场优化试验

上一节已详细介绍了构造"孪生"试验的基本框架，简单地说就是构造"观测"场并将"观测"场通过四维变分资料同化方法同化到 ICM 中以获得模式的最优初始分析场。本节为了评估所建立的四维变分资料同化系统的初始场优化的有效性，接下来将在理想试验的情景下，首先对基于四维变分资料同化方法的最优初始化对 ENSO 模拟效果的影响进行评估，然后再讨论其对 ENSO 预测的影响（Gao et al.，2016）。

5.3.1.1 同化试验的设计

本节试验沿用上一节对同化系统的基本设置，这里，海表温度的"观测"场是用于同化的唯一变量场。为评估四维变分资料同化方法对 ENSO 模拟和预测的影响，设计了三组试验对基于四维变分资料同化方法的最优初始化进行检验（表 5.3）：试验 1 为控制试验，用"真实"模式模拟来产生"观测"的海表温度场；试验 2 为四维变分资料同化试验，用"有偏"模式通过同化"观测"的海表温度场来获得最优初始分析场；试验 3 为未同化试验，用"有偏"模式未经同化直接进行模拟，用于与试验 1、2 间的结果对比。本组试验的模拟周期为 20 年，即从模式的 2080 年 1 月 1 日（表示模式时间）到 2099 年 12 月 30 日。"有偏"模式从模式 2080 年 1 月 1 日的初始场开始，将 15 天时间窗口宽度下"观测"到的每天海表温度场同化到模式中，获得 2080 年 1 月 1 日这一时刻的最优初始场；随后用优化得到的初始场向前积分模式至 2080 年 1 月 16 日，进入下一个同化循环。因此，每月（取为 30 天）将进行两次同化循环过程。此外，将同化时段取为 20 年，用来评估四维变分资料同化方法对 ENSO 模拟的影响；然后选取后 18 年的最优初始条件进行预测试验，用来评估四维变分资料同化方法对 ENSO 预测的影响。

表 5.3　基于四维变分资料同化方法进行初始场优化的试验设计

试验名称	描述	模式名称	差别
试验 1（控制试验）	产生"真实"解并从中抽样作为"观测"	"真实"模式	采用"真实"的初始条件
试验 2（同化试验）	同化"观测"资料获得最优初始分析场	"有偏"模式	采用"有偏"的初始条件
试验 3（未同化试验）	未做同化	"有偏"模式	采用"有偏"的初始条件

注：试验 1 为控制试验，利用"真实"模式模拟产生"观测"场；试验 2 为同化试验，利用"有偏"模式同化"观测"资料；试验 3 为未同化试验，用于对比分析

5.3.1.2　同化试验结果

首先利用几个关键变量的均方根误差的时间序列来检验对模拟的影响。图 5.12 表示同化和未同化试验中模拟所得到的整个热带太平洋区域平均的海表温度、纬向风应力和海面高度异常的先验均方根误差的时间序列。由图可见，通过直接同化海表温度资料可使得海表温度异常的均方根误差迅速下降（图 5.12a）。由于在 ICM 中，风场是直接根据统计方法构造的风应力异常模块由海表温度场诊断出来的，因此风场成为第一个受到同化海表温度资料所产生影响的变量。从图中也可清晰地发现，纬向风应力异常的均方根误差类同海表温度异常的均方根误差变化，其值迅速减小（图 5.12b）。同样，海面高度异常也可间接受到海表温度同化的影响，造成大多数时刻同化试验中海面高度异常的均方根误差比未同化试验中的偏低（图 5.12c）。所有变量的均方根误差都表明，通过四维变分资料同化方法将"观测"的海表温度场同化到 ICM 中可以减小模式模拟的误差，提高模式对 ENSO 模拟的效果，并获得最优初始分析场。

接下来对海表温度、风应力及 T_e 异常的时间演变进行检验。图 5.13 表示三组试验分别模拟得到的海表温度异常沿赤道的纬圈–时间分布。从图中可以看到，基于 ICM 的三组试验均可很好地模拟出 ENSO 周期、空间结构以及位相转换等特征。除了四维变分资料同化试验的自由积分时期外（大约需要两年时间），同化试验的模拟（图 5.13b）几乎可以达到和试验 1 中（图 5.13a）"真实"模式模拟得到的海表温度异常变化同样的结果。对

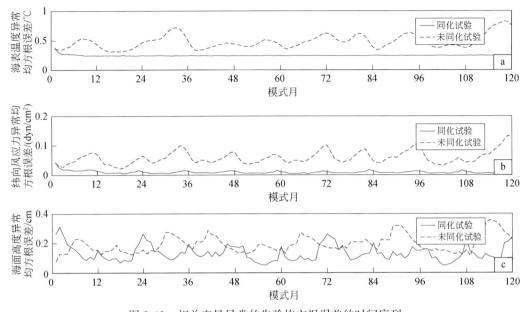

图 5.12 相关变量异常的先验均方根误差的时间序列

a. 海表温度异常均方根误差；b. 纬向风应力异常均方根误差；c. 海面高度异常均方根误差
同化（红色曲线）和未同化（蓝色点线）试验模拟得到的前 10 年整个太平洋区域平均的结果

于未同化的试验（图 5.13c），由于初始场的误差以及三个模式参数的变化造成模式模拟的海表温度异常与"真实"场间存在一定的差异，如模拟得到的海表温度异常的振幅存在一定的偏差，尤其是东太平洋海区；此外，海表温度异常位相转换时间同样与"真实"场有所不同，随着时间的推进，"有偏"模式的模拟结果逐渐与"真实"模拟相分离。与图 5.13 类似，图 5.14 表示沿赤道的纬向风应力异常的纬圈–时间分布，同样可见，相较于未同化试验（图 5.14c）而言，同化试验（图 5.14b）模拟产生的纬向风应力异常的时空结构和振幅与试验 1（图 5.14a）模拟得到的"真实"情况更为一致。

前几章节的内容已经表明，海洋次表层热力变化（用 T_e 表示）对 ENSO 事件的发展起到重要的作用，模式中对海洋次表层热力强迫强度的合理表征对 ENSO 预测的准确度是十分重要的。为了抓住 ENSO 事件的特征，模式需真实地再现 T_e 场的变化，图 5.15 给出三组试验得到的 T_e 异常沿赤道的纬圈–时间分布。对于同化试验而言，T_e 场通过同化"观测"的海表温度场所引发的模式动力调整而得以间接优化，相比于未同化试验（图 5.15c）而言，同化试验（图 5.15b）模拟产生的 T_e 场的时空演变与试验 1（图 5.15a）模拟的"真实"场更为一致。

大尺度海气耦合模式的一个重要应用是对 ENSO 事件的模拟和预测，因此改进 ENSO 模拟和分析的有效性是评价海洋资料同化方法的一个严格检验，提高 ENSO 预测的准确性是衡量四维变分资料同化方法质量的一个重要标准。由于同化试验需要大约 2 年的自由调整阶段，因此本节将模式 2082 年 1 月 1 日到 2099 年 12 月 1 日间每月第一天优化得到的初始场作为初始条件，进行一系列 12 个月的预测试验，得到总共有 $18 \times 12 = 216$ 个预测试验结果，用于进行统计评估。下面对同化和未同化试验的预测结果进行比较。

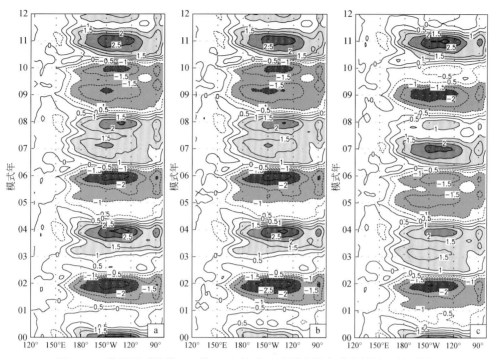

图 5.13　模拟得到的第 1 至第 12 年海表温度异常沿赤道的纬圈−时间分布

a. "真实"场；b. 同化试验模拟结果；c. 未同化试验模拟结果

等值线间隔为 0.5℃

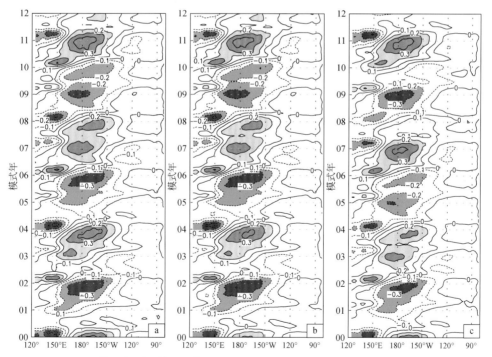

图 5.14　模拟得到的第 1 至第 12 年纬向风应力异常沿赤道的纬圈−时间分布

a. "真实"场；b. 同化试验模拟结果；c. 未同化试验模拟结果

等值线间隔为 0.1dyn/cm²

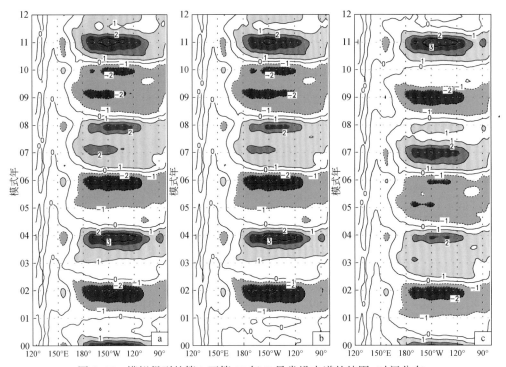

图 5.15　模拟得到的第 1 至第 12 年 T_e 异常沿赤道的纬圈–时间分布

a. "真实"场；b. 同化试验模拟结果；c. 未同化试验模拟结果

等值线间隔为 1℃

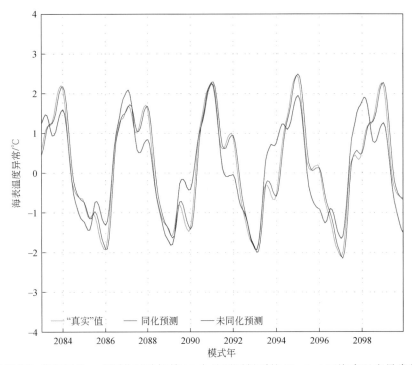

图 5.16　"真实"值和同化、未同化试验提前 12 个月预测得到的 Niño3.4 区海表温度异常的时间序列

图 5.16 表示"真实"值和采用同化及未同化试验分别以各自的初始条件进行提前 12 个月预测得到的 Niño3.4 区海表温度异常的时间序列。同化试验中预测得到的 Niño3.4 指数与"真实"值非常接近,而未同化试验中预测结果在一定程度上与"真实"值间存在一定的偏差。对于提前 12 个月的预测来讲,同化试验预测得到的 Niño3.4 指数与"真实"值间的相关系数为 0.99、均方根误差为 0.05;而未同化试验与"真实"值间的相关系数为 0.84、均方根误差为 0.66。虽然这一结果是在理想试验情景下取得的,或许在一定程度上被人为高估了,但是这些试验结果为采用四维变分资料同化方法以有效改进 ICM 对 ENSO 模拟和实时预测技巧等的实际应用提供了重要指导信息。

5.3.2 模式参数优化试验

ENSO 实时预测存在很大的偏差和不确定性,其主要原因包括用于预测的模式本身(如模式参数的不确定性)和模式初始条件都会有误差。上一小节介绍了通过优化模式的初始条件来提高对 ENSO 的模拟和预测水平,这里我们进一步分析如何优化模式参数来改进 ENSO 的模拟。在 IOCAS ICM 中,与 ENSO 有关的一个重要过程是确定次表层海水进入混合层的温度异常(T_e),如第 2 章所述,我们已构建了一个统计模块可从海面高度场计算出 T_e 场 [即 $T_e = \alpha_{T_e} \cdot F_{T_e}(SL_{inter})$]。其中所引入的参数 α_{T_e} 表征了温跃层变化对海表温度热力影响的强度,这一参数对 ENSO 模拟性能有重要影响。为此,在理想试验的框架下,设计数值试验利用四维变分资料同化方法来优化这一模式参数,比较只优化初始场的模拟试验与同时优化初始场和模式参数的试验。结果表明,相对于只优化初始场的试验而言,同时优化初始场和模式参数的试验可以更有效地再现 ENSO 的演变(Gao et al., 2018)。

5.3.2.1 前言

ENSO 预测误差产生的另一个原因来自模式本身,包括模式参数的不确定性等。从物理上来讲,模式参数的引入是用来表征海洋过程和量化相关变量间的关系,当用参数来近似描述真实的物理过程时,不可避免地会引入误差和不确定性。观测资料可直接用来估算模式中的一些参数值(Wu et al., 2012),但这种参数值的估算大多是经验性的并带有主观性,所得的先验估计参数会与模式动力方程和过程不协调一致。如何利用观测资料来精确地估计这些参数的问题被称为参数估计。因此,要选择一个与模式协调一致的最优方法来估算模式参数,从而可以在给定的模式情况下得到最好的模拟结果(Liu et al., 2014)。进一步,还应考虑到模式误差的特征,这样可以以最优的方式在模拟中自动考虑模式动力过程对参数估计的影响。四维变分资料同化方法正是提供了一个优化模式参数的客观方法。事实上,变分同化方法已广泛应用于海洋模式中的最优参数估计。如 Lu 和 Hsieh(1998)将伴随同化方法应用到简单的赤道海气耦合模式中以探讨最优初始化和模式参数优化的问题。Peng 和 Xie(2006)及 Peng 等(2013)发展了四维变分资料同化方法来订正风暴潮预测时模式初始场和风应力拖曳系数。Zhang 等(2015)通过四维变分资料同化方法将海表温度数据同化到湍流模式中以优化估算有关波作用量的参数。这些研究清楚地表明,通过资料同化方法可共同优化模式初始场和模式参数以有效

采用"孪生"试验的框架，首先做两个基本试验。一个是控制试验，采用 ICM 的标准设置，其中海表温度异常与风应力异常间的耦合系数取为 $\alpha_\tau = 1.03$；垂直扩散系数取为 $\kappa_v = 1.0 \times 10^{-3}$；热耗散系数取为 $\alpha = (100\text{d})^{-1}$；$T_e$ 与海面高度间的耦合系数取为 $\alpha_{T_e} = 1.0$。这一控制试验可真实地模拟出 ENSO 演变。另一个是"有偏"模式试验，即对模式参数取值进行一些人为调整，取值如下：$\alpha_\tau = 1.03 \times 1.01$，$\kappa_v = 1.0 \times 10^{-3} \times 0.95$，$\alpha = (100\text{d})^{-1} \times 1.01$ 和 $\alpha_{T_e} = 1.1$。调整后的模式参数会产生相应的模式误差，相应的 ICM 试验记为"有偏"试验。这里，对参数 $(\alpha_\tau, \kappa_v, \alpha)$ 的调整非常小，以保证 ENSO 的周期振荡变化不大；如若参数调整过大，将破坏模式的动力平衡，ENSO 振荡会难以维持。需注意的是，这里所取的 α_{T_e} 值改变了 10%，以用来检验基于四维变分资料同化方法对参数的优化能否有效地改进 ENSO 模拟和预测。

接下来，检验"有偏"模式通过四维变分资料同化方法同化海表温度数据对 ENSO 模拟产生影响的程度，共设计了三组试验。试验 1 为控制试验，用"真实"模式（假定为真实的参数值和初始场）模拟产生"真实"的"观测"场；为了模拟实际观测误差，将平均值取为 0、标准差取为 0.2 的高斯噪声添加到由每天采样产生的"观测"海表温度场上，得到用于同化的海表温度"观测"场。从试验 1 所构建的海表温度"观测"场用来同化"有偏"模式以校正其模拟结果。注意，这种方法所构建的观测误差的类型过于简单，但我们这里所关注的基本点在于展示基于四维变分资料同化方法对参数优化的可行性和有效性。

基于这一基本的控制试验，设计了两个"有偏"模式的同化试验（表 5.4），具体如下：试验 2 为对初始场的优化试验，用"有偏"的模式（此时取 $\alpha_{T_e} = 1.1$）仅通过同化"观测"的海表温度资料对初始场进行优化；试验 3 为联合优化试验："有偏"模式（此时取 $\alpha_{T_e} = 1.1$）通过同化"观测"得到的海表温度资料对初始场和模式参数同时优化。其中，"观测"的海表温度资料在每个月的第一时间步同化到试验 2 和试验 3 的"有偏"模式中，同化时间窗口为 1 个月，同化周期为 20 年（2060 年 1 月 1 日 ~ 2079 年 12 月 31 日）。可比较三组试验模拟所得到的 ENSO 演变特征来说明优化的效果及其对 ENSO 模拟的影响。最后，用"有偏"模式进行一系列提前 1 年的回报试验，即用同化所得的每月第一天的最优分析场（最优初始场和/或模式参数）进行回报，回报时段为 2062 年 1 月 1 日 ~ 2079 年 12 月 1 日，以检验同化对 ENSO 预测的影响。

表 5.4　基于四维变分资料同化"观测"的海表温度数据的"孪生"试验设计

试验名称	模式描述	主要目的
试验 1	"真实"模式（$\alpha_{T_e} = 1.0$）	产生"真实"解并从中抽样作为"观测"
试验 2	"有偏"模式（$\alpha_{T_e} = 1.1$）	同化"观测"资料获得最优初始场
试验 3	"有偏"模式（$\alpha_{T_e} = 1.1$）	同化"观测"资料同时获得最优初始场和模式参数（α_{T_e}）

　　注：试验 1 为控制试验，采用"真实"模式来获得"观测"的海表温度数据；试验 2 为初始场优化试验，采用"有偏"模式通过同化"观测"的海表温度数据来得到最优的初始场；试验 3 为联合优化试验，采用"有偏"模式通过同化"观测"的海表温度数据来同时优化初始场和模式参数

5.3.2.3　同化对 ENSO 模拟的影响

首先检验对模式参数 α_{T_e} 的优化效果。在试验 1 的控制试验中，α_{T_e} 的 "真实" 值取为 1.0；在试验 2 和试验 3 的 "有偏" 模式中（是由参数 α_{T_e} 的误差造成的），参数 α_{T_e} 取为 $\alpha_{T_e}=1.1$。设计优化试验来检验 "真实" 模式参数 α_{T_e} 的取值是否可通过四维变分资料同化方法来优化 "有偏" 模式中的 α_{T_e} 值来获得。图 5.18 给出了试验 3 中同化模拟得到的前 8 年 α_{T_e} 的时间序列，可以发现，除了前 2 年自由振荡的调整期外，后期同化模拟得到的 α_{T_e} 基本处于稳态。为了清楚地表示稳态时期 α_{T_e} 的值是否趋于其 "真实" 值，将同化模拟得到的第 49~96 个月的结果进行放大考察（如图 5.18 小框内），结果表明，α_{T_e} 的值基本上围绕在 1.0 左右。上述分析表明，四维变分资料同化方法可有效地对模式中有偏参数进行优化估计，以改进模式模拟。

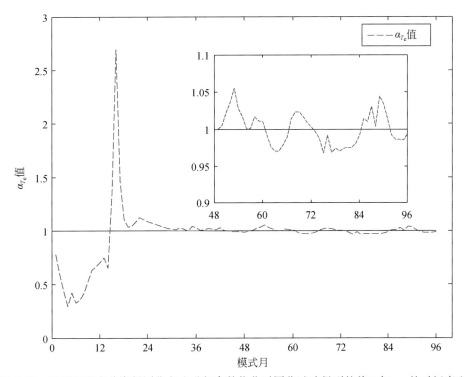

图 5.18　基于四维变分资料同化方法进行参数优化时同化试验得到的前 8 年 α_{T_e} 的时间序列

其中对第 5 至第 8 年同化得到的 α_{T_e} 的时间序列进行了放大显示

接下来评估不同变量的演变特征来验证对 ENSO 演变的修正效果。前面已经提到，用来进行优化试验的 "有偏" 模式可通过同化海表温度数据来获得最优初始场（试验 2）或同时获得最优的初始场和模式参数（试验 3）。图 5.19 给出三组试验分别模拟得到的前 12 年海表温度异常沿赤道的纬圈–时间分布，其中相似性表示同化的有效性。从图中可以看到，基于 ICM 的三组试验均可很好地模拟出 ENSO 周期、空间结构以及位相转换等特征。除了四维变分资料同化的自由调整时期外（大约需要 2 年时间），对于试验 2 中基于四维变分资料同化方法将"观测"的海表温度资料同化到模式中可有效地校正模式状态并使之趋于"真实"场（图 5.19b），但因模式参数误差的存在，造成模式模拟的海表温度异常与"真实"场间存在一定的差异（如模拟得到的海表温度异常的振幅存在一定的偏差）。但是，试验 3 中的模拟（图 5.19c）可以迅速达到与试验 1 中（图 5.19a）的海表温度异常几乎一致的效果。因此，比较三组试验可清晰地说明，在采用四维变分资料同化方法同化海表温度资料所进行的最优初始化方法的基础上，进一步优化模式参数可更为有效地改善 ENSO 的模拟。

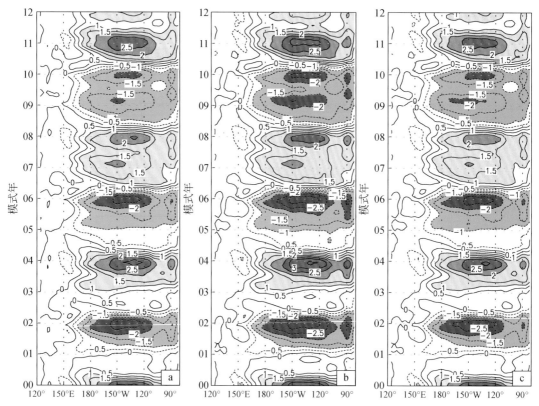

图 5.19　模拟得到的第 1 至第 12 年海表温度异常沿赤道的纬圈–时间分布

a. "真实"值；b. 初始场优化试验；c. 初始场和模式参数联合优化试验

等值线间隔为 0.5℃

　　这里我们希望通过优化模式参数 α_{T_e} 可直接对 T_e 场产生影响，为此图 5.20 给出了三组试验模拟分别得到的前 12 年 T_e 异常沿赤道的纬圈–时间分布。对于试验 2，未优化模式参数 α_{T_e} 时，T_e 场可通过同化"观测"的海表温度资料而间接进行校正。但是，相较于试验 1 中"真实"的 T_e 场，由于未进行参数优化估计，模式参数改变所产生的模拟结果较"观测"仍存在一定的差异。由于所取的 α_{T_e} 偏大，模拟得到的 T_e 场总体偏大 ［这与我们先前的研究结论一致（Gao and Zhang，2017）：即 α_{T_e} 的取值越大，次表层热力效应越强，从而对海表温度影响越大］。因此，次表层热力异常对海表温度的影响越强，试验 2 中对模拟所得的海表温度异常会比"真实"值更大（图 5.19b）。然而，对于试验 3，对有偏参数

α_{T_e}经同化后与"真实"的参数值（$\alpha_{T_e}=1.0$）较为一致（图 5.18），因此试验 3 中 T_e 的模拟与"观测"场更为一致。所有结果均表明，相比于仅同化初始场而言，进一步采取基于四维变分资料同化方法对模式参数进行优化可更有效地校正 ENSO 的模拟。

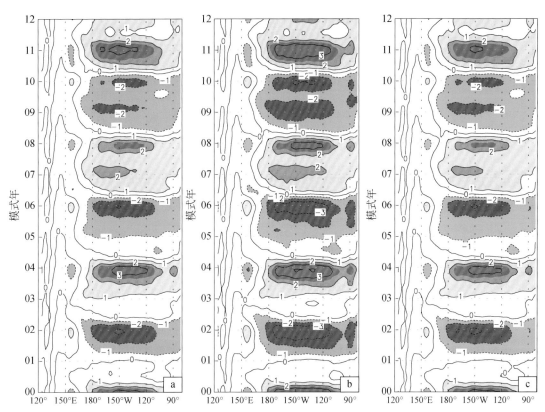

图 5.20　模拟得到的第 1 至第 12 年 T_e 异常沿赤道的纬圈–时间分布

a. "真实"值；b. 初始场优化试验；c. 初始场和模式参数联合优化试验

等值线间隔为 1℃

为量化模式参数优化对 ENSO 模拟的影响，计算了几个关键变量的均方根误差的时间序列。图 5.21 分别表示试验 2（蓝线）和试验 3（红线）模拟得到的整个热带太平洋区域平均的海表温度、纬向风应力、海面高度和 T_e 异常的均方根误差时间序列，其中 a ~ d 为同化模拟得到的前 24 个月的结果、e ~ h 为同化模拟得到的第 25 ~ 144 个月的结果。由图可见，无论是在试验 2 中（仅同化观测资料获得最优初始场而未进行参数优化估计），还是在试验 3 中（既同化观测资料获得最优初始场又进行参数优化估计），二者的均方根误差均出现一致性的下降并达到稳态，都显示出四维变分资料同化方法的有效性。但是相对于未进行最优参数估计的试验 2 而言，试验 3 的均方根误差下降速度更快（图 5.21a ~ d），更易达到稳态，并且达到稳态后的均方根误差的值均明显低于试验 2 的值（图 5.21e ~ h）。除了对海表温度场和受其直接影响的风应力场进行有效的调整外，也能够对 T_e 场进行有效的调整，使其与"观测"间的差异更小。所有的均方根误差值都表明，通过四维变分资料同化方法在同化"观测"的海表温度资料以获得最优初始场的基础上同时进行参数最优估计，可以进一步缩小模式分析场与"观测"间的偏差，进而提高模式对 ENSO 的模拟效果。

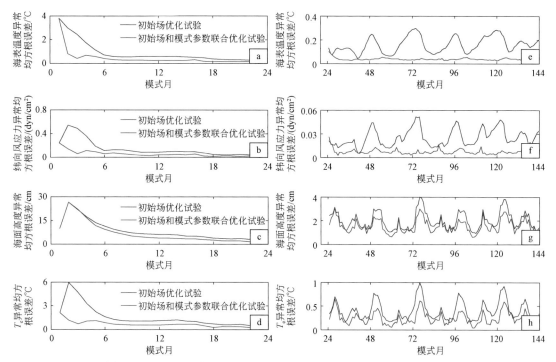

图 5.21　初始场优化试验（蓝线）与初始场和模式参数联合优化试验（红线）中模拟得到的整个热带太平洋区域平均的异常场均方根误差的时间序列

a、e. 海表温度异常均方根误差；b、f. 纬向风应力异常均方根误差；

c、g. 海面高度异常均方根误差；d、h. T_e 异常均方根误差

其中 a~d 为同化前 24 个月的结果，e~h 为同化第 25 至第 144 个月的结果

　　总体而言，试验 2 和试验 3 中模拟得到的海表温度、风应力和 T_e 异常场的均方根误差的差别比海面高度的均方根误差的差别相对偏大，这是因为试验 3 中，除了同化"观测"的海表温度资料外，还对参数 α_{T_e} 进行了优化估计，根据 T_e 与海面高度异常间的经验关系 $T_e = \alpha_{T_e} \cdot F_{T_e}$（$\mathrm{SL_{inter}}$），当对参数 α_{T_e} 进行优化估计后，可有效改善 T_e 异常场的模拟。由于次表层热力异常对海表温度的变化具有直接的影响，试验 3 中 T_e 异常场的改善也直接对海表温度异常场的模拟产生影响，使其与"真实"值间的误差减小，从而改进了对海表温度场的模拟。进一步，风应力异常场又是根据海表温度与风应力异常间的经验关系 $\tau = \alpha_\tau \cdot F_\tau$（$\mathrm{SST_{inter}}$）计算而来的，海表温度场的有效改善又会改进对风应力异常场的模拟效果。但海面高度异常场则要通过模式的动力方程间约束而受到同化的影响，因此，虽然海面高度异常场的模拟也非常接近"真实"值，但是其与"真实"值间的误差通过四维变分资料同化的参数估计方法的改善效果相对而言要小一些。

　　总之，在基于四维变分资料同化方法获得最优初始场的基础上进一步优化模式参数，可更有效地校正主要变量场的模拟误差（尤其是对 T_e、海表温度和风应力场的模拟），从

而可有效改善模式参数误差引起的模拟偏差；进一步，由基于四维变分资料同化的参数优化方法过程所产生的最优的初始场和模式参数可以用于 ENSO 的预测。

接下来将进一步对此进行检验：相比于仅优化模式初始场，进一步考察联合优化模式参数和初始场是否同样可更有效地改进 ENSO 预测。这里，对"有偏"模式采用优化的初始场及模式参数来进行回报试验。由于前 2 年属于模式自由调整状态，接下来将选取模式 2062 年 1 月 1 日~2079 年 12 月 1 日优化得到的每月第一天初始场进行一系列预测试验。设计两组试验，一组是用试验 2 中同化所得到的每个月第一天的最优初始场进行预测，另一组用试验 3 中同化所得到的每个月第一天的最优初始场和最优模式参数（α_{T_e}）进行预测。因此，每组试验共有 18×12＝216 个预测结果，用来进行统计分析。

图 5.22 表示"真实"值（绿线）和试验 2（蓝线）、试验 3（红线）分别提前 3 个月、6 个月和 9 个月预测得到的 Niño3.4 区海表温度异常指数的时间序列。回报结果表明，对 ENSO 演变的预测都较好，但是随着预测时效的增长，预测结果与"真实"值的差异逐渐变大。试验 2 中进行的最优初始场回报所得到的结果表明，在一定程度上与"真实"值间存在一定偏差，这主要是由模式的参数误差所造成的。很明显，试验 3 中通过联合进行初始场和模式参数优化后回报所得到的结果，能够更好地再现 ENSO 的时空演变特征。所以，在基于四维变分资料同化方法最优初始化的基础上同时进行参数最优估计可进一步提高模式的预测水平。定量上，试验 2 中提前 6 个月回报所得的 Niño3.4 区海表温度异常与"真实"值间的均方根误差值为 0.47，而试验 3 中提前 6 个月回报所得的 Niño3.4 区海表温度异常与"真实"值间的均方根误差值下降到 0.06。由于在理想试验框架下构造的观测误差的类型相对简单，试验 3 回报所得的 Niño3.4 区海表温度异常基本与"真实"的"观测"值一样。

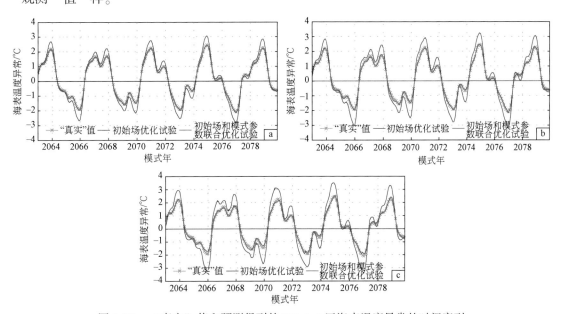

图 5.22　"真实"值和预测得到的 Niño3.4 区海表温度异常的时间序列

a. 提前 3 个月的预测结果；b. 提前 6 个月的预测结果；c. 提前 9 个月的预测结果

因此，基于四维变分资料同化的参数优化方法可有效地提高 ENSO 预测技巧。虽然这一结果是在理想试验的情景下进行验证的，或许在一定程度上高估了改进的效果，但是这里已充分展示了基于四维变分资料同化方法对模式参数优化的可行性和有效性。因此，这些数值试验为 ENSO 实时预测的改进提供了一个有效方法，也为进一步有效提高 ENSO 模拟和实时预测水平提供了重要的指导信息。

5.3.2.4 小结与讨论

本研究所用的 IOCAS ICM 在 ENSO 实时预测中仍存在较大的偏差，而对其性能的改进有多种方法。如我们已建立了相应的四维变分资料同化系统，并已用来优化初始场以提高 ENSO 模拟和预测水平。由于模式参数误差是产生模式偏差的另一个主要原因，所以这一节利用已建成的四维变分资料同化系统来阐述优化模式参数对提高 ENSO 模拟的可行性和有效性。

ICM 中，T_e 表征为次表层热力异常对海表温度的直接影响（即次表层热力效应），引入相关参数（α_{T_e}）表征次表层影响的强度（Zhang and Gao, 2016）。本节中作为一个范例，选取这一模式参数（α_{T_e}）来说明基于四维变分资料同化系统对参数优化方法的应用。为此，在简单、理想试验情景下采用"孪生"试验方法来验证，对单独优化模式初始场与联合优化模式初始场和模式参数的试验间的结果进行对比。

上一节的研究表明，ICM 可通过四维变分资料同化方法优化模式初始场以改进对 ENSO 模拟和预测的效果，这一节研究表明，在最优初始场的基础上进一步优化模式参数可更有效地改进 ENSO 模拟。通过优化这一模式参数（α_{T_e}），海表温度、风应力和 T_e 异常场的均方根误差比海面高度异常场的均方根误差下降的速度更快、减小的程度更大。这主要是因为进行参数 α_{T_e} 优化可有效改善模式对 T_e 场的模拟。由于次表层热力效应对海表温度演变具有重要影响，优化的 T_e 场进一步改进了模式对海表温度场的模拟。此外，风应力场作为对海表温度场的响应而二者相互耦合，因此，这又引发风应力场的调整，使得风应力异常场的模拟在这一参数优化试验中也得以进一步改进。而海面高度场在同化海表温度资料时需要通过模式动力过程来加以调整，所以通过优化 α_{T_e} 对海面高度场的优化改进程度略低于其他变量场。总之，基于四维变分资料同化方法优化模式参数可进一步提高对 ENSO 的模拟和预测，表明通过该方法对模式初始场和参数进行联合优化是可行且有效的，这为 ENSO 预测的改进提供了一个新的数值方法。

本研究阐述了基于 IOCAS ICM 的四维变分资料同化系统的另一应用，在理想情况下利用"孪生"试验进行模式参数优化以提高 ENSO 的模拟水平。虽然同化试验仅是在理想设置下对其中一个模式参数进行优化，但所得结果为基于四维变分资料同化系统的参数优化方法提供了基本原理和过程解释，未来将进一步扩展四维变分资料同化技术的实际应用。例如，ICM 的性能同样对许多其他模式参数十分敏感〔包括海表温度与风应力年际异常间的耦合系数（α_τ）、垂向扩散系数（κ_v）、海表温度异常的热耗散系数（α）等〕，因此，还需考虑多参数的优化。同样，在应用四维变分资料同化技术同化实际观测资料时仍存在一些潜在问题，尤其是，优化的参数可能不会像图 5.18 所示的那样快速收敛，甚至多参数的优化可能会使得目标函数沿不同的最小化方向上进行收敛。同样，模式参数的空间结构也应加以考虑，因此关于多参数优化需要进行更多的试验。此外，次表层热力状态对热带太平洋海表温度具有重要影响，所以要考虑如何将次表层热力场同化到 ICM 中。例如，需要考虑对海面高度场及海洋流场进行同化，这需要开展利用 ICM 进行多变量、多参数的联合同化试验。

本研究采用四维变分资料同化方法，通过优化模式初始场和参数来改进对 ENSO 的模拟和预测，从中所提供的认知及应用操作过程都可以转化为利用 IOCAS ICM 对 ENSO 实时预测水平的提高上，预期最终通过四维变分资料同化方法同化不同变量（如海表温度、海面高度等）并优化不同模式参数（如 α_{T_e}、α_{τ} 等）来提高 ENSO 预测技巧。同样，还可采用其他同化方法［包括集合卡尔曼滤波方法（ensemble Kalman filter，EnKF）；Wu et al.，2016］。同时可进一步比较这些不同方法对改进 ENSO 模拟和预测的优点和缺点，为 IOCAS ICM 构建一个最优的同化方法。此外，基于 IOCAS ICM 所构建的四维变分资料同化系统中的伴随模式提供了计算目标函数梯度的一种方法，这一伴随模式为利用条件非线性最优扰动方法（Mu et al.，2003）的应用提供了技术支持，可进一步对 ENSO 的可预报性等进行深入研究（Tao et al.，2017），这些工作将在第 6 章中介绍。

5.3.3　实际观测资料的同化试验

前面在理想试验情景下，通过四维变分资料同化方法将海表温度资料同化到 IOCAS ICM 中，证实了其对提高 ENSO 模拟和预测技巧的可行性和有效性。接下来将进一步开展利用实际观测的海表温度资料的同化试验以改进 ENSO 实时预测的应用研究。

在已建立的基于 IOCAS ICM 的四维变分资料同化预测系统的设置基础上，将海表温度观测资料同化到 IOCAS ICM 中，具体做法如下：所用的海表温度观测资料是 1982 年 1 月 1 日～2015 年 12 月 31 日的每天的海表温度场（共 34 年）；同化时间点为每月 1 日，同化时间窗口为每月的天数。例如，模式从 1982 年 1 月 1 日开始积分，将 1 月每天（从 1 月 1 日到 31 日，共 31 天）的海表温度观测资料同化到模式中，得到 1982 年 1 月 1 日的最优初始条件后，模式积分至 1982 年 2 月 1 日；将 2 月每天（从 2 月 1 日到 28 日，共 28 天）的海表温度同化到模式中，得到 1982 年 2 月 1 日的最优初始条件后，模式再向前积分；以此类推，直至 2015 年 12 月 1 日，共计同化 34×12＝408 次。根据前述理想情况下的"孪生"试验表明，同化系统运行前期需经自由调整以达到系统的稳定状态，因此图 5.23 给出了去除前期系统自由调整阶段的后 30 年的同化结果，表明相比于未同化的试验（直接用观测的风应力异常驱动单独的海洋模式；图 5.23c）而言，同化试验（图 5.23b）模拟得到的海表温度异常沿赤道的纬圈–时间分布与观测（图 5.23a）更为一致。尽管用观测的风应力异常直接驱动 IOCAS ICM 也可以很好地模拟出与观测相似的 ENSO 演变特征，但通过四维变分资料同化方法进行海表温度同化可更有效地提高模式对 ENSO 的模拟水平。如对冷暖位相振幅的模拟更为合理，在一定程度上改善了 IOCAS ICM 对 ENSO 事件模拟所出现的系统性偏冷现象；也能够更准确地模拟出海表温度异常的时间演变特征。这样相比于未同化的试验，通过同化海表温度所得到的模式初始场可更准确地进行 ENSO 模拟和预测。

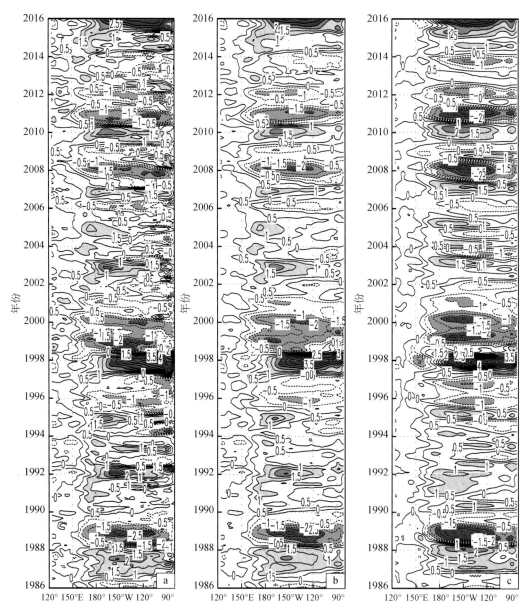

图 5.23　1986～2015 年海表温度异常沿赤道的纬圈–时间分布

a. 观测值；b. 同化试验结果；c. 未同化试验结果

等值线间隔为 0.5℃

　　此外，还利用两组试验模拟所得到的初始条件进行 ENSO 实时预测，其海表温度初始场的误差比较如图 5.24 所示。结果表明，与只采用风场资料驱动单独的海洋模式得到初始场作预测相比，同化试验所得的海表温度初始场的误差相对较小。这样经四维变分资料同化所得到的用于预测的初始场与观测间的误差更小，且这样所得到的初始场与模式的动力过程是协调一致的，可为 ENSO 预测提供更为准确的初始场。最后，利用经同化得到的优化初始场进行预测，结果如图 5.25 所示。与图 4.33 相比，IOCAS ICM 利用同化所得到的初始场预测所得到的 2014～2016 年 Niño3.4 区海表温度异常的时间序列表明，经过同化试验后的初始场对 ENSO 的预测水平有相当的提高，例如，对 2015 年强厄尔尼诺事件振幅的预测效果与观测更为接近。更多的分析研究还在进行之中，将在以后详述。

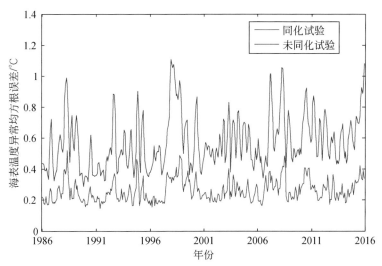

图 5.24　1986～2015 年同化和未同化试验模拟得到的海表温度
初始场与观测间均方根误差的时间序列

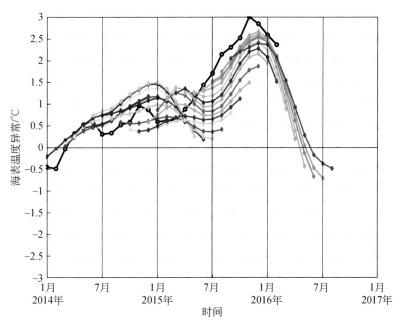

图 5.25　2014～2016 年观测（黑线）和同化后预测得到（彩线）的
Niño3.4 区海表温度异常的时间序列
每条彩线代表从不同的起始月份所做的 12 个月的预测结果

参 考 文 献

高川, 2016. 基于一个中间型海气耦合模式和四维变分同化方法改进 ENSO 的模拟和预报 [D]. 北京：中国科学院大学, 博士学位论文.

韩桂军, 何柏荣, 马继瑞, 等, 2000. 用伴随法优化非线性潮汐模型的开边界条件 Ⅰ. 伴随方程的建立及 "孪生" 数值试验 [J]. 海洋学报 (中文版), 22 (6)：27-33.

兰健, 1998. 资料同化中的伴随方法及其在海洋中的应用 [J]. 青岛海洋大学学报, 28 (2)：173-178.

穆穆, 陈博宇, 周菲凡, 等, 2011. 气象预报的方法与不确定性 [J]. 气象, 37 (1)：1-13.

乔方利, 2002. 现代海洋/大气资料同化方法的统一性及其应用进展 [J]. 海洋科学进展, 20 (4)：79-93.

王东晓, 吴国雄, 朱江, 等, 2000. 大洋风生环流观测优化的伴随分析 [J]. 中国科学 (D 辑：地球科学), 30 (1)：97-106.

朱江, 1995. 观测资料的四维质量控制：变分法 [J]. 气象学报, 53 (4)：480-487.

朱江, 曾庆存, 郭冬建, 等, 1997. IAP 正压模式的伴随模式和二阶伴随模式的构造 [J]. 中国科学 (D 辑), 27 (3)：277-283.

Courtier P, Talagrand O, 1990. Variational assimilation of meteorological observations with the direct and adjoint shallow-water equations [J]. Tellus A, 42 (5)：531-549.

Courtier P, Thépaut J N, Hollingsworth A, 1994. A strategy for operational implementation of 4D-Var, using an incremental approach [J]. Quarterly Journal of the Royal Meteorological Society, 120 (519)：1367-1387.

Dommenget D, Stammer D, 2004. Assessing ENSO simulations and predictions using adjoint ocean state estimation [J]. Journal of Climate, 17 (22)：4301-4315.

Gao C, Wu X R, Zhang R H, 2016. Testing a four-dimensional variational data assimilation method using an improved intermediate coupled model for ENSO analysis and prediction [J]. Advances in Atmospheric Sciences, 33 (7)：875-888.

Gao C, Zhang R H, 2017. The roles of atmospheric wind and entrained water temperature (T_e) in the second-year cooling of the 2010-12 La Niña event [J]. Climate Dynamics, 48：597-617.

Gao C, Zhang R H, Wu X R, et al., 2018. Idealized experiments for optimizing model parameters using a 4D-Variational method in an intermediate coupled model of ENSO [J]. Advances in Atmospheric Sciences, 35 (4)：410-422.

Kalman R E, 1960. A new approach to linear filtering and prediction problems [J]. Journal of Fluids Engineering, 82 (1)：35-45.

Kalnay E, 2003. Atmospheric Modeling, Data Assimilation and Predictability [M]. Cambridge University Press, 342.

Keenlyside N, Latif M, Botzet M, et al., 2005. A coupled method for initializing El Niño Southern Oscillation forecasts using sea surface temperature [J]. Tellus A, 57 (3)：340-356.

Klinker E, Rabier F, Kelly G, et al., 2000. The ECMWF operational implementation of four-dimensional variational assimilation. Ⅲ：Experimental results and diagnostics with operational configuration [J]. Quarterly Journal of the Royal Meteorological Society, 126 (564)：1191-1215.

Liu D C, Nocedal J, 1989. On the limited memory BFGS method for large scale optimization [J]. Mathematical Programming, 45：503-528.

Liu Y, Liu Z, Zhang S, et al., 2014. Ensemble-based parameter estimation in a coupled general circulation model [J]. Journal of Climate, 27：7151-7162.

Lu J, Hsieh WW, 1998. On determining initial conditions and parameters in a simple coupled atmosphere-ocean model by adjoint data assimilation [J]. Tellus A, 50 (4): 534-544.

Mu M, Duan W S, Wang B, 2003. Conditional nonlinear optimal perturbation and its applications [J]. Nonlinear Processes in Geophysics, 10 (6): 493-501.

Peng S Q, Xie L, 2006. Effect of determining initial conditions by four-dimensional variational data assimilation on storm surge forecasting [J]. Ocean Modelling, 14 (1): 1-18.

Peng S Q, Li Y, Xie L, 2013. Adjusting the wind stress drag coefficient in storm surge forecasting using an adjoint technique [J]. Journal of Atmospheric and Oceanic Technology, 30 (3): 590-608.

Tang Y M, Kleeman R, Moore A M, 2004. SST assimilation experiments in a tropical Pacific Ocean model [J]. Journal of Physical Oceanography, 34 (3): 623-642.

Tao L J, Zhang R H, Gao C, 2017. Initial error-induced optimal perturbations in ENSO predictions, as derived from an intermediate coupled model [J]. Advances in Atmospheric Sciences, 34: 791-803.

Thompson P D, 1969. Reduction of analysis error through constraints of dynamical consistency. Journal of Applied Meteorology, 8 (5): 738-742.

Wang B, Zou X L, Zhu J, 2000. Data assimilation and its applications [J]. Proceedings of the National Academy of Sciences of the United States of America, 97 (21): 11143-11144.

Wu X R, Zhang S Q, Liu Z Y, et al., 2012. Impact of geographic-dependent parameter optimization on climate estimation and prediction: simulation with an intermediate coupled model [J]. Monthly Weather Review, 140 (12): 3956-3971.

Wu X R, Li W, Han G, et al., 2015. An Adaptive Compensatory Approach of the Fixed Localization in the EnKF [J]. Monthly Weather Review, 143 (11): 4714-4735.

Wu X R, Han G J, Zhang S Q, et al., 2016. A study of the impact of parameter optimization on ENSO predictability with an intermediate coupled model [J]. Climate Dynamics, 46: 711-727.

Zhang R H, Gao C, 2016. Role of subsurface entrainment temperature (T_e) in the onset of El Niño events, as represented in an intermediate coupled model [J]. Climate Dynamics, 46: 1417-1435.

Zhang S Q, Zou X L, Ahlquist J E, 2001. Examination of numerical results from tangent linear and adjoint of discontinuous nonlinear models [J]. Monthly Weather Review, 129 (11): 2791-2804.

Zhang S Q, Harrison M J, Wittenberg A T, et al., 2005. Initialization of an ENSO forecast system using aparallelized ensemble filter [J]. Monthly Weather Review, 133 (11): 3176-3201.

Zhang S Q, Chang Y S, Yang X, et al., 2014. Balanced and coherent climate estimation by combining data with a biased coupled model [J]. Journal of Climate, 27 (3): 1302-1314.

Zhang X F, Zhang S Q, Liu Z Y, et al., 2015. Parameter optimization in an intermediate coupled climate model with biased physics [J]. Journal of Climate, 28 (3): 1227-1247.

Zheng F, Zhu J, Zhang R H, 2007. Impact of altimetry data on ENSO ensemble initializations and predictions [J]. Geophysical Research Letters, 34 (13): L13611.

Zou X, Navon IM, Berger M, et al., 1993. Numerical experience with limited-memory quasi-Newton and truncated Newton methods [J]. SIAM Journal on Optimization, 3 (3): 582-608.

第6章　基于条件非线性最优扰动方法的可预报性研究

如上所述，厄尔尼诺是热带中东太平洋大尺度海温异常增高的海气耦合现象，其发生往往会造成全球性的自然气候灾害，因而备受国际社会和学术界的高度关注。近几十年来不断深入的研究加深了对厄尔尼诺和拉尼娜动力过程的理解，并大力发展了数值模拟和预测工作，但对其实时预测仍然有很大的不确定性和系统性模式误差。通常，初始场误差和模式误差被认为是导致 ENSO 预测不准确的主要原因。为从理论上认知误差产生的原因和方式及与 ENSO 预测误差间的关系，我们基于 IOCAS ICM 利用条件非线性最优扰动（conditional nonlinear optimal perturbation，CNOP）方法（Mu et al.，2003）对 ENSO 的可预报性进行了初步研究，包括确定初始误差最快增长区域及其与观测资料空间分布间的相互关联、识别初始场的敏感区域（即目标观测）、考察初始场误差和参数误差及其联合作用对厄尔尼诺可预报性的影响等；进一步，基于条件非线性最优扰动方法，我们提出了一个动态的误差订正方法，试验结果表明该方法可有效地改进 IOCAS ICM 对 2015 年厄尔尼诺事件的模拟效果。

6.1　条件非线性最优扰动方法简介

任何基于模式的预测难免会产生误差，这种误差主要来源于模式中初始场和各物理过程表征的不准确性以及误差，如何减小或去除这些误差，或者找到误差产生和快速发展的敏感区，将为 ENSO 预测水平的提高提供理论指导。

为了考察非线性过程对预测误差增长的影响，克服线性假设的缺陷，Mu 等（2003）提出了条件非线性最优扰动方法，这一方法最初用于初始场误差的研究，随后推广至模式参数误差和边条件误差与预测误差发展之间关系等的研究（Mu et al.，2003，2010）。以初始场问题为例，CNOP 代表了在一定的物理约束下，具有最快速增长的一类初始场扰动，这一扰动在非线性过程下可以造成预测时刻末有最大的预测误差。目前，该方法已被广泛应用于 ENSO 可预报性研究及目标观测分析（Duan et al.，2004；Mu et al.，2007a；Mu et al.，2007b；Duan et al.，2009；Yu et al.，2009；Duan and Zhang，2010；Yu et al.，2012b）、海洋双环流和斜压不稳定的非线性效应（Riviere et al.，2008）、黑潮大弯曲事件（Wang et al.，2012；Zou et al.，2016）以及台风和阻塞事件（Mu et al.，2009；Jiang and Wang，2010；Mu and Jiang，2011；Mu et al.，2015）等高影响气候和大气事件的可预报性研究。我们已基于 IOCAS ICM 用条件非线性最优扰动方法开展了关于 ENSO 的可预报性研究，这里仅对条件非线性最优扰动方法作一简述，详细说明请见 Mu 等（2003）的工作。

对于一个给定的海气耦合模式的控制方程，可以简写为如下初值问题：

$$\begin{cases} \dfrac{\partial \boldsymbol{X}}{\partial t} + \boldsymbol{F}(\boldsymbol{X},\ \boldsymbol{p}) = 0 \\ \boldsymbol{X}\big|_{t=0} = \boldsymbol{X}_0 \end{cases} \qquad (6.1)$$

其中，$\boldsymbol{X}_0$ 为模式的初始条件；$\boldsymbol{p}$ 为模式参数向量；$\boldsymbol{X}(\boldsymbol{x},\ t) = [X_1(\boldsymbol{x},\ t),\ X_2(\boldsymbol{x},\ t),\ X_3(\boldsymbol{x},\ t),\ \cdots]$ 代表物理场（如海表温度、洋流等）；$\boldsymbol{F}(\boldsymbol{X},\ \boldsymbol{p})$ 代表非线性算子。当给定初始场 $\boldsymbol{X}_0$ 以及模式参数 $\boldsymbol{p}$ 时，积分 T 时刻后，方程（6.1）的解可表示为

$$\boldsymbol{X}(\boldsymbol{x},\ T) = \mathcal{M}(\boldsymbol{X}_0,\ \boldsymbol{p})(T) \qquad (6.2)$$

其中，$\mathcal{M}$ 表示相应时间内的非线性传播算子，即作用于初始场将初始状态传播至未来时刻 T。

如果在初始时刻添加小扰动 $\boldsymbol{u}_0$ 以及模式参数扰动 $\boldsymbol{p}'$，那么对于方程（6.1）的解有如下形式：

$$\boldsymbol{Y}(\boldsymbol{x},\ T) = \mathcal{M}(\boldsymbol{X}_0 + \boldsymbol{u}_0,\ \boldsymbol{p} + \boldsymbol{p}')(T) \qquad (6.3)$$

以上两式相减 [（6.3）-（6.2）]，可得到在给定初始扰动和模式参数扰动下关于变量场 $\boldsymbol{X}$ 的非线性误差发展。为了量化积分时间 T 后所产生的扰动大小，通常选用 L2 范数定义：

$$J(\boldsymbol{u}_0,\ \boldsymbol{p}') = \| \mathcal{M}(\boldsymbol{X}_0 + \boldsymbol{u}_0,\ \boldsymbol{p} + \boldsymbol{p}')(T) - \mathcal{M}(\boldsymbol{X}_0,\ \boldsymbol{p})(T) \|^2 \qquad (6.4)$$

其中，$J(\boldsymbol{u}_0,\ \boldsymbol{p}')$ 也就是所谓的目标函数。在实际中，通常需考虑对相关变量的物理约束，即初始扰动和模式参数误差都满足一定的约束条件，如 $\|\boldsymbol{u}_0\| \leqslant \delta$，$\|\boldsymbol{p}'\| \leqslant \sigma$。当且仅当目标函数满足

$$J(\boldsymbol{u}_0^*,\ \boldsymbol{p}^*) = \max_{\|\boldsymbol{u}_0\| \leqslant \delta,\ \|\boldsymbol{p}'\| \leqslant \sigma} J(\boldsymbol{u}_0,\ \boldsymbol{p}') \qquad (6.5)$$

时，我们称所求的解 $\boldsymbol{u}_0^*$ 和 $\boldsymbol{p}^*$ 为条件非线性最优扰动，这类最优扰动能够造成扰动误差最大发展。

为方便表示，将考虑仅由初始场误差（模式假设是完美的）引起的扰动称为 CNOP-I（CNOP induced by initial condition errors）；考虑仅由模式参数误差（初始场假设是完美的）引起的扰动称为 CNOP-P（CNOP induced by parameter errors）；考虑同时由模式参数和初始场误差的共同影响称为 CNOP-C（CNOP induced by combined errors in initial conditions and parameters）。为求解如公式（6.5）所示的非线性约束下的最优化问题，采用谱投影梯度算法（spectral projected gradient 2，SPG2；Birgin et al., 2000），该算法在计算中需要知道目标函数关于初始扰动和参数扰动的梯度。由于海洋和大气模式自由度一般都较高，利用小扰动方法求解梯度将花费大量的运算时间，不切实际。故采用伴随的方法会有效提高计算效率，这样可利用原模式的伴随模式来求解 CNOP。如上一章所述，我们开发了基于 IOCAS ICM 的切线性模块和伴随模块，已有效地将四维变分资料同化技术应用到 ICM 中，并利用伴随模块开展了四维变分资料同化方法的应用研究，以改进 ENSO 模拟和预测。这样，为将条件非线性最优扰动方法引入到 IOCAS ICM 中以开展 ENSO 可预报性研究等提供了一个有效的数值模拟工具。

6.2　初始场误差对 ENSO 预测的影响及其目标观测分析

初始场误差是影响海气耦合模式预测 ENSO 成败的主要因素之一。本节将条件非线性

最优扰动方法应用到 ICM 中开展 ENSO 可预报性研究，首先介绍条件非线性最优扰动在 IOCAS ICM 中的应用和分析过程，随后探讨 ICM 中造成厄尔尼诺预测最大误差增长的最优初始场误差（CNOP-I）时空演变及误差增长机制。其中，发现海表温度和海面高度的 CNOP-I 型结构与预测初始时刻所在的季节有关。CNOP-I 引起的扰动增长动力机制与 ENSO 本身动力过程相似，表现出类似拉尼娜模态的误差增长。这表明，如果 ICM 所采用的初始场中存在 CNOP-I 型误差结构，模式将弱报厄尔尼诺的强度。特别地，相对于不同季节的 CNOP-I，冬季 CNOP-I 会在预测时刻末造成最大的误差，直接影响 ENSO 振幅的准确预测。此外，还发现 CNOP-I 引起的误差发展有明显的春季预报障碍现象，这一发现为通过减小或去除 CNOP-I 型误差来改善初始场从而减弱春季预报障碍现象提供了可能，有望提高预测技巧。考虑到 CNOP-I 空间结构随季节变化，其局地分布特征为目标观测提供了理论依据，从而建议构建随季节而变的适应性观测网来改善观测资料使用的有效性，以限制初始误差引起的预报误差增长，进而提高模式对 ENSO 的预测能力。最后，通过基于 IOCAS ICM 的理想观测系统模拟试验，验证了条件非线性最优扰动方法所确定出的敏感区在减小厄尔尼诺预测误差以及减弱春季预报障碍现象方面的可行性和有效性。

6.2.1 引言

ENSO 事件的发生往往会造成全球性的自然灾害，特别是 2015 年厄尔尼诺事件的爆发（有着不同于以往事件的时空演变和动力过程），又将 ENSO 理论及预测研究推向了高潮。尽管近几十年来，通过对 ENSO 观测、机理及数值模拟试验等的系统研究，ENSO 预测水平不断提高，但其实时预测仍存在很大的不确定性，不同复杂程度的海气耦合模式对热带太平洋海表温度预测也存在很大的差异（图 1.1；可参考 http：//iri. columbia. edu/our-expertise/climate/forecasts/enso/current/）。特别地，各模式从北半球春季开始预测 ENSO 时会存在很大的差异，也与观测偏离较大，即产生明显的春季预报障碍现象。此外，尽管不同复杂程度的 ENSO 预报模式预测技巧不同，但复杂程度高的模式在 ENSO 预测技巧上并没有明显的优势。

引起 ENSO 预测不确定性的因子很多，包括初始场和模式参数的误差。针对气候或天气事件可预报性的问题，Lorenz（1975）将其归纳为两类——第一类可预报性和第二类可预报性。第一类可预报性又称动力学可预报性，是假定数值模式完全准确的情况下，考察在非线性系统中由于初始条件不准确性造成的误差快速增长的问题；第二类可预报性也被称为外强迫可预报性，是指外强迫发生变化后，数值模式对气候尤其是长期气候变化的模拟和预估能力，通常也被认为是模式误差所造成的可预报性问题（Roads，1987；Palmer et al.，1998）。就初始场误差造成的 ENSO 预测不确定性来说，前人做了大量的工作，特别是关于春季预报障碍现象产生的原因（Webster and Yang，1992；Webster，1995；Chen et al.，1995；Moore and Kleeman，1996；Xue et al.，1997a，1997b；Thompson，1998；Samelson and Tziperman，2001；Chen et al.，2004；Mu et al.，2007b；Zhou et al.，2008；Larson and Kirtman，2017；Tang et al.，2018；Zhang et al.，2018；Mu et al.，2019）。例如，利用条件非线性最优扰动方法，Mu 等（2003，2007a，2007b）发现热带太平洋气候态、

ENSO 事件本身以及初始场误差共同作用产生了春季预报障碍现象。Yu 等（2009）进一步探讨了厄尔尼诺预测中引起春季预报障碍现象的最优初始场误差特征（CNOP-I），认为存在两类特殊类型的偶极子型初始场误差结构：CNOP-I 第一种类型的海表温度空间结构表现出东西向偶极子分布，即正异常中心位于热带东太平洋，负异常中心位于中西太平洋海区；CNOP-I 第二种类型的空间结构与第一类几乎一致，但是位相相反。这两种误差分别对 ENSO 预测产生不同的影响，第一种初始场误差型会使振幅预测偏强，第二种初始场误差型则会导致 ENSO 事件预测强度偏弱。进一步研究发现（Yu et al.，2012b），春季预报障碍现象的发生依赖于特定型的初始场误差结构。换言之，并非任何初始场误差均会导致春季预报障碍现象以及大的预报误差增长，而通常某一区域的误差则会对预测产生决定性的影响，继而提出了目标观测敏感区的概念。Mu 等（2007b）首次将条件非线性最优扰动方法应用到目标观测研究分析中，认为 CNOP 显著的区域为 ENSO 预测的敏感区，这样通过去除或过滤敏感区的初始场误差，不仅能够有效提高模式预测的技巧，而且还能够提前捕捉到 ENSO 信号（Mu et al.，2014），为目标观测提供理论指导。针对 Zebiak 和 Cane 所发展的海气耦合模式（ZC 模式；Zebiak and Cane，1987），Yu 等（2012b）分析了 CNOP-I 型初始误差的各区域的贡献大小，进一步验证了 CNOP 所提示的敏感区，强调了东太平洋海表温度误差对 ENSO 预测的重要作用。只要减小东太平洋的初始场误差而不改变其他区域的初始场误差，就能够有效抑制预测误差的增长。

回顾前人的工作可以看出，关于初始误差增长的研究以及目标观测分析，所使用的模式主要是中等复杂程度的 ZC 模式，基于条件非线性最优扰动方法所得到的结果不一定适用于其他模式，如 Zhang 等（2015）利用集合的方法对 CMIP5 模拟结果进行了分析，发现造成春季预测障碍现象的初始场误差结构中的海表温度扰动为厄尔尼诺模态，而在垂直方向则为偶极子模态，并强调西太平洋次表层扰动对春季预报障碍现象的产生起着重要的作用，类似的垂直模态在地球系统模式（CESM）中也存在（Duan and Hu，2016；Hu and Duan，2016）。因此，最优初始场误差的结构和演变依赖于所用模式本身，不同模式相应的目标观测敏感性等也将会有所不同。

在本节中，我们将条件非线性最优扰动方法运用到我们自行发展和改进的海气耦合模式（即 IOCAS ICM）中，着重考察初始场误差对 ENSO 模拟和预测的影响。如上所述，IOCAS ICM 与国际上众多 ENSO 预测模式相比表现出色，其预测得到的 Niño3.4 区海表温度异常指数值通常趋于其他模式的集合平均值，特别是对 2010-2012 年拉尼娜事件的二次变冷过程的成功预测，体现了该模式的优良性能。因此，基于 IOCAS ICM，利用 CNOP-I 方法开展对 ENSO 的可预报性研究，包括最优初始误差增长及其相应目标观测的验证、与 ZC 模式结果比较等研究，将为进一步深入地认识 ENSO 的可预报性、优化观测网设计和资料同化等提供理论依据和科学指导。

6.2.2　CNOP-I 试验设计及结果分析

6.2.2.1　CNOP-I 分析过程

利用条件非线性最优扰动方法，当不考虑模式参数误差时，寻找出造成厄尔尼诺预测时最大误差发展的初始场误差空间分布特征。在 ICM 中应用 CNOP-I 方法的具体分析过程如下。

（1）参考态选取

我们选取了 ICM 模拟中三个典型的 ENSO 事件作为参考态，分别标记为 ENSO-1、ENSO-2 和 ENSO-3。图 6.1 给出了 ENSO 参考事件的 Niño3.4 区海表温度异常指数时间序列。其中（0）表示厄尔尼诺事件发生年（增长年）、（-1）表示厄尔尼诺事件发生年的前一年、（1）表示厄尔尼诺事件发生年的后一年（衰减年）。为了考察厄尔尼诺事件增长位相和衰减位相的春季预报障碍现象，将预测初始时刻选在厄尔尼诺事件发生上一年 7 月 [即 7 月（-1）] 至下一年 6 月 [即 6 月（1）]，每个月份开始分别进行提前 12 个月的预测，可使预测期间跨越增长位相或衰减位相期的春季（即对每一次 ENSO 事件，从 24 个不同的月份开始进行为期一年的预测）。通过在参考态的初始场中添加误差，可以得到相应 24×3＝72 组预测的时间序列，与其对应的 ENSO 参考态对比，即可分析初始场误差造成的预测误差的演变。

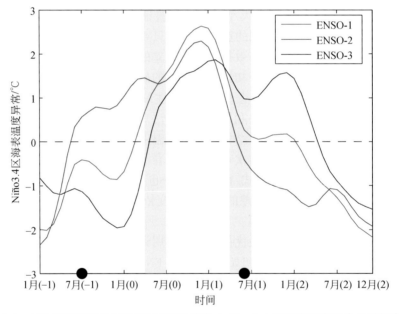

图 6.1　ICM 模拟得到的三种不同 ENSO 事件中 Niño3.4 区海表温度异常的时间序列

图中分别标记为 ENSO-1、ENSO-2 和 ENSO-3，对应不同颜色曲线，并作为预测试验的参考态。其中（-1）表示厄尔尼诺事件发生的前一年；相应地，（0）和（1）表示厄尔尼诺事件发展年和衰减年。黄色柱型表示春季，这里显示的是预测技巧迅速降低的时期（即所谓的春季预报障碍现象）；初始预测时刻取为 7 月（-1）至 6 月（1），用 ICM 进行超前 12 个月的预测，总共有 24×3 组预测试验

（2）初始场误差约束条件及目标函数的构造

为了考察海表温度和海面高度初始场对预测的影响，假定初始场中只有海表温度和海面高度场存在误差。也就是说，用于 CNOP-I 分析的初始场误差包含两个部分：海表温度误差和海面高度误差。考虑到模式网格的非均匀分布（参考 2.1 节中 ICM 简介），在约束条件及目标函数中加入了权重函数。那么，可定义海表温度和海面高度初始场误差约束

条件为

$$\delta_1 = \sqrt{\frac{\sum_{i,j} \omega_{i,j} [E_{SST,0}(i,j)]^2}{\sum_{i,j} \omega_{i,j}}} \qquad (6.6)$$

$$\delta_2 = \sqrt{\frac{\sum_{i,j} \omega_{i,j} [E_{SL,0}(i,j)]^2}{\sum_{i,j} \omega_{i,j}}} \qquad (6.7)$$

其中，$E_{SST,0}(i,j)$ 和 $E_{SL,0}(i,j)$ 分别表示模式网格 (i,j) 点上的初始海表温度误差和海面高度误差；$\omega_{i,j}$ 表示空间权重函数，例如，模式网格（31，11）点的分辨率为 $2°×0.5°$（纬向×径向）；δ_1 和 δ_2 是约束半径。从数学上来讲，所给定的约束半径（δ_1 和 δ_2）表示网格点的平均最大误差。同样，为量化由这些初始场误差引起的预测误差增长，定义如下形式的目标函数：

$$J_l = \sum_{i,j} \omega_{i,j} [E_{SST,1}(i,j,t)]^2 \qquad (6.8)$$

其中，

$$E_{SST,1}(i,j,t) = A_{SST,1}(i,j,t) - A_{SST,r}(i,j,t) \qquad (6.9)$$

$A_{SST,r}(i,j,t)$ 表示 t 时刻参考态的海表温度异常，而 $A_{SST,1}(i,j,t)$ 表示在添加了初始场误差后预测 t 时刻的海表温度异常，那么 $E_{SST,1}(i,j,t)$ 代表了由初始场误差引起的海表温度误差增长。

（3）约束半径大小的确定

Mu 等（2003）和徐辉（2006）分析了不同约束大小选取与最优误差结构间的关系，发现除了振幅大小不同，CNOP-I 空间结构受约束半径大小的影响较小，也就是说 CNOP-I 空间结构对约束条件的敏感性较小。在对不同约束大小选取的敏感性试验中，我们也发现 IOCAS ICM 中 CNOP-I 空间结构表现出相似性，但所造成的误差增长大小是不同的：对于较大的约束半径，会产生很强的误差增长，甚至在热带东太平洋海表温度增温幅度可达到 10℃以上，不符合实际预测情况；而较小的约束半径，所产生的误差可能很小，对 ENSO 预测不会产生太大的影响。通过多组试验，最终确定了合理的约束半径：$\delta_1 = 0.16℃$ 和 $\delta_2 = 0.9cm$。本章后面将分析采用这些约束半径时由条件非线性最优扰动方法得到的结果。

（4）CNOP-I 型初始误差场的计算

在给定上述初始条件约束下，将条件非线性最优扰动方法应用到 ICM 中，能够计算出造成 ENSO 预测时刻末误差最大发展的最优初始场误差空间分布特征。需要注意的是，为了求解这些有约束的优化问题，我们采用了 SPG2 算法（即不断迭代求解以得到使模式误差有最大发展的最优解）。由于在迭代求解过程中需不断计算目标函数对初始扰动的梯度，使用小扰动求解梯度将花费大量的计算时间，不切实际。通常，利用原始模式的伴随模式反向时间积分能够快速地求解出梯度函数。这里我们利用 Gao 等（2016）开发的 ICM 的切线性模式及其伴随模式代码，开展基于条件非线性最优扰动方法的 ENSO 可预报性研究。

6.2.2.2　最优初始场误差结构

对应于不同的 ENSO 参考态以及初始预测时间，得到 72 个 CNOP-I，这种初始场误差会造成 ENSO 预测结果相对于参考态有最大的偏离。通过比较发现，不管是在厄尔尼诺的增长位相还是衰减位相，在不同的 ENSO 参考态下，对于同一初始月份开始预测计算得到的 CNOP-I 的空间结构几乎一致，但不同初始月起报的 CNOP-I 结构有着明显的区别。也就是说，ICM 中的 CNOP-I 的空间结构具有明显的季节依赖性。为了提取出造成 ENSO 预测不准确性的初始场误差的主要模态，我们采用了合成分析：对相同初始 CNOP-I 分析时刻得到的海表温度和海面高度的初始误差场进行集合平均。图 6.2 给出了在 ICM 中造成不同季节时 ENSO 预测不确定性的最优初始误差模态。尽管各个季节的 CNOP-I 存在一定的相似性，但总的来说（尤其是海表温度场）CNOP 结构随季节有明显的变化。

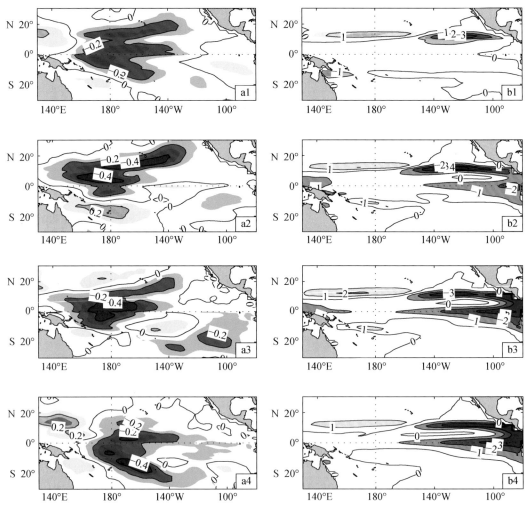

图 6.2　CNOP-I 型初始场误差的空间分布

a. 海表温度异常；b. 海面高度异常

这里从上到下分别给出了从夏季（7~9 月）、秋季（10~12 月）、冬季（1~3 月）和春季（4~6 月）开始预测的最优初始场误差的集合平均分布，可以发现 ICM 中 CNOP-I 表现出明显的季节依赖性，a 中等值线间隔为 0.2℃；

b 中等值线间隔为 1cm

首先考察海表温度场的 CNOP-I 型空间结构（图 6.2a），不管从哪个起报月来计算 CNOP-I，所得到的 CNOP-I 在热带太平洋日界线附近都存在明显的负异常信号，并且在赤道外海区误差信号随季节而变。夏季海表温度场的最优误差主要集中在中太平洋，并向赤道外海区扩展（几乎覆盖了整个 Niño3 和 Niño4 区）。秋季海表温度场的误差结构呈南北向偶极子分布：在赤道中太平洋区域及其北部为负异常，赤道中太平洋南部为正异常；与夏季情况相比，冬季开始预测时的最优海表温度初始误差空间结构与之较为相似，但是后者更集中于中西太平洋且范围缩小；冬季海表温度场的最优初始误差结构也以偶极子的形式出现，但其正异常信号位于赤道以北的西边界区域，负异常信号从中太平洋向东南延伸至（25°S，140°W）区域。

相对于海表温度场的最优误差的季节性变化而言，海面高度场的误差结构随季节变化并不明显。其信号主要集中在热带太平洋冷舌区，强度随季节略有变化，如夏季时赤道东太平洋误差信号几乎消失；在北赤道外海区，沿着 10°N 区域出现强度相当但位相完全相反的跷跷板式的异常信号。

这四类季节性的 CNOP-I 最容易造成 ENSO 预测时产生最大的预测误差。需要强调的是，海表温度和海面高度场的最优误差结构共同作用才会造成提前 12 个月 ENSO 预测大大偏离 ENSO 参考态。因此海表温度和海面高度场的误差组合，才是所谓的 CNOP-I，而其组合表现出明显的季节依赖性。

6.2.2.3　误差发展机制

针对这四类能够造成模式对 ENSO 预测不准确性的季节性最优误差模态，我们在这一小节中将继续考察其引起的误差增长过程，更为深入地认知误差增长的动力机制。

将 CNOP-I 得到的误差场添加到相应的初始场中并向前积分 ICM 12 个月，可得到在有初始场误差存在的情况下预测状态的演变。通过与 ENSO 参考态比较，可以计算出相应的海洋动力及热力学变量的扰动增长。例如，对 ENSO-1 进行预测，当预测初始时刻为 7 月（−1）时，在该月初始场上添加 CNOP-I，ICM 积分 12 个月得到 ENSO 预测；再与给定的 ENSO-1 参考态相减，就可得到由海表温度和海面高度场的误差造成的风场、海洋流场、次表层海水上卷温度和海表温度场等的预报误差随时间的演变。

有趣的是，不同季节的 CNOP-I 所造成的最终误差增长有明显不同。图 6.3 展示了在初始场中添加 CNOP-I 后目标函数随预测初始月份的变化。可以发现几个特点：①造成最终误差增长大小依赖于预测的初始时刻，相对于其他季节的 CNOP-I 而言，冬季 CNOP-I 引起的误差增长最大。这种差别很有可能是因为 ENSO 的季节锁相造成的（即在冬季的海表温度异常振幅达到最大），同时也暗示着 ICM 对 ENSO 振幅大小的预测强烈地依赖于初始条件的准确性。②增长位相时的最大误差增长大于衰减位相时的误差增长，表明在厄尔尼诺增长位相期的预测对初始场更为敏感。从可预报性角度来讲，相对于衰减位相而言，从厄尔尼诺的增长位相时进行预测具有较高的可预报性。

为了进一步考察 CNOP-I 所引起的误差增长随时间演变的特点，定义了误差增长率

$$\tau_{t_1} \approx \frac{\sqrt{\sum_{\Omega} \left[E_{\mathrm{SST}}(i, j, t_2) \right]^2} - \sqrt{\sum_{\Omega} \left[E_{\mathrm{SST}}(i, j, t_1) \right]^2}}{t_2 - t_1} \qquad (6.10)$$

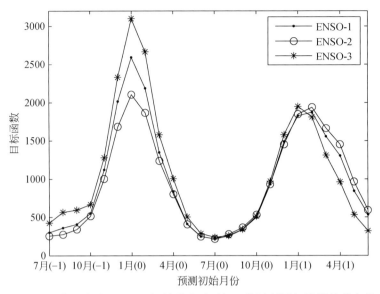

图 6.3　添加了相应 CNOP-I 初始误差后目标函数随预测初始月份的变化

其中，$E_{SST}(i, j, t_1)$ 表示在初始场中添加 CNOP-I 后预测 t_1 个月后的当月与 ENSO 参考态海表温度场的月平均之差；Ω 表示为 Niño3.4 区。误差增长表现出明显的季节依赖性（图 6.4）：不管是从哪个初始时刻开始预测，CNOP-I 引起的误差增长率均在春末夏初（5~8 月）达到最大，特别是从 10 月至次年 2 月进行预测时，预测 12 个月的误差增长出现了两次峰值（冬季及春末夏初），从而造成图 6.3 中目标函数随时间变化在冬季为波峰；当跨过春季后进行预测（如 7 月开始预测）时，即使添加上 CNOP-I，几乎不存在明显的

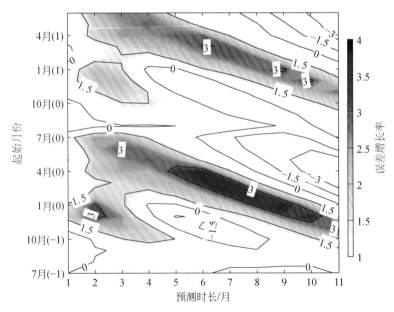

图 6.4　CNOP-I 所引起的误差增长率随预测时长和预测初始时刻的变化

涂色区域表示增长率大于 1，可见误差增长率具有明显的季节性变化：

在春末和夏季（5~8 月）最大；等值线间隔为 1.5

误差快速增长季节，初始误差也就得不到很大的发展，这解释了为什么在图6.3中所示的目标函数时间序列会于7月左右出现低谷的现象。当我们回顾 IOCAS ICM 对 ENSO 回报技巧的季节变化时，可以发现其在跨春季预测技巧下降最快，与 CNOP-I 型初始误差在春季所引起的预报误差最快发展相对应。这意味着，造成 ICM 中 ENSO 春季预报障碍现象很有可能与初始场误差有关。另一方面，这种季节性误差增长率在厄尔尼诺增长和衰减位相期强度有明显不同，前者大于后者，这解释了图6.3为何有两个振幅不同的波峰，也进一步解释了 ICM 对厄尔尼诺增长位相的预测技巧会低于衰减位相的预测技巧。

进一步跟踪误差演变的空间特征发现（图6.5），四类 CNOP-I 造成的误差均表现出倾向于演变成拉尼娜模态的趋势。换言之，CNOP-I 引起的误差增长将直接影响到热带中东太平洋海表温度预测，从而对 ENSO 预测产生较大的影响。从预测角度来讲，当预测初始场中存在不同强度的 CNOP-I 型误差时，ICM 预测倾向于产生一个冷的海表温度偏差：造成对厄尔尼诺事件的预测会变弱，甚至会误报为拉尼娜事件。

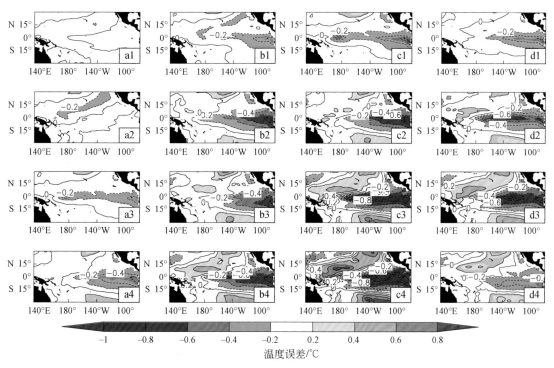

图 6.5　CNOP-I 所引起的海表温度误差随时间演变的水平分布
a. 夏季；b. 秋季；c. 冬季；d. 春季
从上到下依次为超前3、6、9和12个月的预报误差，等值线间隔为0.2℃，其中虚线为负异常、实线为正异常

尽管四类 CNOP-I 都会造成类拉尼娜的误差发展，但各自随时间演变有所不同。如秋季 CNOP-I，其引起的海表温度预报误差随着预报时间增加不断增强，而冬季 CNOP-I 在预报6个月左右达到峰值，随后逐渐减弱。考虑到 CNOP-I 在不同季节有明显的差别，很自然地可以预期其所引起的误差演变也会有所不同。为此，我们有必要着重分析不同季节 CNOP-I 引起的误差增长机制的异同。

图 6.6 给出了 CNOP-I 引起的 ICM 预测误差沿赤道随时间的演变，包括风应力、T_e 和海面高度异常场。在夏季，CNOP-I 中的海表温度负异常误差信号集中在中太平洋；这种误差信号通过海气耦合在大气中激发出相应的风应力响应 [在日界线东西两侧分别响应出西、东风异常误差（图 6.6a1）]，从而导致东太平洋上层海水异常辐合，产生下降流，使次表层所产生的增温效应（图 6.6b1）抑制了表层海水的负异常信号，使得在积分 3 个月后初始误差场的负异常信号几乎消失（图 6.5a 中超前 3 个月的结果）。从季节变化角度，

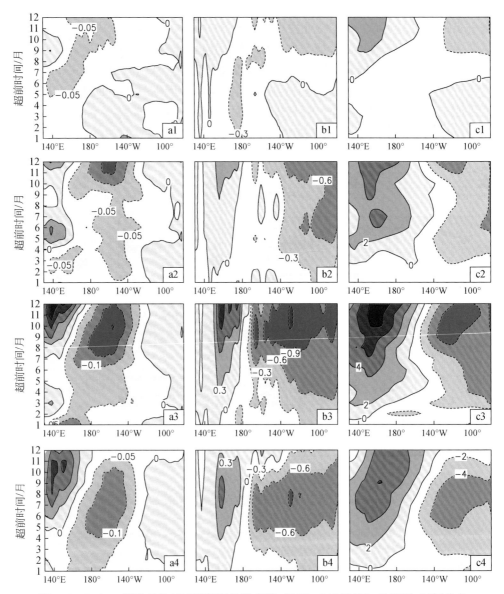

图 6.6　CNOP-I 所引起的 ICM 预测误差沿赤道（5°N～5°S 平均）的纬圈-时间分布

a. 纬向风应力异常；b. T_e 异常；c. 海面高度异常

从上到下分别是夏季、秋季、冬季和春季 CNOP-I 引起的误差演变；

a 中等值线间隔为 0.05dyn/cm²；b 中等值线间隔为 0.3℃；c 中等值线间隔为 2cm

海表温度变率在秋季趋向于稳定态，误差也得不到有效的发展。随后，西太平洋的东风异常误差信号不断增强并东移，在西太平洋激发出冷的 Kelvin 波信号并向东传播，携带西太平洋的海面高度负异常误差信号至东太平洋并经过海气耦合得到发展，产生出强的海表温度负异常误差。换句话说，夏季 CNOP-I 引起的误差增长经历了从增暖效应至变冷效应的转变，从而在短时间内，误差并没有得到充分的发展。至于秋季的 CNOP-I，这种误差结构会影响大气–海洋耦合系统，一方面，海表温度负异常误差会在大气中迅速响应出东风异常信号，激发出冷的 Kelvin 波，所产生的海面高度负异常信号快速传播至东太平洋（图 6.5b 中超前 3 个月的结果）；另一方面，位于东太平洋海区初始时刻的异常上升流误差会进一步使热带东太平洋降温（图 6.6b2，b3）。此时东风异常、海表温度负异常以及温跃层的异常抬升形成的误差信号类似于 Bjerknes 正反馈机制，误差得到进一步的发展，从而使预测结束时刻海表温度场远远偏离 ENSO 参考态。

冬季的 CNOP-I 与夏季的最大不同表现在位于东太平洋的海面高度异常信号上，这使得前者引起的误差机制更接近于秋季的 CNOP-I。但是由于春季海气状态的不稳定性较强，从冬季作为初始条件开始预测时，CNOP-I 型的初始误差通过海气耦合过程造成误差增长幅度大于夏季，表现出更强的 Bjerknes 正反馈过程，这样在预测 6 个月后（模式预测初始时间为春季），海表温度的负异常误差信号几乎覆盖了整个赤道太平洋。因这种耦合不稳定的季节依赖性所造成的误差快速增长效应而产生类似于春季预报障碍现象。而从春季开始预测时，CNOP-I 虽然也引起了很强的 Bjerknes 正反馈过程，并通过赤道波动将负异常信号传至东太平洋，但是位于西边界处的海面高度正异常误差信号（图 6.2a4，b4 位于西太平洋的正误差）会在西太平洋反射出暖性的 Kelvin 波信号（图 6.6b4，c4）；同时，西太平洋上空持续性西风异常信号不断产生并加强暖的 Kelvin 波，且不断向东传播，通过 T_e 产生出对表层的增暖效应，从而使那里的海表温度负异常信号有减弱的变化趋势。

尽管 CNOP-I 空间结构与预测初始时刻有关，但其造成的误差增长均可以用 Bjerknes 正反馈机制以及温跃层扰动信号传播产生的反馈机制来解释。海表温度变化在夏季到秋季之间趋向于稳定模态，而在春季到夏季之间表现出不稳定的模态，造成误差随季节快速增长。从这一角度分析，ICM 中所出现的对 ENSO 预测的春季预报障碍现象很有可能与初始场误差在春季耦合不稳定下的快速发展有关。

6.2.3　目标观测有效性的验证

CNOP-I 所揭示出的初始场误差代表了一类最优发展的误差型，这类误差能够造成 ENSO 预测时有最大的误差增长。在给定的约束条件下，初始场误差会集中在某一个区域，使得预测误差得到最大的发展。这个区域就是所谓的敏感区，这一区域的初始误差会对最终预测误差非线性发展起到关键作用。敏感区中微小的初始扰动会通过非线性作用随着时间快速发展（尤其是向低频谱段扩散），使得局地性的小范围扰动变成全局性的大面积扰动，可完全改变海洋状态，从而造成预测失败。由此可见，条件非线性最优扰动方法可用来识别出模式对 ENSO 预测的敏感区，进而我们可以通过目标观测或者资料同化方法改进这一区域的初始场，这将会对 ENSO 预测技巧的提高起到重要作用。

在上一小节中，我们将条件非线性最优扰动方法应用到了 ICM 中，识别出四类 CNOP-I，分别对应四个季节，这一发现表明敏感区很有可能是随季节变化的，甚至也会有年代际变化。就目前所得到的结果表明，海表温度的误差信号主要集中在中西太平洋，赤道外海区随季节变动较大；而海面高度的误差除夏季外主要集中在东太平洋冷舌区域。从动力学角度来讲，海面高度场主要表征次表层中温跃层扰动信息，次表层信号会通过垂直混合和扩散以及垂直平流等过程影响表层海洋状态。因此在某种程度上可以认为对 ENSO 预测的敏感区主要位于中太平洋表层和东太平洋的次表层。那么，如果在这两个海区增加观测，预测就能够有效地消除 CNOP-I 型的初始场误差，从而能够最大程度减少因非线性过程对预测误差增长所造成的不利影响，进而提高 ENSO 预测技巧，并且有助于削弱春季预报障碍现象。当然，为了预测得更准确，赤道外海区的影响也不能忽略，在条件允许的情况下，应在赤道外海区（尤其是赤道以北的西边界区域和赤道中太平洋以南的海区）布置观测系统，会进一步提高预测的准确性。为了进一步验证由 CNOP-I 所确定的敏感区对预测的影响，我们将在理想化情况下进行目标观测试验，以充分验证在赤道太平洋中部和东部海区增加观测对提高 ICM 预测能力的有效性。

6.2.3.1　试验方案

观测系统模拟试验（observing system simulation experiments，OSSEs）是一种简单有效的理想试验，可以定量地确定所设计的观测系统对预测技巧提高的程度，是一种验证目标观测敏感区的有效方法（Morss and Battisti，2004a，2004b）。

首先确定"真实态"（true state）作为评价理想观测系统模拟试验的参考标准：选取 ICM 模拟中得到的某一次厄尔尼诺事件（图 6.7）作为真实的状态演变，接下来针对这次厄尔尼诺事件进行敏感性预测试验。考虑到 ICM 对厄尔尼诺增长位相的预测存在较大的误差，我们对这次预测试验仅关注在厄尔尼诺的发展阶段，即预测的初始时刻选择在 7 月（−1）至 6 月（0）之间，这样每个月份预测试验的时段都包括预测当年的春季，可分析减小初始场误差对春季预报障碍现象的减弱作用。

其次进行了控制预测试验（Ctl-Forecast）：假定模式是准确的，通过在初始场中叠加误差，可得到不同于"真实情况"的状态演变。这里初始场误差的构造是最关键的一步。通常，由于模式采用再分析数据或者资料同化后得到的初始场的误差并不是随机分布的，而是具有一定的空间结构，Duan 等（2009）基于集合的理念提出了一种新的误差构造方法：构造出的误差在一定程度上各态历经，这一方法已用于复杂模式中寻找最优初始场误差方法的研究（Duan and Hu，2016）。这里我们也采用了基于集合算法来构造初始场误差，同时也仅考虑去除海表温度和海面高度初始场误差对预测的影响。考虑到 ICM 能够模拟出准 4 年周期振荡的 ENSO 循环，将起报月份的海表温度和海面高度与前 4 年中的每个对应月份的海表温度和海面高度之差作为初始场误差。例如，取起报月为 7 月（−1）时，将该月"真实状态"的海表温度和海面高度与 6 月（−1）的海表温度和海面高度相减，即可得到一类包含海表温度和海面高度场误差的空间结构；与 5 月（−1）的海表温度和海面高度场相减，即可得到第二类误差的空间结构。依此类推，可以得到 48 种不同类型的误差场。这样将会产生 12×48 组误差，对于每一个起报月都有 48 种初始场误差。将这

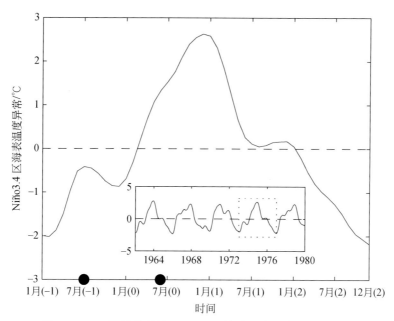

图 6.7　ICM 模拟得到的 Niño3.4 区海表温度异常的时间序列

ICM 能够模拟出准 4 年周期振荡的 ENSO 循环，图中嵌入部分展示了 ICM 自由积分得到的 1962 ~ 1980 模式年的 Niño3.4 区海表温度异常指数的时间序列；其中某一次厄尔尼诺事件（如红色实线和嵌入部分正方形黑色虚线所示）被取为实际"观测"或"真值"，以作为评价理想观测系统模拟试验效果；黑色实心圆之间的月份 [7 月 (−1) 至 6 月 (0)] 是预测试验的初始时刻，由此可得到 12 个从不同月份开始预测的时间序列

种初始场误差集合分别添加到对应的起报月份上的初始场，那么对于每一个月份，都有 48 个有初始场误差的预测结果。

最后，进行理想化的目标观测（target-observation）试验：针对不同月份在不同初始场误差影响下进行的 48 组预测试验，通过去除目标区域（target area）中海表温度和海面高度初始场的误差，来代替"真实"目标观测后对目标区域海表温度和海面高度场等的观测质量提高（即该区域没有初始场误差）。然后再对厄尔尼诺事件重新进行预测，将结果与控制预测试验进行对比，可以阐明在相应目标区域增加观测以减小初始场误差能否对 ENSO 预测技巧有所提高等问题。

本小节对 ENSO 理想目标观测试验分成两部分。一部分将整个热带太平洋（纬度：30°S ~ 30°N；经度：120°E ~ 80°W）均等地分成 12 个海区（图 6.8），其中每个目标区的范围为 40°×20°（经度×纬度），分别命名为 S1，S2，S3，…，S12。分别在这 12 个海区中去除初始场误差，再重新进行预测，那么对于每一组控制预测试验，都对应有 12 组目标观测试验，分别命名为 S1 ~ S12 预测试验。另外，考虑去除 CNOP-I 相关的敏感区的初始场误差，分别构造了如下观测网：S2 和 S6（target area：S2，S6；简写为 TA26）、S6 和 S8（target area：S6，S8；简写为 TA68）、S2 和 S6 与 S8（target area：S2，S6，S8；简写为 TA268）、S1 ~ S2 和 S5 ~ S6（target area：S1，S2，S5，S6；简写为 TA1256）以及整个赤道太平洋海域（target area：S5 ~ S8；简写为 TA5678），这些分别对应的是 TA26、TA68、TA268、TA1256 及 TA5678 目标观测预测试验。由于这些目标观测试验所包含的区域均是 CNOP-I 确定出的敏感区，故又称之为"CNOP-I 相关的目标观测试验" （CNOP-I related target observing experiments）。表6.1罗列了主要的控制预测试验及目标观测系统试验的简单描述。

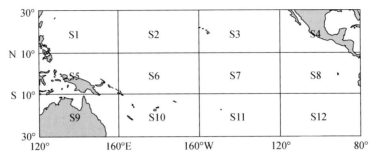

图6.8 目标观测区域的分布

分别用 S1、S2 等标注，每一个目标区域的范围取为 40°×20°（经度×纬度）

表6.1 控制预测试验和观测系统试验的说明

预测试验	描述
true state	ICM 模拟的"真实状态"（真实厄尔尼诺事件）
Ctl-Forecast	包含初始场误差的控制预测试验
S1 ~ S12	分别去除 S1 至 S12 区初始场误差的目标观测试验
TA26	同时去除 S2 和 S6 区初始场误差的预测试验
TA68	同时去除 S6 和 S8 区初始场误差的预测试验
TA268	同时去除 S2、S6 和 S8 区初始场误差的预测试验
TA1256	同时去除 S1、S2、S5 和 S6 区初始场误差的预测试验
TA5678	去除整个赤道太平洋（S5 ~ S8）初始场误差的预测试验

注：标为蓝色字体的试验表明是由 CNOP-I 所揭示出的目标观测试验

6.2.3.2 控制预测试验及 S1 ~ S12 目标观测试验

由于在初始场上叠加海表温度和海面高度场误差后，预测结果将偏离"真实状态"的演变，将预测结果与"真实状态"场相减，可以得到由于海表温度和海面高度场初始误差而造成的预测误差增长的时间演变。从误差增长角度来讲，ENSO 预测误差受到春季预报障碍现象的严重影响，因而其初始场误差造成的海表温度预测误差会表现出季节依赖性。图6.9给出了控制预测试验的误差增长率［根据式（6.10）计算］和 Niño3.4 区海表温度异常指数均方根误差（RMSE），其计算公式如下：

$$\text{RMSE} = \sqrt{\frac{1}{12} \sum_{t=1}^{12} \left(X_{\text{cf}, t} - X_{\text{truth}, t} \right)^2} \qquad (6.11)$$

其中，$X_{\text{cf}, t}$ 是控制预测试验中预测时刻 t 时 Niño3.4 区海表温度异常指数，$X_{\text{truth}, t}$ 是该月份"真实"的 Niño3.4 区海表温度异常指数。通过比较不同起报时刻的预测结果，可以清晰地看到春季预报障碍现象对预测的重要影响：不管从任何月份起报，误差增长率的峰值都出现在春季和夏季，造成 ICM 预测结果的不准确（Niño3.4 区海表温度异常指数的均方根误差值可达3℃以上）；个别初始场误差不会造成春季预报障碍现象（如图6.9d，第1~

10 组初始场误差），因而其均方根误差值也相对较小（一般不超过 1℃）；当起报月份绕过春季后进行预测时（图 6.9a1，b1），不受春季预报障碍现象的影响，其造成的 Niño3.4 区海表温度异常指数的均方根误差值比其他起报月份都要小得多，这里再一次表明 ICM 中春季预报障碍现象对 ENSO 预测准确性的显著影响。

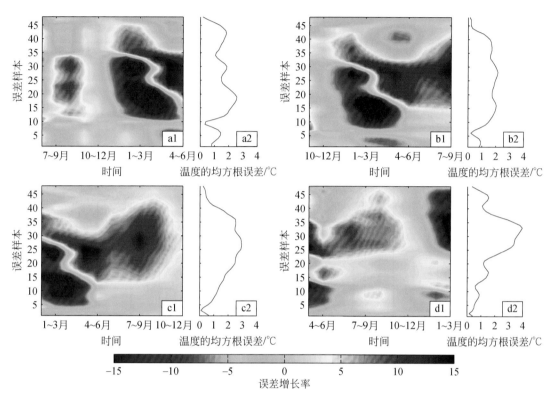

图 6.9　控制预测试验中不同起报时刻得到的 Niño3.4 区海表温度误差的增长率及相应的均方根误差
a. 起报时间 7 月（−1）；b. 起报时间 10 月（−1）；c. 起报时间 1 月（0）；d. 起报时间 4 月（0）
a1，b1，c1，d1 表示误差增长率；a2，b2，c2，d2 表示均方根误差；垂直坐标表示对 48 组
不同初始误差所进行的控制预测试验

　　为了考察热带太平洋不同目标区域海洋初始状况对预测结果的影响，进行了 S1～S12 目标观测预测试验：通过去除由 CNOP 所揭示出的目标区域（图 6.8）中的初始场误差（这样就不同于一般资料同化的常用做法），可以从理论上定量化确定实施目标观测所能够改进预测技巧的最大程度。为量化目标观测预测试验对 ENSO 预测技巧提高的效率，定义有效指数（efficiency index，EI）如下：

$$EI_{TA, st} = \frac{RMSE_{cf, st} - RMSE_{TA, st}}{RMSE_{cf, st}} \tag{6.12}$$

其中，st（start time）表示预测开始时间；$RMSE_{cf, st}$ 表示起报月份为 st 时控制预测试验的均方根误差［根据（6.11）式计算］；$RMSE_{TA, st}$ 表示目标观测试验的均方根误差；TA 表示对应的目标观测试验。当 EI>0 时，表明去除相应目标区的初始场误差会提高对 ENSO 预测的准确性；EI 越接近 1，说明目标观测对 ENSO 预测改善效果越明显。图 6.10 和

图 6.11 分别给出了针对不同目标观测试验的有效指数的散点分布和四分位数图。不难看出，去除赤道太平洋区域和赤道外海区的初始场误差均对预测结果有所改善，但不同区域对 ENSO 预测效果的改善程度是不同的：相对于赤道外海区，赤道海区的目标观测对预测误差的减弱有更明显的效果，而在赤道以南热带太平洋区域实施目标观测似乎对 ICM 的预测技巧并没有明显的改善效果（其有效指数几乎为 0），但赤道以北的西太平洋海区（S1

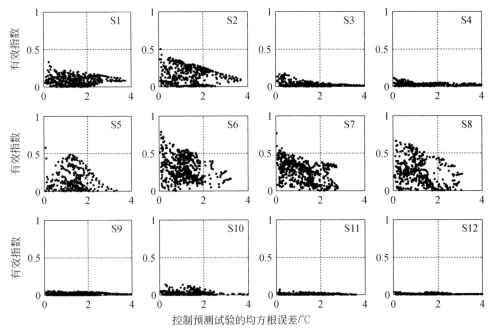

图 6.10　S1～S12 目标观测试验中表征对 ENSO 预测能力提高度量的有效指数（EI）的散点分布图

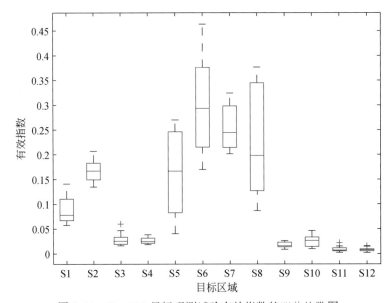

图 6.11　S1～S12 目标观测试验有效指数的四分位数图

和 S2)的作用却不可忽视,其中,S2 区平均有效指数可以达到 0.15 以上(图 6.11),这与去除赤道西太平洋海区(S5)的初始场误差对 ENSO 的改善效果相当;同样,赤道不同海区的目标观测对预测结果的改善程度也不同,以 S6 目标观测试验的改进效果最佳(平均有效指数为 0.3 左右,最高可达 0.45 以上),这表明 ICM 对 ENSO 预测的敏感区位于赤道中太平洋海区,其次是东太平洋。另外,如图 6.10 所示,随着控制预测试验中预测误差的增大,不同目标观测试验对改善 ENSO 预测效果均表现出不断下降的趋势,这说明在目标海区外的初始场误差的贡献将会越来越大。

需要注意的是,当仅仅去除某一区域的初始场误差时,会使其与其他区域初始场不协调,从而甚至会使预测效果更差。图 6.12 给出了从不同起报月份开始的不同目标观测区域预测试验对 ENSO 预测改善的概率分布。在赤道外海区实施目标观测对预测改善的可能性存在很大的不确定性,特别是赤道以南海区,如在 S10 目标观测试验中,在某些起报月份对 ENSO 预测起到改善效果的概率还不到 30%。此外,对于同一区域的目标观测试验,其效果也与起报月份有关,意味着在某些月份其他区域的初始场误差对 ENSO 预测的误差有着一定的贡献。如在夏季布置 S8 区目标观测,对预测改进的概率较高,而在其他季节布置该区域目标观测,反而受到其他区域误差的相互作用,在多数情况下并不会改进 ENSO 预测。而如果去除 S6 海区初始场误差,不仅能够有效改善预测结果,同时针对不同初始场误差几乎都能提高 ENSO 的预测技巧,这充分说明在 S6 海区增加观测的重要性。但是,为更有效提高 ENSO 预测,其他区域初始场误差的最优扰动也不能忽视。以上目标观测试验也暗示着随季节变化的海洋观测将会进一步改善 ICM 对 ENSO 预测的准确性和有效性。

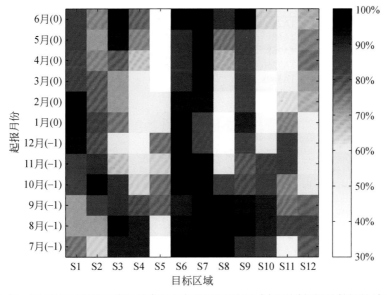

图 6.12 对 ENSO 预测改善的概率和目标观测试验区域与不同起报月份间的关系图

6.2.3.3 CNOP 相关的目标观测试验

回顾 6.2.2 节中,由于 CNOP-I 的结构表现出明显的季节依赖性特征,说明 ICM 对

ENSO 预测的敏感区也与预测初始月份有关，同时也强调了赤道中太平洋海温和东太平洋海面高度误差对预测误差的增大所起的主导作用。从 S1～S12 目标观测试验中发现，扣除中太平洋或东太平洋的初始场误差对预测的改进效果明显，同时也指出热带外海区（如 S2）初始场精度对预测改进同样有着不可忽视的作用。通过比较不难发现，这些区域均是 CNOP-I 所确定出的敏感区的一部分。下面将考虑多个海区同时执行目标观测对预测效果的改善程度，尤其是考察 CNOP-I 相关目标区域的影响。

同时去除由多个海区尤其是 CNOP-I 相关的敏感区域的初始场误差，不仅可以改善初始场的精度，避免由于初始场的不协调而导致的预测技巧降低的情况，同时会进一步抑制初始误差导致的预报误差增长，从而提高预测技巧。图 6.13 给出了 CNOP-I 相关的目标观测试验以及控制试验的均方根误差，表 6.2 给出了相应的平均预测误差和改进有效指数。类似于 TAO 海洋观测系统所设计的赤道太平洋观测网（即 TA5678）可以使预测误差降至最低，但大面积布置海洋观测不仅需要大量财力和物力，同时也对观测系统的维护提出了挑战。而仅去除由 CNOP-I 方法所揭示出来的相关敏感区的初始场误差，同样可以有效降低预测误差，几乎达到同等的预测精度；控制预测试验中的海表温度异常场误差在 Niño3.4 区平均为 1.57℃，而基于 CNOP-I 相关的目标观测试验可以将误差控制在 0.9℃ 以内，甚至仅为 0.42℃，这充分表明多个区域同时实施目标观测的有效性。比较 TA26 和 TA1256 目标观测试验表明，两种观测网对 ENSO 预测的改善效果相近。因此，在财力有限的情况下，仅对赤道和赤道以北的中太平洋海域增加目标观测即可与在整个中西太平洋实施常规观测达到相同的预测改进效果。在 TA68 观测基础上，再增加热带外海区（S2）

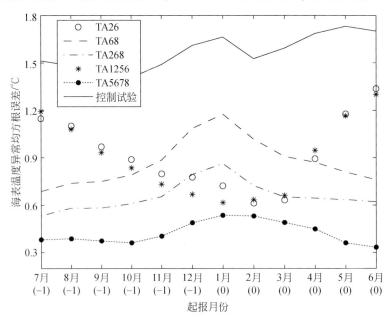

图 6.13　不同初始场误差所造成的 Niño3.4 区海表温度异常均方根误差的集合平均随起报月份的变化

这里的结果表示控制试验中去除目标观测海区的初始场误差后，由其他不同区域的初始场误差所造成的均方根误差的集合平均，其中各种曲线表征不同目标观测试验结果

的观测，可以使预测误差进一步降低 24% 左右。虽然 TA68 试验中平均误差与 TA26 相近，但其对于不同起报月份的预测改善效果有明显的不同；在 4～10 月进行预测时前者明显优于后者，而在其他起报月份则对预测效果的改善较小。这一随预测起报时间而变化的现象也证实了 CNOP-I 与季节有关，其所揭示出的敏感区也有季节变化性。因此，若采用季节可变的目标观测将会使预测结果更为准确和有效。如以 TA26 观测网为例，若在 4～10 月补充赤道东太平洋的观测，会使预测效果的改善更为明显，如 Niño3.4 区平均误差仅为 0.6℃左右，这意味着改进预测效果可达 $\dfrac{1.57-0.6}{1.57}\approx 62\%$。

表 6.2　不同观测网设计时预测试验得到的平均预测误差和其对预测改进的有效指数

预测试验	CPEs	TA26	TA68	TA268	TA1256	TA5678
平均预测误差/℃	1.57	0.92	0.87	0.66	0.90	0.42
有效指数	—	0.41	0.45	0.58	0.43	0.73

下面继续探讨 CNOP-I 型的观测网对春季预报障碍现象的减弱作用。图 6.14 至图 6.18

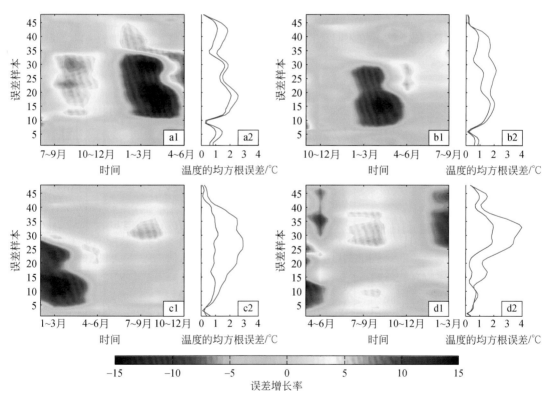

图 6.14　TA26 目标观测试验中在不同起报时刻 Niño3.4 区海表温度预测误差的增长率以及相应的均方根误差

a. 起报时间 7 月（-1）；b. 起报时间 10 月（-1）；c. 起报时间 1 月（0）；d. 起报时间 4 月（0）

a1，b1，c1，d1 表示误差增长率；a2，b2，c2，d2 表示均方根误差；垂直坐标表示对 48 组不同初始误差所进行的控制预测试验，其中蓝色曲线是目标观测试验的均方根误差，红色曲线是控制预测试验的均方根误差

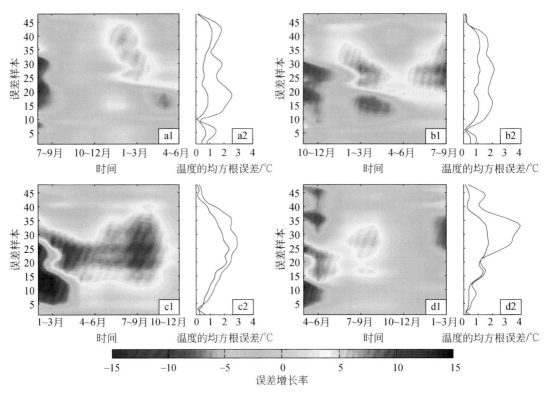

图 6.15　TA68 目标观测试验中在不同起报时刻 Niño3.4 区海表温度预测误差的增长率以及相应的均方根误差

图注同图 6.14

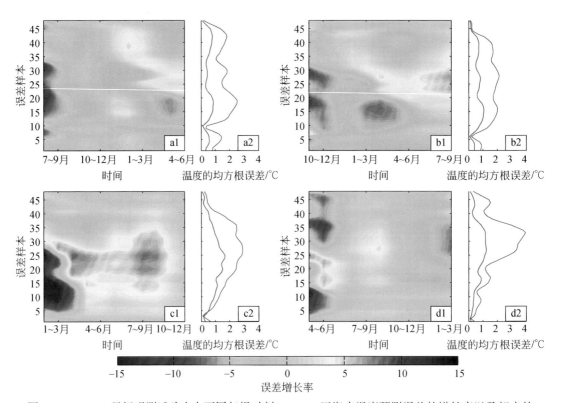

图 6.16　TA268 目标观测试验中在不同起报时刻 Niño3.4 区海表温度预测误差的增长率以及相应的均方根误差

图注同图 6.14

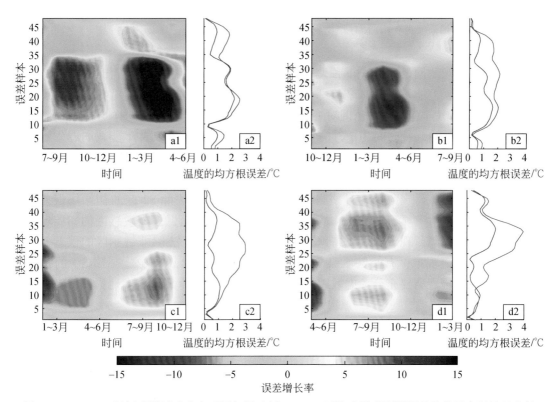

图 6.17　TA1256 目标观测试验中在不同起报时刻 Niño3.4 区海表温度预测误差的增长率以及相应的
均方根误差

图注同图 6.14

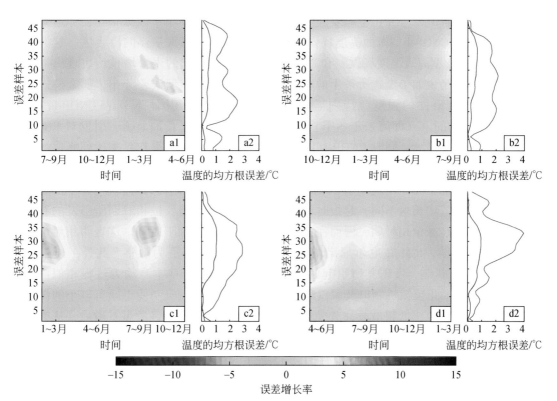

图 6.18　TA5678 目标观测试验中在不同起报时刻 Niño3.4 区海表温度预测误差的增长率以及相应的
均方根误差

图注同图 6.14

分别展示了不同观测网设计情况下预测误差增长率的季节变化。可以看出，去除 CNOP-I 相关的敏感区的误差能够有效减弱春季预报障碍现象，从而提高 ICM 对 ENSO 的预测技巧。特别地，CNOP-I 相关的观测网对春季预报障碍现象的减弱作用同样与初始预测时初始时刻选取有关：当起报时间为 7 月时，TA26 及 TA1256 的观测网并不能减弱春季预报障碍现象，在春、秋季节的误差增长甚至大于控制预测试验；而起报月份为 1 月时，TA26 能够有效地限制误差增长，春季预报障碍现象几乎消失；但对于 TA68 观测试验却完全相反，这里春季预报障碍现象仍然对预测结果产生影响，即使去除 S2 区的初始场误差，春季预报障碍现象也没有显著的减弱。从这里可以看出，一方面，去除敏感区的初始场误差能够减弱春季预报障碍现象继而提高预测准确度；另一方面，去除非敏感区的误差并不会减弱春季预报障碍现象，有时甚至会加强春季预报障碍现象，严重影响 ENSO 的预测效果。因而对于目标观测要充分考虑敏感区的季节可变性，才能最大程度地提高 ENSO 的预测效果。

6.2.4　小结与讨论

本节将条件非线性最优扰动方法应用到 IOCAS ICM 中去，针对该模式模拟的厄尔尼诺事件，着重探讨了造成 ICM 对 ENSO 预测最大误差增长的海表温度和海面高度的最优初始场误差特征（CNOP-I）及其引起的误差增长机制。发现，CNOP-I 的空间结构依赖于预测初始月份。针对这种现象，我们提取了四类季节性的 CNOP-I（分别对应于春季、夏季、秋季和冬季），其中：CNOP-I 型海表温度场误差信号主要集中于中西太平洋，赤道外信号随季节而变；而 CNOP-I 型海面高度场误差信号主要集中于东太平洋的冷舌区。这类随季节变化的 CNOP-I 型海表温度场误差和海面高度场误差所引起的误差增长均表现出类似拉尼娜模态，也就是说如果模式所采用的初始场中存在 CNOP-I 型误差分布，那么模式预测将弱报厄尔尼诺事件的强度。特别需要指出的是，相对于其他季节的 CNOP-I，冬季 CNOP-I 在预测时间末（即第二年冬季）所造成的预测误差增长最显著，引发对 ENSO 振幅预测的不确定性最大。同时 CNOP-I 引起的误差增长率均在春季和夏季达到峰值，类似于春季预报障碍现象，因此可认为 CNOP-I 型的初始场误差很有可能是造成 ICM 预测中春季预报障碍现象的主要原因之一，从而使得预测技巧显著降低；另外，CNOP-I 在厄尔尼诺不同位相的误差增长也不同，起报时刻取在厄尔尼诺事件增长位相时期所引发的春季预报障碍现象强于衰减位相时期，因而使前者的最终误差增长大于后者。这表明相对于厄尔尼诺衰减位相时期，ICM 在厄尔尼诺增长时期起报对初始场更为敏感。此外，通过分析 CNOP-I 误差增长机制，发现其所引起的误差演变机制与 ENSO 本身动力过程相似：主要通过类似 Bjerknes 正反馈机制以及误差信号传播所产生的反馈机制使得原有较小的误差得到快速发展，并扩散至低频谱段，造成整个热带太平洋海温偏离参考态。最后，从不稳定角度，我们发现海表温度变化在夏季到秋季之间趋向于稳定模态，而在春季到夏季之间表现为不稳定模态，从而使误差增长有明显的季节依赖性，因此产生类似春季预报障碍现象。

CNOP-I 型初始场误差代表了一类最大误差发展的时空结构，这类误差造成模式预测的最大不确定性。误差显著的区域表明该区域海洋状态对预测误差发展起到了主导作用，这些区域可认为是模式对 ENSO 预测的敏感区。因此，CNOP-I 的局地空间分布特征为目标观测及资料同化提供了科学的指导意义。

就 IOCAS ICM 而言，由于 CNOP-I 表现出明显的季节依赖性，意味着敏感区也是随季节而变。根据海表温度和海面高度场所表现出来的 CNOP-I 型初始场误差分布，认为 ICM 对 ENSO 预测的敏感区主要位于中西太平洋的表层和东太平洋的次表层，而赤道外的敏感区随季节而变。进一步，通过理想观测系统模拟试验验证了 CNOP 相关的目标观测的存在性和重要性，发现通过去除中太平洋初始场误差对预测改进效果最为明显（平均有效指数在 0.25 以上，也就是说可以使预测准确率提高 25% 以上）；同时，若采用 CNOP 相关的目标观测网，能够更有效地提高预测技巧（预测准确率可提高 62% 以上），而且能够有效地减弱春季预报障碍现象。最后，我们也指出，若去除非敏感区的误差并不会减弱春季预报障碍现象（有时甚至会加强春季预报障碍现象），从而严重地影响 ENSO 的预测技巧。因而对于目标观测要充分考虑敏感区的季节依赖性，才能最大程度地改进预测技巧。

正如前面所述，不同模式背景下，CNOP-I 误差分布存在一定的区别。通过基于 IOCAS ICM 与 ZC 模式关于 CNOP-I 型初始场误差的比较，发现二者有明显的不同。在 ZC 模式中，Yu 等（2009）指出两类偶极子型的初始场误差结构（图 6.19）：对于第一种类型，主要出现在厄尔尼诺衰减位相，海表温度表现出东西向偶极子型分布，即正异常误差中心位于热带东太平洋，负异常误差中心位于中西太平洋海区，同时赤道温跃层误差表现为全赤道区域一致性的加深现象；对于第二种类型，主要出现在厄尔尼诺增长位相，其误差空间结构与第一类几乎一致，但是符号相反。这两种误差分别对 ENSO 预测产生不同的影响，第一种误差型会使 ENSO 的强度预测偏强，第二种则会弱报 ENSO 事件。比较 ZC 模式结果与 IOCAS ICM 结果时发现，海表温度初始场误差结构有较大的差异，主要体现

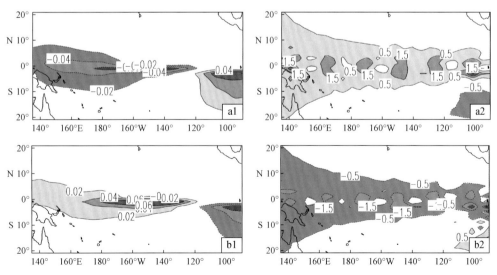

图 6.19　ZC 模式中两类 CNOP 型初始场误差分布

a. 第一类 CNOP 型误差；b. 第二类 CNOP 型误差

a1，b1 为海表温度误差（单位:℃）；a2，b2 为温跃层扰动误差（单位：cm）；本图据 Yu 等（2009）中的图 2 修改而得

在：①误差空间结构，IOCAS ICM 中海表温度误差信号中心主要集中在中太平洋海区，而 ZC 模式中的初始误差主要集中在中太平洋海区和东太平洋海区；②误差季节性变化，IOCAS ICM 中 CNOP-I 随季节变化性强，而 ZC 中 CNOP-I 与预测起报时刻所在的厄尔尼诺位相有关；③误差演变特征，IOCAS ICM 中的初始误差会通过 Kelvin 波传至东太平洋，导致东太平洋海温误差，而 ZC 模式中初始误差表现出局地性的增长（例如第一类 CNOP 型初始误差，位于东太平洋的海表温度正异常误差会随预测时间延伸而不断增大，在预测时间末导致东太平洋大面积增温误差）。对于 CNOP-I 的海面高度场，考虑到它表征了温跃层的变动，海面高度场误差的空间结构在两个模式中较为相近。

这种差异可以解释如下：一方面，IOCAS ICM 在构造风应力与海表温度异常间的统计关系时考虑了耦合关系的季节可变性（即不同月份构建出不同的统计模块）；同时对 T_e 采用非局地参数化方法以来表征次表层海水上卷温度异常对海面高度异常的非局地响应，特别是，T_e 异常对表层的影响振幅在赤道中太平洋最大，因此 IOCAS ICM 得到的 CNOP-I 是随季节变化的；同时海表温度场的误差信号中心也集中在中太平洋海区，并随着时间向东传播使得东太平洋海温误差快速增长。而 ZC 模式采用了局地的非线性方案来表征次表层海水上卷温度的影响，因此 T_e 异常最大振幅中心在东太平洋，相应的海表温度最优初始场误差中心也位于东太平洋，误差增长也表现出在东太平洋的局地性增长特征；另一方面，由于 IOCAS ICM 采用了线性大气统计模式，模拟所得到的 ENSO 事件非对称性较弱，因而 CNOP-I 表现出在厄尔尼诺增长位相期与衰减位相期较为相近的空间结构。

尽管 IOCAS ICM 与 ZC 模式的结果相差较大（同时，这也表明 CNOP-I 结果具有模式的依赖性），但所确定出的最敏感区较为相近，都强调了赤道太平洋中部和东部海洋初始场对预测准确性的重要影响。值得注意的是，本节假定模式不存在误差的情况下而只考察初始场误差对预测的影响，事实上模式参数取值的不确定性也是制约 ENSO 预测的重要因素，下一节将从模式参数误差的角度，用条件非线性最优扰动方法讨论模式误差以及与初始场误差共同作用对 ENSO 可预报性的影响。

6.3　模式参数误差对 ENSO 预测的影响

如上节所述，除了初始条件以外，另一个影响 ENSO 模拟和预测的主要因子是模式参数。类似于初始场误差引起的扰动称为 CNOP-I，这里考虑模式参数误差引起的扰动称为 CNOP-P。基于 CNOP-P 方法，我们这里主要考虑 IOCAS ICM 中表征海表温度–风场耦合强度和次表层热力强迫效应的两个参数（α_τ 和 α_{T_e}），分析这两个参数取值的不确定性对 ENSO 模拟和预测的影响，重点探讨 α_τ 和 α_{T_e} 空间可变性的影响；进一步，同时考虑模式参数和初始场误差的共同影响（CNOP-C），即探讨由于初始场误差和模式参数误差联合效应所引起的最大误差增长。主要结论如下：CNOP-P 和 CNOP-C 所揭示的 α_τ 和 α_{T_e} 误差存在一定的空间结构，其误差中心分别位于赤道中太平洋海区和东太平洋冷舌区。这种参数误差结构会产生较强的温跃层反馈，其误差增长表现出明显的季节可变性（即在春季误差增长最快），从而使得预测结果明显偏离 ENSO 参考态。特别地，CNOP-C 所揭示的由模式初始场和参数误差共同引起的预测误差增长远大于单独 CNOP-I 和 CNOP-P 以及它们两者简单线性之和所引起的误差增长，意味着在 ENSO 预测中必须同时考虑模式误差和初始场误差的联合影响。因此从厄尔尼诺预测的角度，为了提高 ICM 对厄尔尼诺事件模拟和预测的准确性，必须要合理地处理好中太平洋海区海洋与大气的相互耦合以及东太平洋冷舌区次表层热力异常对海表温度场的强迫作用，特别是改进其在数值模式中的合理表征。

6.3.1　引言

　　数值模式是认知 ENSO 过程、模拟和预测的一个有效工具，但模式中对一些过程的表征及相应的物理参数的确定会有很大的人为性和不确定性，严重影响模拟和预测的精度，因此，对 ENSO 的数值模拟仍存在很大的误差。前人已针对模式中一些参数对 ENSO 模拟和预测的影响做了深入的敏感性研究（Lu and Hsieh，1998；Chu，1999；Mu et al.，2002）。如 Macmynowski 和 Tziperman（2008）研究指出不同模式参数值会对 ENSO 循环周期产生影响；Zebiak 和 Cane（1987）和 Liu（2002）考察了模式中不同参数对 ENSO 模拟的影响及其敏感性，前者采用参数扰动方法考察不同参数取值对 ENSO 模拟的影响，后者选取了模式参数误差研究各参数在多大程度上可对 ENSO 模拟产生影响。Mu 等（2010）为避免人为产生参数扰动，进一步扩展了条件非线性最优扰动方法，从最优角度出发，考察模式参数误差对 ENSO 预测的最大影响。随后，Duan 和 Zhang（2010）、Yu 等（2012a）分别就简单海气耦合模式和 ZC 模式讨论了模式参数对预测不确定性的影响，指出模式参数误差可能并不会对 ENSO 的可预报性产生很大的影响。Yu 等（2014）进一步分析了初始场误差和参数误差的最优联合效应，比较了其与最优模式误差和最优初始场误差分别所造成的误差演变的特点，强调了初始场对提高预测准确性的重要性。他们的研究似乎意味着模式参数并不会对预测产生很大影响。但是，更多的研究表明模式误差或者参数误差在预测中起着重要作用。如，Zheng 和 Zhu（2016）设计了一个新的集合预测模式，通过在模式中添加随机过程扰动提高了 ENSO 的预测技巧。Wu 等（2016）通过优化模式参数，使 ZC 模式对 ENSO 预测的技巧提高了 18% 左右、预测时效延长 33%，同时也减弱了春季预报障碍现象。Duan 等（2014）也通过在热力方程中添加倾向强迫项来补偿模式中无法描述的一些物理过程，模拟了两类厄尔尼诺事件（中太平洋型和东太平洋型）；随后，Tian 和 Duan（2016）进一步探究了随时间变化的倾向强迫影响对不同类型 ENSO 的表征和预测能力。

　　针对 IOCAS ICM，前面已用四维变分资料同化方法进行了相关分析（Gao et al.，2016，2018），表明模式误差对 ENSO 预测的精度有重要影响。由于 ICM 中对海气耦合（海表温度异常与风应力异常间的耦合）和温跃层热力反馈（由海面高度表征的次表层海水上卷温度的热力强迫）过程采用两个基于统计方法构建的非局地参数化方案（见第 2 章），因此对 ENSO 的模拟效果会依赖于所引入的两个参数（α_τ 和 α_{T_e}）取值的大小。虽然这种非局地参数化方案是可行的，但不一定能真实描述热带海气系统的非线性耦合和次表层对表层热力强迫的非线性效应等，那么对 ENSO 事件的模拟会存在误差。Gao 和 Zhang（2017）指出温跃层热力效应和风应力动力强迫在 ENSO 演变和预测中起着同等重要的作用，指出 ENSO 模拟和预测对 α_τ 和 α_{T_e} 取值具有相当的敏感性。事实上，这些参数的给定有很大的人为性和不确定性。特别地，由于在构造 SVD 关系时只保留了前面的几个主要模态而忽略了其他高阶模态的影响，从而造成过程表征的不确定性。在一定程度上，这两类过程的不确定性主要体现在 α_τ 和 α_{T_e} 的取值上，这样通过修正 α_τ 和 α_{T_e} 可以补偿线性参数化方案和一些被忽视的动力和热力过程等的作用，因此怎样取值使模式预测误差增长达到最小是一个重要的可预报性问题，对 α_τ 和 α_{T_e} 这样的优化取值也是提高 ICM 对 ENSO 准确预测的关键。

本节将基于条件非线性最优扰动方法，作为另一个应用例子继续探讨 ICM 中这两个参数（α_τ 和 α_{T_e}）的不确定性对厄尔尼诺事件模拟的影响，并从误差增长角度考察其在多大程度上可以影响 ENSO 预测及其可预报性。特别地，揭示 IOCAS ICM 中这两个模式参数误差的空间结构，进一步考察这两个参数的误差与初始场误差共同作用对预测误差的影响，阐明减小模式参数不确定性对改进 ENSO 模拟和预测等的可用性和有效性，这些工作将为改进 IOCAS ICM 对 ENSO 模拟和预测等提供理论指导。

6.3.2　CNOP-P 和 CNOP-C 相关的试验设计

类似于上一节中考察初始场误差的 CNOP-I 方法，本节分析模式参数误差对预测误差的影响，设计两组试验，第一组试验仅考察 α_τ 和 α_{T_e} 参数误差对厄尔尼诺预测误差的影响，第二组试验将同时考虑 α_τ 和 α_{T_e} 误差与初始场误差的共同作用（最优组合）对预测误差最大发展的影响，其相应的最优解可通过 CNOP-P 和 CNOP-C 来获得。为保证与上一节的一致性，对于这两组试验，均采用 6.2 节所采用的 ENSO 参考态以及起报时刻（见图 6.1）。表 6.3 给出了两组试验中的相关约束条件等的配置。

试验一：假定初始场不存在误差的情况下，考察空间可变的参数误差对 ENSO 预测的影响，用条件非线性最优扰动方法可揭示出参数误差的空间结构。其中，约束条件定义为

$$\delta_\tau = \frac{1}{N} \sum\nolimits_{i,j} (p'_{\tau,i,j})^2 \tag{6.13}$$

$$\delta_{T_e} = \frac{1}{N} \sum\nolimits_{i,j} (p'_{T_e,i,j})^2 \tag{6.14}$$

其中，$p'_{\tau,i,j}$ 和 $p'_{T_e,i,j}$ 分别是 α_τ 和 α_{T_e} 在模式格点 (i,j) 上的误差，N 为 ICM 中热带太平洋区域的网格数（不包括陆地）。通过对给定不同参数约束半径下的敏感性分析发现，CNOP-P 所揭示出的这两个参数误差的空间结构比较类似，但振幅有所不同。为得到符合 ENSO 实时预测中的误差增长幅度，下面仅选取 $\delta_\tau \leqslant 2\% \cdot \alpha_\tau$ 和 $\delta_{T_e} \leqslant 2\% \cdot \alpha_{T_e}$ 的情景，即每个模式格点的平均参数误差不超过控制试验中标准模式参数值的 2%。参考模式参数（即原始 ICM 中所采用的模式参数）取值为：$\alpha_\tau = 0.87$ 和 $\alpha_{T_e} = 1.0$。目标函数定义与公式（6.8）类似：

$$J_P = \sum\nolimits_{i,j} \omega_{i,j} [E_{\text{SST,P}}(i,j,t)]^2 \tag{6.15}$$

其中，

$$E_{\text{SST,P}}(i,j,t) = A_{\text{SST,P}}(i,j,t) - A_{\text{SST,r}}(i,j,t) \tag{6.16}$$

$A_{\text{SST,P}}$ 和 $A_{\text{SST,r}}$ 分别表示当这两个模式参数叠加了误差后预测得到的海表温度异常和对应参考态（即没有参数误差）的海表温度异常场。那么 $E_{\text{SST,P}}$ 代表了由于模式参数误差所引起

的海表温度预测误差。基于条件非线性最优扰动方法，针对三种不同 ENSO 事件以及 24 个起报月，可以得到 72 组 CNOP 型的参数误差（CNOP-P），这类参数误差可以造成预测误差有最大的发展。

试验二：同时考虑参数误差和初始场误差的影响，求解出对模式中 ENSO 预测误差有最大增长的初始场和参数误差的空间结构。为保证一致性，其所选取的参数约束条件与试验一相同，而初始场误差（仅考虑海表温度和海面高度场）的约束条件及其大小与 6.2 节的方案相同。这样，可定义由初始场和参数误差联合作用下的目标函数：

$$J_{\mathrm{C}} = \sum_{i, j} \omega_{i, j} \left[E_{\mathrm{SST, C}}(i, j, t) \right]^2 \tag{6.17}$$

其中，

$$E_{\mathrm{SST, C}}(i, j, t) = A_{\mathrm{SST, C}}(i, j, t) - A_{\mathrm{SST, r}}(i, j, t) \tag{6.18}$$

$A_{\mathrm{SST, C}}$ 为当同时存在模式参数误差和初始场误差时模式积分得到的海表温度异常，$E_{\mathrm{SST, C}}$ 表示由于模式参数误差和初始场误差共同作用所引起的海表温度预测误差。同样地，基于不同的 ENSO 事件和不同的起报月份，可以得到 72 组最优组合的初始场误差（海表温度和海面高度场）和参数误差（α_{τ} 和 α_{T_e}），所得到的结果表示为 CNOP-C，这类参数误差和初始条件误差共同作用可以造成预测误差有最大的发展。

表 6.3　CNOP-P 和 CNOP-C 相关的试验设计方案

	误差类型	物理描述	约束方案	约束条件
试验一	CNOP-P	能够造成预测误差有最大发展的参数误差	$\delta_{\tau} = \frac{1}{N} \sum_{i, j} (p'_{\tau, i, j})^2$ $\delta_{T_e} = \frac{1}{N} \sum_{i, j} (p'_{T_e, i, j})^2$	$\delta_{\tau} \leq 2\% \cdot \alpha_{\tau}$ $\delta_{T_e} \leq 2\% \cdot \alpha_{T_e}$
试验二	CNOP-C	能够造成预测误差有最大发展的初始场误差和参数误差的最优组合	$\delta_1 = \sqrt{\dfrac{\sum_{i, j} \omega_{i, j} \left[E_{\mathrm{SST, 0}}(i, j) \right]^2}{\sum_{i, j} \omega_{i, j}}}$ $\delta_2 = \sqrt{\dfrac{\sum_{i, j} \omega_{i, j} \left[E_{\mathrm{SL, 0}}(i, j) \right]^2}{\sum_{i, j} \omega_{i, j}}}$ $\delta_{\tau} = \frac{1}{N} \sum_{i, j} (p'_{\tau, i, j})^2$ $\delta_{T_e} = \frac{1}{N} \sum_{i, j} (p'_{T_e, i, j})^2$	$\delta_{\tau} \leq 2\% \cdot \alpha_{\tau}$ $\delta_{T_e} \leq 2\% \cdot \alpha_{T_e}$ $\delta_1 \leq 0.16℃$ $\delta_2 \leq 0.9\mathrm{cm}$

6.3.3　基于 CNOP-P 分析所揭示的模式参数误差特征

6.3.3.1　CNOP-P 所揭示的参数误差的空间结构

在第 2 章已详细介绍了 ICM 中大气风应力对海洋的动力效应（由统计大气模块来表示）和温跃层热力效应（由次表层海水上卷温度作用来表示）的统计模块，引入两个相应的参数（α_{τ} 和 α_{T_e}）来分别表征二者的强度，其取值大小在模式中是人为给定的，会有很大的不确定性。根据上一节的 CNOP-P 试验设计，我们得到了 72 组最优参数误差，这些误差会使得 ICM 从所在起报月开始预测 12 个月后的状态与 ENSO 参考态间产生最大程度的偏离。简单对比 72 组 CNOP-P 型参数误差特征，发现其空间结构有些不同，但基本的空间分布比较相似并有一定的规律性。为了得到 CNOP-P 所揭示的参数误差的主要空间模态，首先进行关于 α_τ 和 α_{T_e} 的联合经验正交函数（combined empirical orthogonal function，CEOF）分析（图 6.20），发现联合经验正交函数分析得到的第 1 模态所解释的方差为67.3%，远大于第 2 模态的解释方差（11.2%），表明联合经验正交函数分析所得到的第1 模态能够很好地描述 CNOP-P 的主要空间结构特征：α_τ 的最大误差主要集中在中太平洋区域，而 α_{T_e} 最大误差则集中在东、中太平洋海区。进一步，考察联合经验正交函数分析所得到的第 1 模态的主分量振幅可见，有些为正、有些为负，对应了两种不同结构的 CNOP-P。根据主分量振幅的正负号分类，将 72 组 CNOP-P 分为两组：第一组对应的主分量振幅为正，包含 47 种 CNOP-P；第二组对应的主分量振幅为负，包含 25 种CNOP-P。最后对各组 CNOP-P 进行合成分析（也就是集合平均）并进行显著性检验，可得到两类主要的参数误差空间模态分布，分别为第一类（type-1）CNOP-P 和第二类（type-2）CNOP-P，如图 6.21 所示。

第一类的参数误差特征包括：α_τ 误差呈椭圆形分布，主要集中在赤道中太平洋（中心位于赤道太平洋 160°W 附近）；α_{T_e} 误差则集中在赤道东太平洋冷舌区。第二类的参数误差特征：相对于第一类参数误差，α_τ 误差中心偏西（最大误差中心在日界线附近）；α_{T_e} 在东太平洋冷舌区同样有明显的误差，且延伸至中太平洋和赤道外海区。两类 CNOP-P 所揭示出的误差均为正，表明海气耦合和温跃层热力效应引发的误差会相互叠加而加强，造成预测误差有最大的增长，使得预测时刻末误差有最大的发展，但其结构会因参考态和起报月份的选取不同而有所不同，这表明 ICM 中参数误差的最优结构依赖于 ENSO 事件本身以及

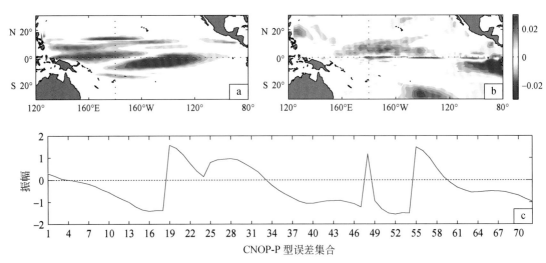

图 6.20　基于条件非线性最优扰动方法对参数最优估算结果

a. α_τ 的 CNOP 型经 CEOF 分析得到的第 1 模态；b. α_{T_e} 的 CNOP 型经 CEOF 分析得到的第 1 模态；

c. 主分量振幅（占 67.3%）

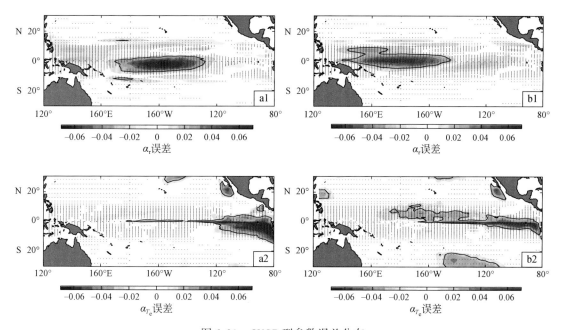

图 6.21　CNOP 型参数误差分布

a. 第一类 CNOP 型的参数误差；b. 第二类 CNOP 型的参数误差

a1，b1 为 α_τ 误差；a2，b2 为 α_{T_e} 误差；黑色等值线大小为 0.02；打点区域表示通过 95% 置信度的 t 检验

预测起报时刻。这些结果是可以理解的，因为不同 ENSO 事件所引发的机制和对应的海表温度异常变率存在显著的不同，可对参数进行最优调整以减小参数不确定性对预测的影响。很显然会存在这样的最优调整区域，如这里由 CNOP-P 所揭示的那样，α_τ 对 ENSO 预测的主要误差产生区域位于中太平洋海区。

6.3.3.2　CNOP-P 引起的误差演变及其增长机制

如上所述，CNOP-P 的空间结构依赖于 ENSO 事件本身，其所造成的最大预测误差发展也与热带太平洋海洋初始状态有关。图 6.22 给出了 ICM 最优参数误差（CNOP-P）造成的预测末时刻目标函数以及 Niño3.4 区海表温度异常的误差。可以清楚地看到，CNOP-P 对海表温度的误差发展也存在两个峰值，在冬季开始预测时，添加 CNOP-P 误差会使预测误差得到最大的发展，造成 ENSO 振幅预测的不确定性。但是，对于不同参考态，所造成的预测误差有所不同：从厄尔尼诺演变的不同阶段起报所造成的预测误差增长方式没有明显的规律性（如有些在厄尔尼诺事件增长位相期开始预测时的误差增长大于衰减期的误差增长，有的则相反，也有的预测误差增长不大）；同时，模式参数误差对预测误差所造成影响的方向也不同，有的会造成冷偏差（预测误差为负），使得 ICM 无法模拟出合理的厄尔尼诺事件；而更多的情况是：CNOP-P 会造成 ICM 预测的厄尔尼诺偏强（暖偏差）。这些表明参数误差对 ENSO 预测的影响依赖于厄尔尼诺事件本身，对某些厄尔尼诺事件，参数误差对其预测并不会产生影响。这也解释了为什么用同一个模式对厄尔尼诺的预测有时准确、有时会完全失败。

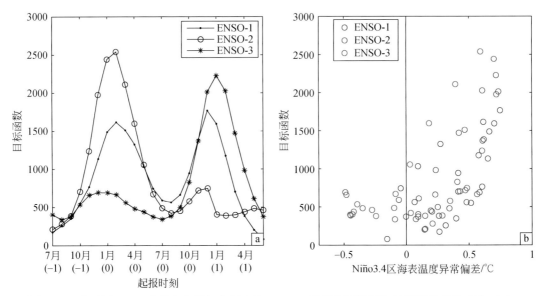

图 6.22　在不同 ENSO 参考态上添加上相应的 CNOP-P 后目标函数随初始预测月份的变化（a）；
以及预测 12 个月末由 CNOP-P 引起的目标函数值与 Niño3.4 区海表温度偏差的散点分布（b）

　　下面，为了更进一步描述参数误差所造成的预测误差演变并解释其增长机制，通过将 CNOP-P 型参数误差叠加到原模式参数中进行预测试验，预测得到的海气状态与相应的参考态进行比较，可以计算出由 CNOP-P 型模式参数误差引起的海表温度、风应力、海面高度以及 T_e 场的误差演变。图 6.23 和图 6.24 分别给出了这两种不同模态的误差演变情况。CNOP-P 造成的海表温度正异常误差发展类似于经典的厄尔尼诺增长模态，其中海表温度误差信号最先出现在赤道太平洋东部海区，并逐渐扩大发展，造成整个热带太平洋偏暖；海表温度负异常误差的发展则与拉尼娜事件发展类似，CNOP-P 会造成预测最终时刻的热带太平洋海表温度偏冷。与 CNOP-I 所造成的预测误差发展最大的不同是，海表温度误差信号并没有出现类似于 Kelvin 波形式的东传特征。具体地，对于海表温度偏高误差，由于在中太平洋 α_τ 的正误差所表现出来的海气耦合异常增强，此时对应于热带太平洋热力分布（ENSO-2 参考态）会在中太平洋海区激发出较强的西风偏差信号（图 6.23b 中超前 2 个月的预测），这种风场偏差使得海水在中东太平洋堆积、海平面异常升高；同时在东太平洋沿岸海区产生异常的下降流，表现出温跃层的异常起伏。这样温跃层的起伏会通过热力效应（次表层海水上卷作用）影响海表温度，而此时东太平洋海区中 α_{T_e} 的正误差（偏强）所反映出来的温跃层夹卷效应偏强，进一步扩大了次表层对表层的增温效应，对海温演变造成影响。这种过程在初始时刻发展较小，几乎看不到明显的影响信号，但随着预测时间的推进，误差不断积累，正反馈机制将不断放大各种海洋场的误差。如图 6.23a，当超前 2 个月至超前 6 个月预测时，海表温度误差增长不到 0.5℃，而当超前 6 个月至超前 10 个月时，海表温度误差增长高达 1℃以上，使海表温度预测误差成指数型增长，最终导致预测失效。

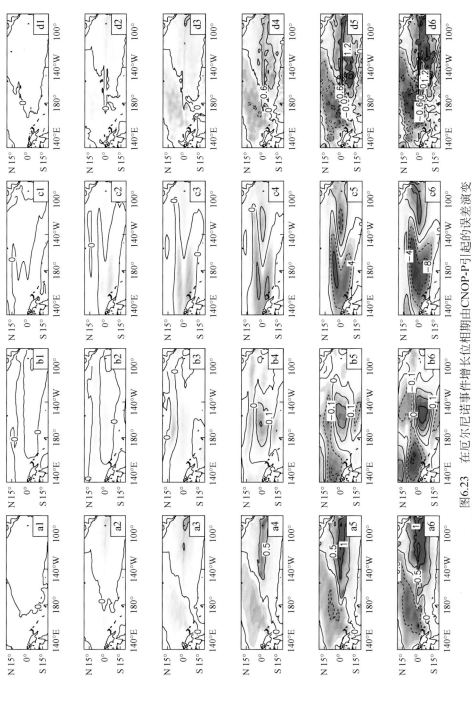

图6.23　在厄尔尼诺事件增长位相期由CNOP-P引起的误差演变

a.海表温度异常(℃); b.纬向风应力异常(dyn/cm²); c.海面高度异常(cm); d.T_e异常(℃); 这里选取以ENSO-2为参考态并由2月从2月目(0)起报的例子

从上到下依次为超前2、4、6、8、10和12个月的预测误差

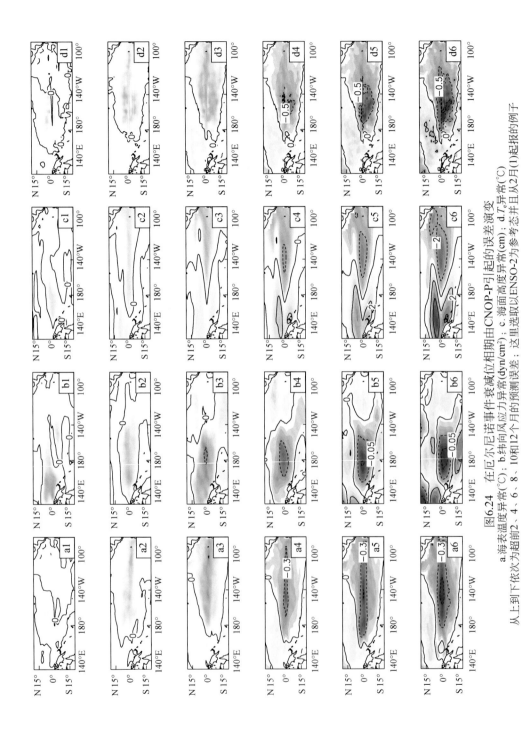

图6.24 在厄尔尼诺事件衰减位相期由CNOP-P引起的误差演变

a.海表温度异常(℃); b.纬向风应力异常(dyn/cm²); c.海面高度异常(cm); d.T_e异常(℃)。这里选取以ENSO-2为参考态并自从2月(1)起报的例子

从上到下依次为超前2、4、6、8、10和12个月的预报误差

　　图 6.24 给出了 CNOP-P 造成的类似于拉尼娜模态的误差演变，由于此时厄尔尼诺开始衰减，中太平洋的海气耦合加强会引起异常的东风误差，使得在中东太平洋产生异常的埃克曼（Ekman）抽吸，次表层表现出对表层的异常冷却作用（图 6.24d 中超前 2 个月的预测），特别是由于中太平洋海区异常增强的温跃层效应（α_{T_e} 误差为正），次表层对表层的影响偏大，进一步扩大了这种偏冷效应，使得中东太平洋海表温度异常下降。此时，海气耦合将会进一步增强东风异常误差，形成正反馈，使预测结果出现较弱的厄尔尼诺事件。

　　尽管 CNOP-P 所揭示的类似于厄尔尼诺或拉尼娜模态的误差时空演变有所不同，但其增长机制是一致的。图 6.25 为模式参数误差所造成的预测误差增长机制示意图。由于 ICM 中海气耦合强度的不确定性会影响风应力对海表温度响应的强度，从而造成海面高度异常强度也不一样，这进一步影响东太平洋的动力过程对热量的传输及作用。由于温跃层的反馈偏强，次表层对表层的热力影响也会偏强，进一步造成海表温度异常偏强，这种加强的正反馈机制使得误差不断发展，最终使预测失效。

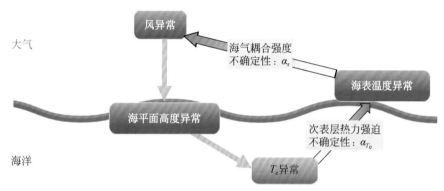

图 6.25　由两个模式参数（α_τ 和 α_{T_e}）的不确定性所引起的误差增长机制示意图

6.3.4　参数误差和初始场误差的联合效应

6.3.4.1　CNOP-C 所揭示的误差空间结构特征

　　到目前为止，我们分别给出了造成 ENSO 预测误差最大发展的最优初始场误差或参数误差的时空特征。而在实际预测中，模式初始场误差和参数误差往往会同时存在，其共同作用造成预测技巧变低。本节就以 6.3.2 节所述的试验二的情况，着重探讨初始场误差和参数误差联合作用（CNOP-C）与 ENSO 预测误差最大增长间的关系。试验表明，CNOP-C 中参数误差影响部分与 CNOP-P 方法所确定出的最优参数误差影响相近（相似度高达 95% 以上），这里将不再展开表述。同时，CNOP-C 中初始场误差影响部分与 CNOP-I 单独确定的最优误差空间结构类似，同样表现出季节依赖性，但是位相则完全相反（图 6.26）。这表明，最优初始场误差空间结构不随模式参数误差的存在而改变，ICM 中对 ENSO 预测的敏感区（或目标观测区）也是基本不变的，这进一步表明基于条件非线性最优扰动方法所确定出的 ENSO 预测敏感区的有效性。

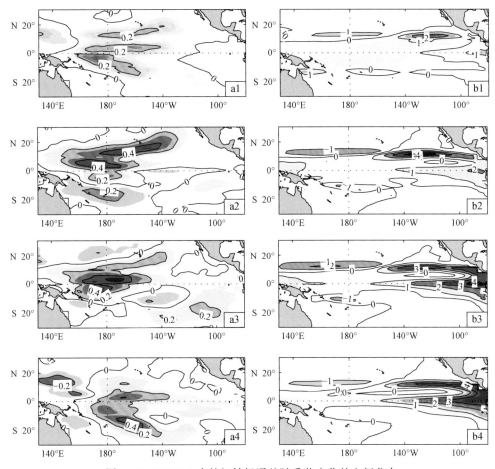

图 6.26　CNOP-C 中的初始场误差随季节变化的空间分布

a. 海表温度异常；b. 海面高度异常

从上到下依次为夏季（7～9 月）、秋季（10～12 月）、冬季（1～3 月）和春季（4～6 月）；a 中等值线间隔为 0.2℃；b 中等值线间隔为 1cm；ICM 中 CNOP-C 的初始场误差与 CNOP-I 所确定的最优误差空间结构类似，表现出明显的季节依赖性，但位相相反

6.3.4.2　CNOP-C 所引起的误差增长过程

同样地，当在模式初始场和参数上添加由 CNOP-C 所引起的误差后，再向前积分 ICM 12 个月可得到具有这两种误差影响的相应的海气状态，与参考态相比，可以得到由给定约束条件下的初始场和模式参数误差造成的预测误差增长。

尽管 CNOP-C 中初始误差和参数误差的空间结构分别与 CNOP-I 和 CNOP-P 相似，但其联合效应会进一步加强误差增长的速率，使预测技巧显著降低。图 6.27 给出了在预测时刻末由 CNOP-P、CNOP-I+CNOP-P 和 CNOP-C 在不同起报月份得到的目标函数值（其中 CNOP-I+CNOP-P 表示 CNOP-I 所引起的误差与 CNOP-P 所引起的误差进行简单线性叠加得到的结果）。可以看出，初始场误差和模式参数误差的联合作用远大于 CNOP-I 或 CNOP-P 以及二者的线性组合（CNOP-I+CNOP-P）的作用，特别是 CNOP-C 在冬季起报时刻所造成

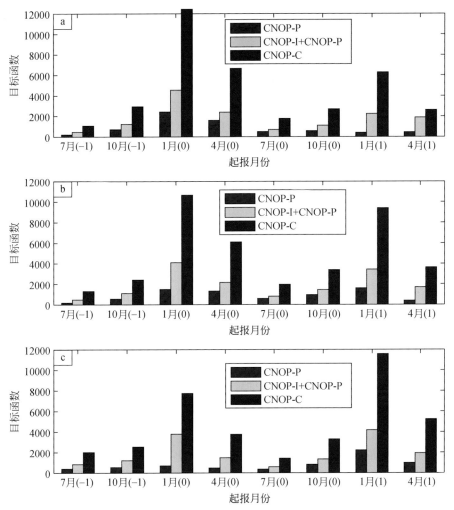

图 6.27 CNOP-P、CNOP-I+CNOP-P 以及 CNOP-C 在不同起报月份造成的预测时刻末的目标函数值

a. ENSO-1 参考态；b. ENSO-2 参考态；c. ENSO-3 参考态

CNOP-I+CNOP-P 是 CNOP-I 所引起的误差与 CNOP-P 所引起的误差进行简单线性叠加求和的结果

的误差的目标函数值几乎是 CNOP-I+CNOP-P 的两倍。这一结果暗示了模式参数误差和初始场误差对误差发展存在非线性相互作用。为了进一步考察它们对不同区域海温预测的影响，图 6.28 分别展示了由 CNOP-C、CNOP-I+CNOP-P、CNOP-P 和 CNOP-I 引起的海表温度预测均方根误差的空间分布。可以发现，所引起的误差都集中在中东太平洋，直接影响到 ENSO 模态，严重影响 ENSO 预测的准确性。特别地，正如图 6.27 所揭示的，模式初始场误差和参数误差的共同作用将会使预测结果更加不准确，其影响远大于初始场误差和参数误差单独造成的预测误差的线性之和。

为进一步量化参数误差和初始误差对各个海气状态预测的联合作用，表 6.4 和表 6.5 分别给出在厄尔尼诺增长位相和衰减位相期 CNOP-C 对各预测变量（包括海表温度、海面高度、T_e 以及纬向和经向风应力）误差发展的联合效应。初始场和参数误差的联合作用

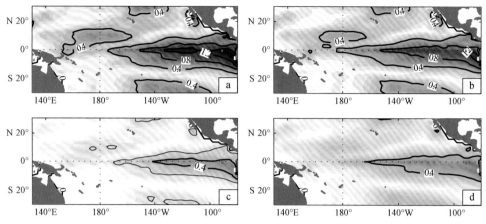

图 6.28 CNOP-C（a）、CNOP-I+CNOP-P（b）、CNOP-P（c）和 CNOP-I（d）
所引起的海表温度预测均方根误差的空间分布
等值线间隔为 0.4℃

比二者简单的线性之和要高 15% 以上（即，在预测时刻末由 CNOP-C 引起的误差比由 CNOP-I+CNOP-P 引起的误差要大 15% 以上）。特别地，这种联合效应对风应力场预测更为敏感（联合效应可达 20% 以上）。这表明，相对于其他海洋要素场而言，初始场和参数的误差对风场模拟造成的误差最大，当这种风场误差作用于海洋时，会进一步削弱对海洋状态的预测。基于以上结果，就 ICM 对 ENSO 的预测而言，我们认为虽然初始场和模式参数的准确性都对预测结果产生较大的作用，但二者误差的联合作用使预测误差进一步扩大，这暗示着我们若要有效改进 ICM 对 ENSO 的预测技巧，必须同时优化模式参数和初始场。

表 6.4 ICM 在厄尔尼诺增长期进行预测时，由 CNOP-P、CNOP-I+CNOP-P 和 CNOP-C 引起的预测时刻末各预测变量误差以及 CNOP-C 对预测误差发展的联合贡献率

预测变量误差	CNOP-P	CNOP-I+CNOP-P	CNOP-C	联合贡献率
海表温度	0.369℃	0.803℃	0.934℃	16.2%
海面高度	2.913cm	6.643cm	7.770cm	17.0%
T_e	0.530℃	1.179℃	1.357℃	15.1%
纬向风应力	0.076dyn/cm²	0.161dyn/cm²	0.194dyn/cm²	20.1%
经向风应力	0.061dyn/cm²	0.127dyn/cm²	0.155dyn/cm²	22.1%

表 6.5 ICM 在厄尔尼诺衰减期进行预测时，由 CNOP-P、CNOP-I+CNOP-P 和 CNOP-C 引起的预测时刻末各预测变量误差以及 CNOP-C 对预测误差发展的联合贡献率

预测变量误差	CNOP-P	CNOP-I+CNOP-P	CNOP-C	联合贡献率
海表温度	0.306℃	0.695℃	0.815℃	17.3%
海面高度	2.565cm	5.945cm	6.994cm	17.6%
T_e	0.463℃	1.070℃	1.224℃	14.5%
纬向风应力	0.060dyn/cm²	0.130dyn/cm²	0.161dyn/cm²	24.1%
经向风应力	0.048dyn/cm²	0.106dyn/cm²	0.131dyn/cm²	23.1%

　　下面，我们进一步考察 CNOP-P 和 CNOP-C 所引起的预测误差的演变特征。图 6.29 分别展示了 CNOP-P 和 CNOP-C 所引起的误差增长率随季节的变化。可以看出：ICM 中参数误差的影响与初始场误差类似，也会产生类似春季预报障碍现象，表明海气耦合强度和温跃层热力效应的误差会造成 ICM 中 ENSO 跨春季预测技巧的显著下降；同时，CNOP-C 所引起的误差增长也存在明显的季节依赖性，误差在春末至夏初最大，其增长率远大于 CNOP-I（图 6.4）和 CNOP-P（图 6.29a），这说明在表征海气耦合和温跃层热力过程中的参数误差和初始场误差都会加强春季预报障碍现象，进而使 ENSO 预测不准确。

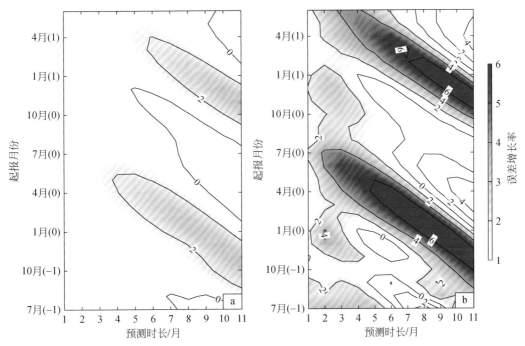

图 6.29　CNOP-P（a）和 CNOP-C（b）所引起的误差增长率随预测时长和预测初始时刻的变化
等值线间隔为 2；涂色部分增长率大于 1；这里误差增长率表现出明显的季节变化性（即在春末夏初最大）

　　最后考察误差增长机制，发现 CNOP-C 引起的误差增长机制同 CNOP-I 类似，而模式参数误差促使相应的误差进一步增长。图 6.30 给出了从厄尔尼诺事件增长时期开始预测时，CNOP-C 所造成的预测误差的时空演变；图 6.31 是 CNOP-C 所引起的风应力、次表层海水上卷温度和海面高度误差信号沿赤道的时间演变。研究发现，季节性的 CNOP-C 误差增长和 CNOP-I 增长机制相似（图 6.5 和图 6.6）；在夏季起报时，误差演变经历了类似拉尼娜事件到厄尔尼诺事件的位相转变，海表温度正异常误差信号通过 Kelvin 波传至东太平洋，可将那里的海表温度负异常转变为正异常态。相比于 CNOP-I，CNOP-C 中由于海气耦合效应可通过参数误差得到进一步的增大，会产生更强的风应力异常响应，同时加强了温跃层热力效应，形成更强的 Bjerknes 正反馈，从而使 CNOP-C 的预测误差发展更大，对预测时刻末的海温状态影响较大。如预测 6 个月之后，其预测偏差达 0.4℃ 以上，远大于 CNOP-I 所造成的预测偏差（0.2℃ 以内）；在秋季和冬季起报时，由于海表温度变化在春季至夏季之间表现为不稳定的模态，加之增强的 Bjerknes 反馈机制所造成的海气耦合和温

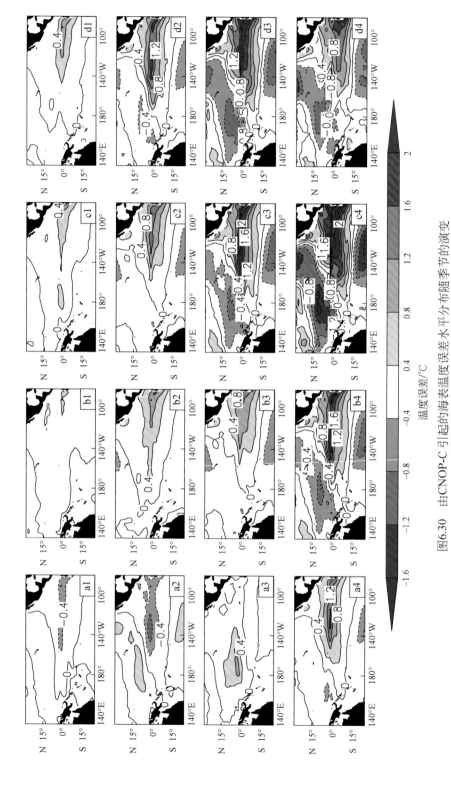

图6.30 由CNOP-C引起的海表温度误差水平分布随季节的演变
a.夏季；b.秋季；c.冬季；d.春季

从上到下依次为超前3、6、9和12个月的预报误差；等值线间隔为0.4℃；其中虚线为负异常，实线为正异常

跃层热力反馈不稳定，会使得初始场误差得到充分发展，在预测时刻末误差会影响整个热带太平洋海域，误差可达到 2℃；在春季起报时，CNOP-C 会在西太平洋迅速激发出异常 Kelvin 波信号，携带正误差信号向东传播，在东传时海气耦合效应会在东、西赤道太平洋分别响应出东、西风异常，使得东太平洋正异常误差信号加强；西太平洋持续激发出冷 Kelvin 波信号，伴随温跃层反馈不稳定性的增强，次表层负异常信号在表层放大，从而有减弱东太平洋正异常信号的趋势。

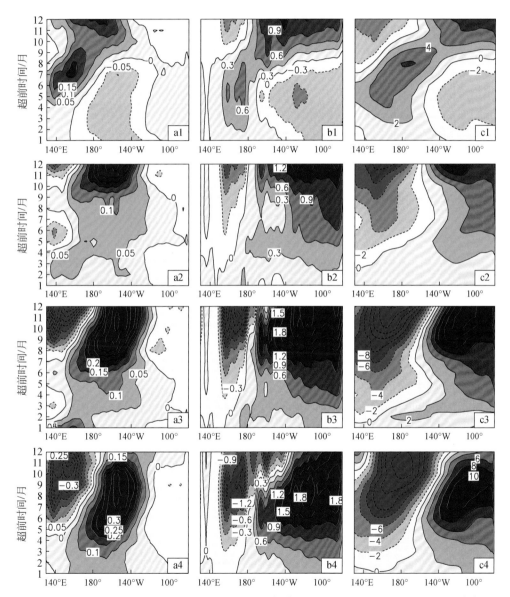

图 6.31　由 CNOP-C 所引起的 ICM 预测误差沿赤道（5°N～5°S 平均）的纬圈–时间分布

a. 纬向风应力异常；b. T_e 异常；C. 海面高度异常

从上到下分别是夏季、春季、秋季和冬季 CNOP-C 引起的误差演变；

a 中等值线间隔为 0.05dyn/cm^2；b 中等值线间隔为 0.3℃；c 中等值线间隔为 2cm

简而言之，参数误差和初始场误差的共同作用会强烈地影响 ENSO 预测能力，其效果远大于仅由初始场误差或参数误差单独引起的 ENSO 预测误差的增大。同时，CNOP-P 和 CNOP-C 均表现出春季预报障碍现象。这意味着，一方面，春季预报障碍现象可能是由特定类型的初始场误差所造成的；另一方面，模式参数的不确定性对 ENSO 预测技巧的影响也会有季节依赖性，而且在模式误差和初始场误差同时存在的情况下，ICM 对厄尔尼诺的预测更容易出现春季预报障碍现象，从而造成预测结果偏离真实状态。从以上的误差增长机制分析来看，CNOP-C 所引起的误差增长机理也类似于 ENSO 自身的动力过程，模式参数误差会强化海气耦合正反馈过程，所造成的预测误差远大于 CNOP-I 或者 CNOP-P 的单个影响。

6.3.5　小结与讨论

上一节利用条件非线性最优扰动方法和 IOCAS ICM 就第一类可预报性（即初值）问题进行了探讨，考察了初始场误差对 ENSO 预测的影响，本节进一步考察了第二类可预报性（即模式参数）问题，考虑 ICM 中两个参数误差对 ENSO 预测的影响。最后，考察参数误差和初始场误差的联合作用（最优组合）与模式预测误差最大发展间的关系。

从第二类可预报性角度，探讨了空间可变的最优模式参数误差（海气耦合强度系数 α_τ 和温跃层热力反馈系数 α_{T_e}）对 ENSO 预测误差增长的上限。在给定的约束条件下，CNOP-P 型的 α_τ 和 α_{T_e} 的误差结构与起报月份有关（即 ICM 中 CNOP-P 的结构与海洋状态有关），但不同起报月份得到的误差大值中心并没有明显的改变。对于 α_τ，其能产生的最大预测误差区主要集中在赤道太平洋中部和西部海区；而对于 α_{T_e}，其所能产生的最大预测误差区主要集中在太平洋冷舌区及中太平洋海区。更具体地，这种参数误差所造成的最大误差发展与热带太平洋初始海洋状态有关，即使存在 CNOP-P 型的参数误差，在某些起报月份开始预测时，其所引起的误差增长并不明显，意味着模式即便有一定缺陷也能够对某些厄尔尼诺事件做出较好的预测。此外，模式参数误差在不同位相期对 ENSO 预测技巧的影响也存在着很大的不确定性，在某些情况下，CNOP-P 在厄尔尼诺增长位相期时的预测误差增长大于衰减期，有些情况则恰好相反。进一步研究发现，这种参数误差结构（即位于中太平洋 α_τ 的正误差、位于东太平洋 α_{T_e} 的负误差）会强化 Bjerknes 正反馈，以致预测的海洋状态偏离其真实状态。分析表明，参数误差引起的状态改变与 ENSO 本身的动力过程是相似的。具体地，中太平洋 α_τ 正误差导致海气耦合增强，在其上空响应出更强的东（西）风异常，使海水在赤道东太平洋形成辐散（辐合），造成赤道东太平洋冷水上翻加强（减弱）；另一方面，东太平洋 α_{T_e} 正误差表现出较强的次表层对表层的强迫作用，促使中东太平洋海表温度异常降温（增温）；随后引发出风场异常，形成较强的 Bjerknes 正反馈机制，最终使预测误差表现出类似于拉尼娜（厄尔尼诺）模态的时空演变特征，从而影响 ICM 对 ENSO 预测的技巧。

考虑到在实际预测中模式误差和初始场误差是同时存在的，我们基于条件非线性最优扰动方法考察了模式参数误差和初始场误差的联合作用（最优组合）对 ENSO 预测的影响。由 CNOP-C 所揭示出的初始场误差和参数误差部分的空间结构分别与 CNOP-I 和 CNOP-P 相近，特别地，对于初始场误差，CNOP-I 和 CNOP-C 所确定的最优误差结构都表现出季节依赖性，但是符号完全相反（前者造成拉尼娜模态的误差增长，而后者则表现出厄尔尼诺模态的误差演变特征）。这一结果表明，在模式参数存在误差的情况下，条件非线性最优扰动方法所确定出的初始场的敏感区不随模式参数误差的存在而改变，这也进一步为目标观测提供了科学依据。接着，探究了 CNOP-C 引起的预测误差随季节演变的特征，同样发现有类似于春季预报障碍现象的误差演变特征：误差增长在春末至夏初达到最大；特别地，这种由 CNOP-C 所揭示出的春季预报障碍现象远大于 CNOP-I 或 CNOP-P 的单个影响，造成预测末的误差增长也远大于 CNOP-I 或 CNOP-P 以及二者简单线性之和的影响。这表明，模式初始场误差和参数误差通过非线性相互作用会使预报误差更快发展，其影响远大于初始场误差和参数误差所造成的不确定性的线性之和。

最后，通过考察 CNOP-C 引起的各海气变量预报误差的演变，发现 CNOP-C 所引起的误差增长机制与 CNOP-I 中的增长机制相似，但前者由于海气耦合的风场动力效应和次表层对表层的热力效应的进一步增强而增大，即具有较强的 Bjerknes 正反馈机制，导致误差增长远大于 CNOP-I 或 CNOP-P 以及二者线性相加的影响。因此在实际预测时，必须同时考虑到模式误差和初始场误差的联合作用。

通过考察 CNOP-I 的空间结构，6.2 节详细介绍了其对目标观测的科学意义，并验证了由 CNOP-I 所确定的敏感区，表明在中太平洋和东太平洋增加观测可以有效地减小 CNOP-I 型的初始场误差，从而有助于 ICM 对 ENSO 预测技巧的提高。同样，通过分析 CNOP-C 或者 CNOP-P 的最优参数误差空间结构，也揭示出明显的局地分布特征：能造成预测误差最大发展的海气耦合系数（α_τ）误差主要集中在中太平洋（呈椭圆形分布，中心位于赤道太平洋 160°W 附近）；而表征次表层海水上卷温度的热力影响系数（α_{T_e}）误差主要集中在东太平洋冷舌区，其次在赤道中太平洋海区。这表明，与其他区域相比，这些区域的模式参数误差更容易对 ENSO 预测技巧产生影响。换句话说，厄尔尼诺事件的模拟和预测对中太平洋海气耦合强度和东太平洋冷舌区域温跃层热力效应强度特别敏感。值得注意的是，这两者分别表征了大气与海表温度和次表层海洋与表层海洋热力过程间的相互作用。因此从厄尔尼诺预测角度来看，为了提高 ICM 对厄尔尼诺的准确模拟及预测，数值模式中需合理地表征热带太平洋中部海区海洋与大气间的相互作用和东太平洋冷舌区域次表层对表层的热力作用过程。

从模式参数误差和初始场误差对预测误差的影响分析来看，用条件非线性最优扰动方法所揭示出的误差场的空间结构和时间演变有些共性，如由模式参数确定出的敏感区也是初始场的敏感区。也就是说，对应的目标观测区也会有一致性。因此，初始场和模式误差对预测误差的影响要结合起来进行研究。目标观测应同时对初始场和模式参数优化进行分析，可有效减小预测误差、改进预测技巧。这表明了利用目标观测思想改进模拟和预测的科学性，不仅可利用条件非线性最优扰动方法来识别热带太平洋中对初始场精度的敏感区，同时也有助于认识敏感区所包含的各种相关物理过程，为改进模式动力过程的合理化表征提供有效的科学依据。

6.4 模式初始场和参数误差最优化修正以改进 2015 年 厄尔尼诺事件模拟的个例分析

如 4.3 节所述，2015 年厄尔尼诺事件实时预测存在很大的不确定性，所产生的系统性偏差强烈地依赖于模式，定量估算模式偏差并有效减小其对 ENSO 预测的不利影响十分重要。本节将基于条件非线性最优扰动方法和 ICM 模拟结果，首先定量估算能产生最大模拟误差的初始场和参数的误差，然后在模式模拟中予以扣除，最后评估其对模拟 2015 年厄尔尼诺事件的改进效果。这里对 ICM 中的两个关键参数加以考虑（Zhang and Gao, 2016b）：一是表征海气耦合强度的模式参数（α_τ），二是表征次表层热力效应强度的模式参数（α_{T_e}）。设计两组试验来说明误差修正的效果：一组是控制试验，另一组是优化模拟试验（对初始场和模式参数误差进行优化修正）。结果表明，2015 年厄尔尼诺事件的模拟可通过对基于条件非线性最优扰动方法所揭示出的误差进行修正而得到有效改善，尤其是从 2015 年年初开始，模式采用修正后的初始条件和模式参数可准确地模拟出 2015 年年末厄尔尼诺事件的强度。从定量角度分析，在优化修正的模拟试验中，模式模拟得到的 2015 年年末 Niño3.4 区海表温度异常可升高至+2.8℃，而控制试验中仅为+1.5℃。根据 2015 年厄尔尼诺事件的模拟效果，证实了消除由条件非线性最优扰动方法所确定的误差对改进 ENSO 模拟的可行性和有效性。本节最后对这种误差优化修正的局限性及进一步应用进行讨论。

6.4.1 引言

ENSO 现象是气候系统中最具可预报性的年际变化信号，其实时预测被认为是短期气候预测中最为成功的例子。准确并有效预测 ENSO 现象的发生、发展和演变对社会和公众有着重要意义。目前，国际上已开发了多种模式并能够成功地超前 6 个月或更长时间对 ENSO 进行实时预测。然而，不同复杂程度的耦合模式均存在较大的系统性偏差，造成 ENSO 实时预测有很大的不确定性（Jin et al., 2008；Luo et al., 2008；Zhang and Gao, 2016a）。此外，每个预测模式各自会有固有（一定特征）的系统性偏差，造成不同模式间 ENSO 预测结果差别很大。

为减小系统性偏差，认知 ENSO 预测误差来源是至关重要的。在海气耦合模式中，初始场（initial conditions, ICs）误差和模式参数（model parameters, MPs）误差是影响 ENSO 预测技巧的主要因素（Moore and Kleeman, 1996；Xue, 1997a）。例如，Zhu 等（2012）通过模式模拟分析发现，ENSO 预测技巧依赖于不同海洋再分析场所得到的初条件。Gao 和 Zhang（2017）采用一个中等复杂程度的海气耦合模式（ICM）考察了模式中两个关键参数对 2010-2012 年拉尼娜事件二次变冷过程的强度和位相转换的作用（Zhang et al., 2013）。目前，使用海洋实际观测资料确定初始场误差和模式参数误差仍然存在很大的不确定性。事实上，海洋实时观测耗资巨大，目前的海洋观测数据仍非常有限，时空分布也不均一。因此，通常将有限的海洋观测与资料同化方法相结合来确定模式预测所需要的初始场。同时，观测资料也常用来估计模式参数以调整模式性能。然而，海洋和大气模式是非常复杂的，其模式参数强烈依赖于季节和气候状态等。因此，获取合理的模式参数从而得到准确的预测结果是比较困难的。此外，模式参数值的确定通常带有经验性和主观性，也会导致模式参数与模式动力方程之间的不协调。因此，寻找一种能客观估算参数值并可最优化模式模拟的方法是十分必要的。考虑到模拟偏差具有模式的依赖性，需要量化模拟误差特征并在模式中加以消除，才可合理并有效地减小模式的系统性偏差。

为了量化初始场和模式参数的误差以及其与模拟偏差间的关系，国际上已经发展了一系列方法。例如，Mu 等（2003）提出了条件非线性最优扰动方法，该方法可识别出能引起预测误差最大发展的初始误差结构。理论上，CNOP 表征了可造成预测偏差最大的初始场误差（如 Mu et al.，2007a；Duan et al.，2009）。因此，如能在实际预测中扣除 CNOP 型的初始误差，那么预测能够在最优意义下得到最大的改进。事实上，条件非线性最优扰动方法已被广泛应用于由 Zebiak 和 Cane（1987）所开发的 ENSO 模式中并进行了可预报性等系统性研究。在 Duan 和 Wei（2012）的研究中，发现在实时预测中存在类 CNOP 型的初始场误差，并指出如果在初始场分析中去除 CNOP 型误差，预测技巧将得到显著提高。徐辉（2006）和 Mu 等（2014）发现 ENSO 发生的最优前期征兆与 ENSO 预测中得到的 CNOP 型误差存在相似性。此外，条件非线性最优扰动方法也被用来识别初始场误差的敏感区（该区域的初始场对预测具有最大的影响）。Duan 等（2012）指出应合理利用由条件非线性最优扰动方法识别出的敏感区中的观测，这不仅能够减小初始场不确定性引起的预测误差，而且还能更好地捕捉到 ENSO 前期信号，从而得到相对准确的预测结果。这些模拟试验清楚地表明，观测资料的最优利用对模式预测的改进作用依赖于模式的构建、空间区域以及季节转换等。另外，Duan 和 Zhang（2010）、Mu 等（2010）扩展了条件非线性最优扰动方法，使其能够识别引起 ENSO 预测误差最大的模式参数误差。随后，Yu 等（2012a，2012b）使用 Zebiak-Cane 模式考察了造成 ENSO 预测最大误差发展的参数误差。近年，条件非线性最优扰动方法也被进一步扩展到能够识别出引起预测误差最大发展的边界场误差等（如 Wang and Mu，2015）。

如前所述，我们发展了 IOCAS ICM 和相应的四维变分资料同化系统，该模式已广泛应用于 ENSO 相关的模拟和预测。然而，在 ENSO 实时预测中仍然存在着显著的偏差。为认识初始场误差与预报误差的关系，已开展了基于条件非线性最优扰动方法的可预报性研究，并利用四维变分资料同化中的伴随模块计算所给定目标函数对初始场和模式参数的梯度。Tao 等（2017）将条件非线性最优扰动方法应用到 ICM 中，识别了造成 ENSO 预测误差最大发展的初始场误差的时空特征，并指出这类误差能够引起 ENSO 预测中的春季预报障碍现象。此外，IOCAS ICM 中模拟分析得到的 CNOP 能够为目标观测和资料同化提供有用的信息。如当去除或者减小一定区域中与 CNOP 相关的初始场误差后，能够最有效地（在最优化意义上）改进模式对 ENSO 的预测技巧。需注意的是，之前采用 ICM 和条件非线性最优扰动方法所开展的 ENSO 可预报性研究和预测均基于理想情景（Gao et al.，2016；Tao et al.，2017，2018，2019），这里我们将给出一个应用于 2015 年厄尔尼诺事件的实际例子。

如 3.3 节所述，2015 年热带太平洋经历了一次非常强的厄尔尼诺事件，导致全球性的气候异常和极端天气事件的频发。然而，不同的海气耦合模式在对此次事件进行实时预测时存在非常大的误差。例如，多数模式误报了 2014 年会发生强厄尔尼诺事件，而在 2015 年年初却弱报了发生于 2015 年年末的超强厄尔尼诺事件。这里，我们的目的是想通过采用条件非线性最优扰动方法及相关技术来提高对 2015 年厄尔尼诺事件的模拟。从条件非线性最优扰动方法的总体思路考虑，该方法可估算出能造成 ENSO 预测最大误差发展的初始场和模式参数的主要误差特征，那么通过修正这些初始场和模式参数的误差就能够提高模式对 2015 年厄尔尼诺事件的模拟。为实现这一想法，需采用以下几个步骤。首先，定义一个目标函数用来度量观测与预测得到的海表温度异常间的偏离程度（也就是 ICM 预测的海表温度场的误差），其对初始场和模式参数的梯度可以通过四维变分资料同化系统中的伴随模块来计算。类似于 6.2 和 6.3 节的分析，这里我们仅考虑对 ENSO 演变有重要作用的两个初始场（海表温度和海面高度场）和两个模式参数（α_τ 和 α_{T_e}）。然后，基于条件非线性最优扰动方法和相关技术，在一定模式参数和初始场约束下最小化目标函数，对其最优化后可得到相应的海表温度、海面高度和两个参数的误差修正场（即对海表温度和海面高度这两个初始场和 α_τ 与 α_{T_e} 两个模式参数不断修正，使得模拟得到的海表温度场的演变尽可能地逼近观测而使目标函数最小化）。最后在模式预测时将由最优化得到的初始场和参数场进行误差修正，即可得到最优的模拟，其结果与没有采取最优误差修正的模拟进行比较。正如将在下面所展示的，当用所得到的 CNOP 型误差来修正初始场和模式参数后，可有效提高模式对 2015 年厄尔尼诺事件的模拟能力。

本节将从以下方面展开：第二小节介绍所使用的方法（条件非线性最优扰动方法）以及试验设计；第三小节展示通过修正初始场和模式参数的误差后模拟得到的 2015 年厄尔尼诺事件；最后，在第四小节给出结论以及相关的讨论。

6.4.2 模式初始场和参数的修正方法

本章的前两节在理想化试验中，我们已经基于条件非线性最优扰动方法考察了引起 ENSO 预测最大误差增长的初始场和模式参数误差的空间结构，本节将利用条件非线性最优扰动方法和 ICM 更进一步分析 2015 年厄尔尼诺这一实际事件，以证实通过最优化修正初始场和模式参数误差的方法对于改进 2015 年厄尔尼诺事件模拟的可行性和有效性。

采用 Mu 等（2003）提出的条件非线性最优扰动方法，开展基于 IOCAS ICM 的可预报性研究，揭示出 IOCAS ICM 中能引起最大预测误差的初始场和模式参数的误差特征（如包括主要误差来源和误差演变等）。在理想化模拟试验中，Tao 等（2017）将条件非线性最优扰动方法应用到 IOCAS ICM 中，揭示了引起 ENSO 预测误差最大增长的初始场的误差分布。

为使本节所采用的方法和应用表述具有连贯性，这里简单重复介绍条件非线性最优扰动方法。

对于一个预测模式，可以表示为一个关于初值问题的控制方程：

$$\begin{cases} \dfrac{\partial \boldsymbol{X}}{\partial t} + \boldsymbol{F}(\boldsymbol{X},\ \boldsymbol{p}) = 0 \\ \boldsymbol{X}\big|_{t=t_0} = \boldsymbol{X}_0 \end{cases} \tag{6.19}$$

其中，t 是时间，t_0 表示初始时间，$\boldsymbol{X}$ 是状态变量（如海表温度场和流场等），$\boldsymbol{p}$ 是模式参数，X_0 表示初始场，F 是非线性传播算子。对于一个给定的初始场（X_0）和模式参数（p），通过模式积分后，预测 t 时刻得到的预测变量（X^m），可表示为：$X^m(t) = M(p)(X_0)(t)$，其中 M 是传播函数，表征了在控制方程（也就是模式动力框架）约束下从初始状态到未来 t 时刻的时间演变。因此，模拟 t 时刻得到的状态变量实际上是 X_0 和 p 的函数。

为了量化预测变量与相应观测变量的偏离程度，定义以下目标函数：

$$J(X_0, \ p) = \sum_{t=t_1}^{t_n} \parallel X^m(t) - X^o(t) \parallel^2 = \sum_{t=t_1}^{t_n} \parallel M(p)(X_0)(t) - X^o(t) \parallel^2 \qquad (6.20)$$

其中，t_1 和 t_n 分别是分析过程中的初始时刻和结束时刻，$X^o(t)$ 表示观测的海表温度异常场。条件非线性最优扰动方法最初是用来确定能够引起最大预测误差的初始场误差（Mu et al.，2003）。相对应地，条件非线性最优扰动方法也可以扩展到确定最有可能引起预测误差的初始场和模式参数的误差特征。例如，由于 X_0 和 p 存在误差，模式预测所得到的海表温度演变会偏离观测，造成在预测时刻末的预测偏差及相应的目标函数（J）值会变得很大。为了降低预测误差（或者说 J），分别在 X_0 和 p 中添加上相应的修正量 X' 和 p'。那么目标函数可表示为

$$J(X_0 + X', \ p + p') = \sum_{t=t_1}^{t_n} \parallel M(p+p')(X_0+X')(t) - X^o(t) \parallel^2 \qquad (6.21)$$

这样，条件非线性最优扰动方法及相应技术同样可用于确定初始场和模式参数的误差修正项（X' 和 p'），然后通过修正初始场和模式参数可使预测误差最小化。换言之，基于条件非线性最优扰动技术能够使得修正后的预测与观测间偏离最小。这里，关于方程（6.20）中的最大化问题可转化成方程（6.21）中关于 J 的最小化问题：通过最优化估算 X' 和 p' 使得目标函数在模式动力约束条件下为最小，也使得分析场尽可能接近观测场。

在实际应用中，条件非线性最优扰动方法分析需要原模式的伴随模块来估算目标函数关于 X' 和 p' 的梯度。考虑到 X' 和 p' 不能偏离对应的实际观测太大，需要满足一定的约束条件（$X', \ p') \in C_{\delta_C}$（$C_{\delta_C}$ 代表约束半径）。最后就变成为求解以下有约束条件的最小化问题：

$$J(X_0 + X^*, \ p + p^*) = \min_{(X', \ p') \in C_{\delta_C}} J(X_0 + X', \ p + p') \to 0 \qquad (6.22)$$

其中，X^* 和 p^* 是满足给定约束条件下得到的最优误差修正项。为了最小化目标函数，需要利用四维变分资料同化系统中的伴随模块来计算目标函数关于 X' 和 p' 的梯度。同时，为了获得 X^* 和 p^*，采用非单调谱投影梯度方法（nonmonotonic spectral projected gradient method，SPG2）寻找约束条件下的最优解，而目标函数关于 X' 和 p' 的梯度将作为 SPG2 分析中的输入量。更多有关 SPG2 信息可以参考 Birgin 等（2000）。需要注意的是，在最小化目标函数来估算 X^* 和 p^* 时，并不需要修改条件非线性最优扰动方法中的相关分析步骤，而只需修改目标函数即可。将 X_0+X^* 和 $p+p^*$ 作为修正后的初始场和模式参数，并重新用 ICM 进行模拟可得到相应的状态演变，预期会与观测更为接近。

图 6.32 给出了基于条件非线性最优扰动方法和相关技术以改进 ICM 对 2015 年厄尔尼诺事件模拟的分析过程示意图，详细说明可参考陶灵江（2017）的工作。试验中，需执行两组模拟试验。

一组是控制模拟试验：采用简单的初始化方案，即只利用了观测的年际海表温度异常对模式初始化进行预测（Zhang and Gao，2016a）。以从 2015 年 1 月 1 日开始预测为例：①通过从 1980 年 1 月至 2014 年 12 月间的月平均海表温度异常观测资料和 2015 年 1 月第一周的周平均海表温度异常观测资料经过线性插值得到每日的海表温度异常场；②使用这些观测的海表温度场通过风应力统计模块计算得到风应力年际异常；③利用所得到的风应力年际异常场驱动海洋模块得到每月第一天的海洋初始状态（例如 2015 年 1 月 1 日），ICM 从该初始场开始向前时间积分 12 个月。此外，作为初始化的一部分，模式预测初始时刻的海表温度异常场直接由相应的海表温度异常观测场来替换。结果表明，模式能够很好地再现海表温度异常的演变。但是，如图 6.33 所示，当从 2014 年年末和 2015 年年初开始预测时，模式会严重低估 2015 年冬季厄尔尼诺事件的强度。

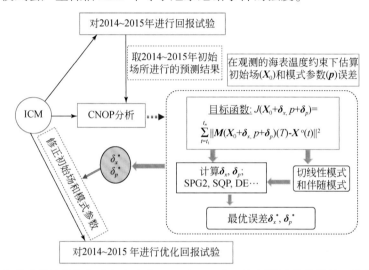

图 6.32　基于条件非线性最优扰动方法改进 ICM 对 2015 年厄尔尼诺事件模拟技巧的分析过程示意图

优化过程包含三个步骤。首先，进行一个标准模拟试验，采用简单的初始化方案产生初始场；选取两个模式参数为其标准值，用 ICM 进行预测。然后，通过基于条件非线性最优扰动方法确定出引起预测误差的初始场和模式参数最优误差场。更具体地，定义一个目标函数来描述预测与观测得到的海表温度异常间的偏离程度；基于原模式的伴随模块计算目标函数关于初始场和模式参数的梯度；使用基于条件非线性最优扰动方法的优化方案可以最小化目标函数，计算出最优海表温度、海面高度、α_τ 和 α_{T_e} 的误差修正量。最后，在原预测初始场和模式参数中添加上最优修正误差场，ICM 重新积分得到经误差修正后的最优模拟结果

另一组是优化模拟试验（Zhang et al.，2018）：ENSO 预测误差可与初始场和模式参数的误差有关，例如先前的研究指出两个参数（α_{T_e} 和 α_τ）对准确模拟 ENSO 强度的重要性（Gao and Zhang，2017）。这里，基于条件非线性最优扰动方法可估算出 ICM 中初始场和两个模式参数的误差，进而可对初始场和参数进行优化修正，之后再进行回报试验。具体地，用如下目标函数定义 ICM 模拟与观测得到的海表温度异常间的偏离程度：

$$J = \sum_{k=1}^{12} \sum_{i,j} \omega_{i,j} \left[\mathrm{SSTA}^m(t_k, i, j) - \mathrm{SSTA}^o(t_k, i, j) \right]^2 \tag{6.23}$$

其中，$\mathrm{SSTA}^o(t_k, i, j)$ 是 t_k 时刻在模式格点 (i, j) 上海表温度月平均异常观测场；$\mathrm{SSTA}^m(t_k, i, j)$ 是相应 ICM 模拟得到的海表温度异常；$\omega_{i,j}$ 是区域权重函数用以考虑模式

水平网格非均匀性。这里我们仅考虑 ENSO 的强度预测，即 Niño3.4 区海表温度异常，因此，在计算目标函数时，只考虑 Niño3.4 区的海表温度异常场。

误差修正项的约束条件定义为

$$
\begin{cases}
\delta_{\text{SST}} = \sqrt{\dfrac{\sum\limits_{i,\,j} \omega_{i,\,j}\left[E_{\text{SST},\,0}(i,\,j)\right]^2}{\sum\limits_{i,\,j} \omega_{i,\,j}}} \\[4mm]
\delta_{\text{SL}} = \sqrt{\dfrac{\sum\limits_{i,\,j} \omega_{i,\,j}\left[E_{\text{SL},\,0}(i,\,j)\right]^2}{\sum\limits_{i,\,j} \omega_{i,\,j}}} \\[4mm]
\delta_{\tau} = \sqrt{\dfrac{1}{N}\sum\limits_{i,\,j}\left[p_{\tau}'(i,\,j)\right]^2} \\[4mm]
\delta_{T_e} = \sqrt{\dfrac{1}{N}\sum\limits_{i,\,j}\left[p_{T_e}'(i,\,j)\right]^2}
\end{cases}
\tag{6.24}
$$

其中，N 是 ICM 在热带太平洋海区的网格总数。在实际应用中，误差修正项在给定如下的约束范围内来最小化目标函数：

$$\delta_{\text{SST}} \leqslant 0.1\,\text{℃},\ \delta_{\text{SL}} \leqslant 0.3\,\text{cm},\ \delta_{\tau} \leqslant 10\% \cdot \alpha_{\tau},\ \delta_{T_e} \leqslant 10\% \cdot \alpha_{T_e}$$

这样，基于条件非线性最优扰动方法和相关优化技术就可以获得最优误差修正项（$E_{\text{SST},\,0}^*$，$E_{\text{SL},\,0}^*$，p_{τ}^* 和 $p_{T_e}^*$），用于分别修正海表温度、海面高度、α_{τ} 和 α_{T_e} 场。注意，在每个起始月的 CNOP 分析过程中，我们同时计算初始场和模式参数的误差，并同时对模式模拟进行修正。

由于初始场和模式参数的误差具有季节依赖性，我们对不同起始月都进行了优化修正，并在 2014 年 1 月～2015 年 12 月进行了一系列长达 12 个月的模拟，这里从每个月开始进行的预测产生 12×24 个模拟结果。具体地，当从 2015 年 1 月开始最优化模拟预测时，我们将得到的误差修正项叠加到控制试验中所采用的初始场以进行优化模拟，这样得到修正后的初始场 $X_{\text{SST},\,0}^* = X_{\text{SST},\,0} + E_{\text{SST},\,0}^*$ 和 $X_{\text{SL},\,0}^* = X_{\text{SL},\,0} + E_{\text{SL},\,0}^*$；类似地，对两个参数进行修正后为 $\alpha_{\tau}^* = \alpha_{\tau} + p_{\tau}^*$ 和 $\alpha_{T_e}^* = \alpha_{T_e} + p_{T_e}^*$，其中 α_{τ} 和 α_{T_e} 取为标准参数值（$\alpha_{\tau} = 0.87$ 和 $\alpha_{T_e} = 1.0$）。当初始场和模式参数经过修正后，ICM 重新积分可得到最优模拟预测结果。这样，能够利用最优化过程，对初始场和模式参数进行最优修正，使得 ICM 模拟得到的海表温度异常尽可能地接近观测。

如公式（6.23）所示，在优化分析时段，我们利用观测的海表温度异常场构建目标函数并使之最小化，以此获得对初始场和模式参数的最优误差修正；然后，再将修正后的初始场和模式参数用来预测海表温度场的演变（即预测时段）。换言之，我们采用的分析时段（已用到了观测的海表温度异常来最小化目标函数）与预测时段相重叠，观测的海表温度场信息已经用于由 ICM 模拟得到的结果中（即海表温度场的预测），所以模拟不是独立的，其改进效果会被高估。

6.4.3　敏感性试验结果

2015 年，热带太平洋发生了一次超强的厄尔尼诺事件。图 6.33 展示了 2014～2015 年观测的 Niño3.4 区海表温度异常指数（黑线）；图 6.34 给出了观测或再分析得到的海表温度、纬向风应力和海面高度异常沿赤道随时间的演变；图 6.35 进一步展示了在 2015 年厄尔尼诺事件不同阶段中相应的海表温度和海表风应力的水平分布。

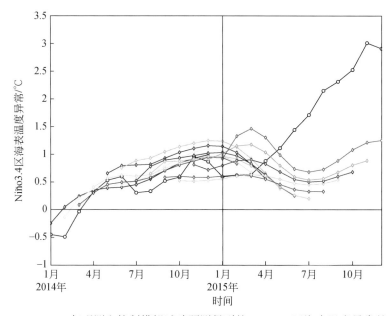

图 6.33　2014～2015 年观测和控制模拟试验预测得到的 Niño3.4 区海表温度异常的时间序列

黑线为观测，彩色线为预测，其中预测采用了 IOCAS ICM 原始初始化方案和两个标准模式参数（α_τ 和 α_{T_e}）的取值，每种颜色线条代表从不同初始条件预测 12 个月得到的时间序列

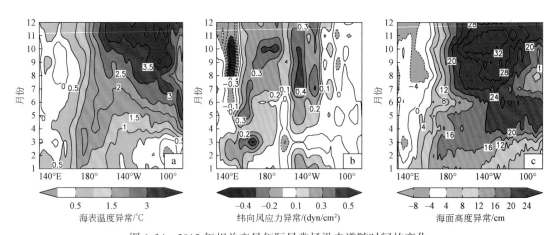

图 6.34　2015 年相关变量年际异常场沿赤道随时间的变化

a. 海表温度异常；b. 纬向风应力异常；c. 海面高度异常

观测的海表温度异常取自 Reynolds 等（2002），风应力异常取自 NCEP/NCAR 再分析资料产品，海面高度异常取自 Ssalto/Duacs 多卫星高度计融合产品，可从网站中免费获取（http：//www.aviso.oceanobs.com/duacs/）。海表温度、纬向风应力和海面高度异常场的等值线间隔分别是 0.5℃、0.1dyn/cm² 和 4cm

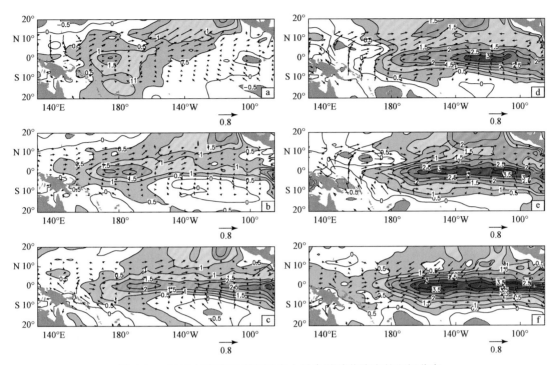

图 6.35　2015 年海表温度和风应力异常随季节演变的空间分布

a. 2 月；b. 4 月；c. 6 月；d. 8 月；e. 10 月；f. 12 月

等值线为海表温度异常，间隔为 0.5℃；矢量为风应力异常，单位为 dyn/cm²

在 2015 年厄尔尼诺爆发前的一个显著特征是，热带西太平洋从 2014 年至 2015 年年初一直维持着一个缓慢发展的海表温度正异常；在 2014 年赤道太平洋海表温度表现出持续稳定的增温，到 2015 年 2 月海表温度正异常有所下降（3 月平均海表温度正异常低于 0.5℃），至 5 月快速升高并一直持续到 2015 年夏秋季；到 2015 年年末，正异常达到成熟期，2015 年 12 月 Niño3.4 区海表温度正异常达到 3℃。值得注意的是，海洋和大气在 2015 年春季耦合加强，使得海表温度正异常快速增强并在同年春末发展成暖事件。这里，把 2015 年厄尔尼诺事件作为实际个例进行模式试验分析，来验证通过最优化方法修正初始场和模式参数的误差以改进模式对此次事件的模拟能力的有用性和有效性。设计了两组对照试验，对 ICM 从 2014 年 1 月至 2015 年 12 月每个月 1 号作为初始条件进行 12 个月的模拟进行分析。

6.4.3.1　控制模拟试验

图 6.33 给出了 ICM 在 2014～2015 年不同初始时刻开始预测得到的 Niño3.4 区海表温度异常指数（彩色线）。这里采用了一个简单的初始化方案（即利用风应力异常统计模块根据观测的海表温度年际异常计算得到的风应力场来驱动海洋模块，产生海洋初始场），两个参数取其标准值（$\alpha_\tau = 0.87$ 和 $\alpha_{T_e} = 1.0$）。尽管 ICM 能够大体上预测出 2014～2015 年的增暖趋势，但预测与观测到的海表温度异常仍存在明显的差别。特别是，当 ICM 从 2015 年年初开始预测时，预测得到的 2015 年厄尔尼诺事件强度显著偏低。正如前文所提

到的春季预报障碍现象，ICM 在跨 2015 年春季预测时，预测水平很差。此外，当从 2015 年年初预测时，模式也无法预测出赤道太平洋在 2015 年夏季和秋季的快速增暖现象。因此，ICM 严重地低估了 2015 年厄尔尼诺事件的强度。然而，当 ICM 从 2015 年夏季后开始预测时，模式能够较好地再现 2015 年年末的快速增暖强度。

为详细展示时空演变特征，图 6.36 给出了从 2015 年 1 月起预测得到的海表温度、纬向风应力和海面高度异常沿赤道随时间的演变；同时，图 6.37 给出了海表温度和风应力在不同时刻的水平分布：从厄尔尼诺事件发生（2015 年 1 月）一直到成熟位相（2015 年 12 月）的时空演变。

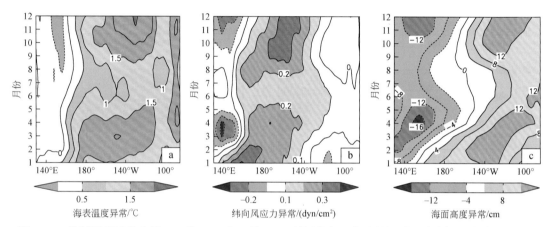

图 6.36　控制模拟试验中用 ICM 从 2015 年 1 月 1 日开始预测 12 个月所得到的异常场沿赤道的纬向-
时间剖面图
a. 海表温度异常；b. 纬向风应力异常；c. 海面高度异常
海表温度、纬向风应力和海面高度异常的等值线间隔分别是 0.5℃、0.1dyn/cm² 和 4cm

模式预测得到的 2015 年厄尔尼诺事件的演变与观测有着明显的差异。特别是，当从 2015 年年初开始预测时，模式预测所得到的海表温度异常表现出增暖变弱的趋势，从而低估了 2015 年夏季和秋季的海表温度正异常的强度。这些结果表明，模式在刻画海洋与大气间的耦合强度方面存在着问题，可能是前面所提到的两个关键参数存在着误差。其他耦合模式在对 2015 年厄尔尼诺事件进行实时预测时也存在着类似的问题（Zhang and Gao，2016a）。例如，当从 2015 年年初进行预测时，许多耦合模式都无法准确再现 2015 年春季发生的增暖现象以及 2015 年春末和夏季的快速增暖过程（参考 IRI 网站，https：//iri. columbia. edu/our-expertise/climate/forecasts/enso/current/）。另外，大多数耦合模式都低估了在 2015 年夏季和秋季的增暖强度；并且，不同模式对 2015 年厄尔尼诺事件预测的结果差别很大。

6.4.3.2　优化模拟试验

基于控制模拟试验，又进行了优化模拟试验，即在模式初始时刻分别对两个初始场和两个模式参数进行误差修正，即添加上最优化得到的误差修正项（$E_{SST,0}^*$，$E_{SL,0}^*$，p_i^* 和 $p_{T_e}^*$）。然后，从 2014 年 1 月全 2015 年 12 月每个月 1 号开始进行 12 个月的优化模拟预测。

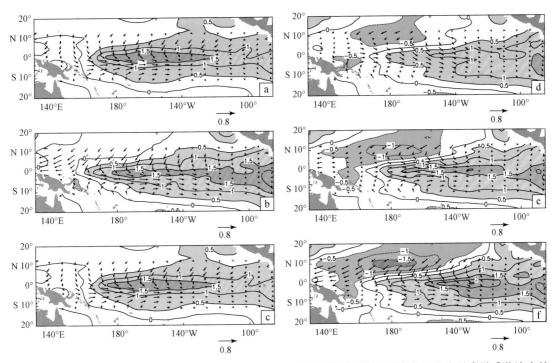

图 6.37 控制模拟试验中用 ICM 从 2015 年 1 月 1 日开始预测得到的海表温度和风应力异常随季节演变的
空间分布

a. 2 月；b 4 月；c 6 月；d. 8 月；e. 10 月；f. 12 月

等值线为海表温度异常，间隔为 0.5℃；矢量为风应力异常，单位为 dyn/cm²

我们主要关注以下几个问题：仅修正初始场或模式参数场的误差，对目标函数减小有多大影响？基于条件非线性最优扰动方法来同时优化初始场和模式参数的误差，又在多大程度上能改善 2015 年厄尔尼诺事件的模拟？

如前面所描述的，目标函数表征了预测与观测的海表温度异常间的差异。四维变分资料同化系统中的伴随模块可用来计算目标函数关于初始场和参数的梯度，从而不断搜索较优的误差以最小化目标函数。我们提取了由初始场和模式参数的误差所能造成的最大预测误差的误差修正场，并随后通过修正进行了相应的模拟。作为一个例子，图 6.38 展示了 2015 年 1 月起报时估算出的误差修正场的空间分布（即海表温度和海面高度以及参数 α_τ 和 α_{T_e}）。初始场的误差修正主要集中在基于条件非线性最优扰动方法得到的敏感区，也是可产生最大预测误差发展的关键区域。此外，对两个参数的误差修正也集中在模式参数的敏感区，如对参数 α_τ 的校正主要集中在赤道中太平洋，而对参数 α_{T_e} 的校正区域位于赤道中东太平洋。图 6.39 进一步给出了控制模拟试验和优化模拟试验中目标函数随不同起始时刻的变化。可以清晰地看到，经优化后的目标函数值显著下降，这表明通过优化后模拟与观测的不匹配程度显著减小。

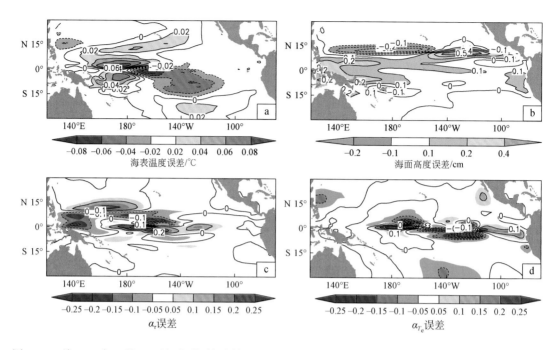

图 6.38　从 2015 年 1 月 1 日的预测初始时刻，基于条件非线性最优扰动方法进行优化模拟试验所得到的
误差修正场的空间分布

a. 海表温度误差；b. 海面高度误差；c. α_τ 误差；d. α_{T_e} 误差

a ~ d 的约束半径分别为 0.02℃、0.11cm、0.087 和 0.1

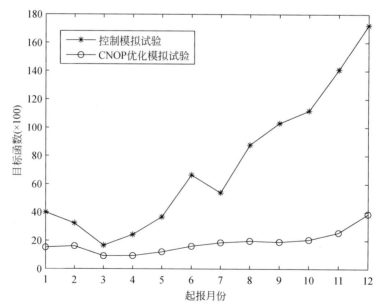

图 6.39　2015 年目标函数随预测初始时刻的变化

四维变分资料同化方法中所发展的有关 ICM 的伴随模块被用来计算目标函数关于两个初始场
（海表温度和海面高度）和两个模式参数（α_τ 和 α_{T_e}）的梯度，以求解最优化问题

图 6.40 展示了优化模拟试验中得到的 Niño3.4 区海表温度异常的时间序列。当初始场和模式参数的误差得到最优修正后，模拟得到的海表温度异常非常接近于观测。即使从 2015 年 1 月初开始预测，模式仍然能够准确地再现持续增暖现象（包括 2015 年秋季快速增暖期和在 2015 年年末的成熟期）。定量上，在优化模拟试验中，模拟得到的 2015 年年末 Niño3.4 区海表温度异常指数可升高至+2.8℃，而控制模拟试验中仅为+1.5℃。

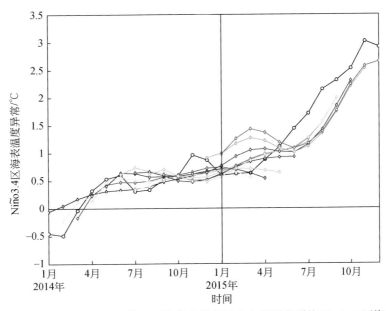

图 6.40　2014～2015 年观测和经误差修正后的优化模拟试验中预测得到的 Niño3.4 区海表温度异常的时间序列

黑线为观测，彩色线为预测，其中基于条件非线性最优扰动方法先估算出关于海表温度、海面高度、α_τ 和 α_{T_e} 的最优修正误差，再经修正后进行回报模拟试验，每种颜色线条代表从不同初始条件预测 12 个月得到的时间序列

下面，我们详细比较优化模拟试验（图 6.40 至图 6.42）和控制模拟试验（图 6.33、图 6.36、图 6.37）的结果。这里给出了 2015 年厄尔尼诺事件发生、发展和成熟等不同阶段的预测细节。与控制模拟试验（图 6.33、图 6.36、图 6.37）相比，通过初始场和模式参数的误差修正后，模式从 2015 年年初开始预测就能够较为合理地再现海表温度场的演变（图 6.40 至图 6.42）。例如，优化模拟试验准确地捕捉到了 2015 年夏季和秋季的增暖强度。从理论上讲，用条件非线性最优扰动方法能够估算出造成 ENSO 预测误差最大发展的初始场和模式参数的误差分布，当修正这些初始场和模式参数的误差后就能够最大限度地抑制预测误差的增长，从而减小模拟偏差。此外，作为表征 Bjerknes 反馈（Bjerknes, 1969）强度的两个参数（海表风应力场与海表温度场间的耦合强度和温跃层扰动对海表温度场的热力效应强度）都对 ENSO 发展有着重要的作用，修正这两个参数可更好地表征相应的 ENSO 模拟强度。例如，α_{T_e} 与 Bjerknes 反馈中的温跃层对海表温度场的热力作用相关，其大小表征了温跃层对海表温度场的直接热力影响的强度。当这些过程的强度得到优化表征后，模拟结果可得到有效改进。如以上试验所证实的，初始场和模式参数的误差经过最优修正后可改进海表温度场时空演变的模拟效果。因此，在某种意义上，通过基于条

件非线性最优扰动方法和相应的技术来修正 ICM 中的初始场和模式参数的误差后，有可能获得最优模拟结果，使得其与观测间的误差最小。

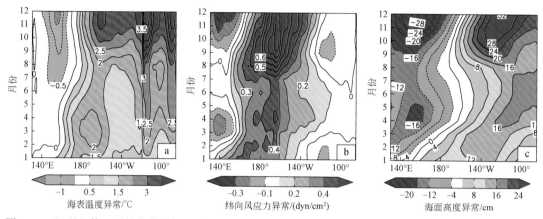

图 6.41　经误差修正后的优化模拟试验中用 ICM 从 2015 年 1 月 1 日开始预测 12 个月所得到的异常场沿赤道的纬向–时间剖面图

a. 海表温度异常；b. 纬向风应力异常；c. 海面高度异常

海表温度、纬向风应力和海面高度异常场的等值线间隔分别是 0.5℃、0.1dyn/cm² 和 4cm

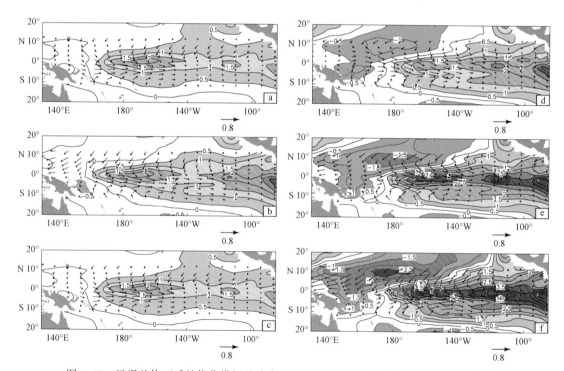

图 6.42　经误差修正后的优化模拟试验中用 ICM 从 2015 年 1 月 1 日开始预测得到的海表温度和风应力异常的空间分布随季节的演变

a. 2 月；b. 4 月；c. 6 月；d. 8 月；e. 10 月；f. 12 月

等值线为海表温度异常，间隔为 0.5℃；矢量为风应力异常，单位为 dyn/cm²

6.4.4　小结与讨论

热带太平洋在 2014～2015 年出现了持续的增暖现象。特别是，伴随着 2014 年持续的海表温度正异常后，于 2015 年发展成一次强厄尔尼诺事件：在 2015 年年初海表温度正异常在中太平洋海区开始产生并加强，在春季和夏季海表温度正异常快速增长，于 2015 年年末达到成熟（Zhang and Gao，2016a）。尽管各种复杂程度不同的耦合模式已经用来进行常规的 ENSO 实时预测，但在其实时预测中仍存在着系统性偏差，并且不同模式间预测结果差异很大。例如，当从 2015 年年初进行预测时，多数模式明显弱报了 2015 年厄尔尼诺事件的强度。因此，识别模式误差特征以有效改进预测至关重要。造成这些预测偏差的原因很多，包括初始场和模式参数的误差。Mu 等（2003）所发展的条件非线性最优扰动方法可用来估算初始场和模式参数的误差以及它们与预测误差间的关系。很显然，如果消除或减小由基于条件非线性最优扰动方法得到的初始场和模式参数的误差，那么预测误差会有效地降低，从而得到较好的预测结果。本节通过对 2015 年厄尔尼诺事件这一实际个例的模拟的研究验证了这一想法。

本节进行了两组基于 IOCAS ICM 的模拟试验。一组是控制模拟试验：模式采用简单的初始化方案。尽管模式能够在某种程度上预测出 2015 年厄尔尼诺事件，但是当从 2015 年年初至春季开始预测时，模式严重低估了此次厄尔尼诺事件的强度。另一组是优化模拟试验：通过基于条件非线性最优扰动方法估算得到初始场和模式参数的误差，并对相应的初条件和模式参数进行优化。结果表明，当从 2015 年年初开始预测时，优化后的模拟能够显著提升预测技巧，并能够较准确地再现 2015 年年末厄尔尼诺事件的强度，这清楚地展示了基于初始场和模式参数的误差修正方法对提高 ENSO 模拟技巧的可行性和有效性。

本节采用了条件非线性最优扰动方法的基本想法，发展了一个对初始场和模式参数的最优误差修正方法。从理论上讲，CNOP 代表了一类能够造成预测误差最大发展的初始场和模式参数的误差。从实际计算而言，我们所定义的目标函数表示了模式预测的海表温度异常与观测间的偏离程度。这样，在目标函数最小化约束下，对初始场和模式参数进行最优化误差修正后，可使模式模拟得到的误差最小（模拟的海表温度异常尽可能接近观测）。在分析过程中需要用到原始模式的伴随模块来计算目标函数对于初始场和模式参数的梯度，这样可以更快地搜索到最优的初始场和模式参数校正项。需要指出的是，如第 5 章所描述的，优化初始场和模式参数也可以采用标准的四维变分资料同化方法来实现（Gao et al.，2016；Gao et al.，2018），即使用原模式的伴随模块也能用来计算目标函数关于初始场和模式参数的梯度。在这一意义上，基于条件非线性最优扰动方法来最小化目标函数与四维变分资料同化方法有类似之处。但是，这里用条件非线性最优扰动方法来构建和求解的是有约束条件的最小化问题（Mu et al.，2003），并以此确定出最优修正误差，为此也使用了原模式的伴随模块来计算目标函数关于初始场和模式参数的梯度。可见，这里所采用的方法与标准四维变分资料同化方法中初条件和模式参数优化最大的不同点在于：基于条件非线性最优扰动方法在寻找最优解以使得目标函数最小时，需对初始场和模式参数进行约束以满足一定的物理意义；然后用 SPG2 算法寻找受约束问题的最优解（这也是基于条件非线性最优扰动方法的计算过程中最核心的一步）。

在本研究中，我们基于条件非线性最优扰动方法及相关技术采取了 12 个月的分析窗口来优化目标函数，并用于 12 个月的回报。这样，为得到最优误差修正，已经用到观测的 12 个月的海表温度场，再将得到的误差修正用于模拟。显而易见，这样的做法已经将答案（观测的海表温度异常场）隐含于模式求得的解之中（用 ICM 经过最优误差修正得到的海表温度异常场）。在某种程度上，选取相同分析时间窗口与预测时间窗口意味着这样的分析和模拟只具有诊断意义，没有预测价值。但是，如果预测时段的选取（如取 12 个月）长于分析时间窗口的时段（如取 6 个月），就可以进行几个月的提前预测，这样对初始场和模式参数误差的优化就具有预测价值，未来将进行这方面的模拟试验。此外，这里仅针对 2015 年厄尔尼诺事件进行了个例分析，当该方法应用到 2015 年厄尔尼诺事件中时，尽管能够获得较好的结果，但是优化模拟试验中可能过度修正了模式误差而产生了强厄尔尼诺事件，需进一步试验以得到更合理的模拟结果。另外，这一优化修正误差的方案也可以方便地应用到其他 ENSO 事件的模拟中，事实上，基于该优化方案也对历史上其他厄尔尼诺事件进行了预测，也取得了类似的改进效果。当然，还需要进行更多试验来证实这种最优修正方法的可推广性，特别需考察诸如从基于 2015 年厄尔尼诺事件得到的最优参数修正是否同样适用于对其他事件模拟的改进（如 1997-1998 年超强厄尔尼诺事件）等问题，也要比较这种动态修正与其他修正方法对改进 ENSO 模拟的有效性［如 Duan 等（2014）所提出的非线性强迫奇异向量同化方法］。这些相应的模拟试验和应用已在进行之中，相关结果会在以后的文章中详述。

参 考 文 献

陶灵江，2017. 基于条件非线性最优扰动方法和 IOCAS ICM 的 ENSO 可预报性研究［D］. 北京：中国科学院大学硕士学位论文.

徐辉，2006. Zebiak-Cane ENSO 预报模式的可预报性问题研究［D］. 北京：中国科学院大气物理研究所，博士学位论文.

Birgin E G, Martinez J M, Raydan M, 2000. Nonmonotone spectral projected gradient methods on convex sets［J］. Siam J Optimiz, 10：1196-1211.

Bjerknes J, 1969. Atmospheric teleconnections from the equatorial pacific［J］. Monthly Weather Review, 97（3）：163-172.

Chen D, Zebiak S E, Busalacchi A J, et al., 1995. An Improved Procedure for El Niño Forecasting：Implications for Predictability［J］. Science, 269：1699-1702.

Chen D, Cane M A, Kaplan A, et al., 2004. Predictability of El Niño over the past 148 years［J］. Nature, 428：733-736.

Chu P C, 1999. Two kinds of predictability in the Lorenz system［J］. Journal of Atmosphere Sciences, 56：1427-1432.

Duan W, Mu M, Wang B, 2004. Conditional nonlinear optimal perturbations as the optimal precursors for El Niño-Southern-Oscillation events［J］. Journal of Geophysical Research：Atmospheres, 109（D23）.

Duan W, Liu X, Zhu K, et al., 2009. Exploring the initial errors that cause a significant—spring predictability barrier for El Niño events［J］. Journal of Geophysical Research：Oceans, 114（C4）.

Duan W, Zhang R, 2010. Is model parameter error related to spring predictability barrier for El Niño events?［J］.

Advances in Atmosphere Sciences，27：1003-1013.

Duan W S，Wei C，2012. The "spring predictability barrier" for ENSO predictions and its possible mechanism：Results from a fully coupled model ［J］. International Journal of Climatology，33：1280-1292.

Duan W S，Hu J Y，2016. The initial errors that induce a significant "spring predictability barrier" for El Niño events and their implications for target observation：results from an earth system model ［J］. Climate Dynamics，46（11-12）：3599-3615.

Duan W S，Tian B，Xu H，2014. Simulations of two types of El Niño events by an optimal forcing vector approach ［J］. Climate Dynamics，43：1677-1692.

Duan W S，Yu Y S，Xu H，et al.，2012. Behaviors of nonlinearities modulating the El Niño events induced by optimal precursory disturbances ［J］. Climate Dynamics，40：1399-1413.

Gao C，Wu X R，Zhang R H，2016. Testing a four-dimensional variational data assimilation method using an improved intermediate coupled model for ENSO analysis and prediction ［J］. Advances in Atmosphere Sciences，33：875-888.

Gao C，Zhang R H，2017. The roles of atmospheric wind and entrained water temperature（T_e）in the second-year cooling of the 2010-12 La Niño event ［J］. Climate Dynamics，48：597-617.

Gao C，Zhang R H，Wu X R，et al.，2018. Idealized experiments for optimizing model parameters using a 4D-Variational method in an intermediate coupled model of ENSO ［J］. Advances in Atmospheric Sciences，35（4）：410-422.

Hu J Y，Duan W S，2016. Relationship between optimal precursory disturbances and optimally growing initial errors associated with ENSO events：Implications to target observations for ENSO prediction ［J］. Journal of Geophysical Research：Oceans，121：2901-2917.

Jiang Z N，Wang D H，2010. A study on precursors to blocking anomalies in climatological flows by using conditional nonlinear optimal perturbations ［J］. Quarterly Journal of the Royal Meteorological Society，136：1170-1180.

Jin E K，Kinter J L，Wang B，et al.，2008. Current status of ENSO prediction skill in coupled ocean-atmosphere models ［J］. Climate Dynamics，31：647-664.

Larson S M，Kirtman B P，2017. Drivers of coupled model ENSO error dynamics and the spring predictability barrier ［J］. Climate Dynamics，48（11）：3631-3644.

Liu Z Y，2002. A simple model study of ENSO suppression by external periodic forcing ［J］. Journal of Climate，15：1088-1098.

Lorenz E N，1975. Climatic predictability in the physical basis of climate and climate modeling ［C］. WMO GARP Publ. Ser No，16：132-136.

Lu J，Hsieh W W，1998. On determining initial conditions and parameters in a simple coupled atmosphere-ocean model by adjoint data assimilation ［J］. Tellus A：Dynamic Meteorology and Oceanography，50：534-544.

Luo J J，Masson S，Behera S K，et al. ，2008. Extended ENSO predictions using a fully coupled ocean-atmosphere model. Journal of Climate，21：84-93.

Macmynowski D G，Tziperman E，2008. Factors affecting ENSO's period ［J］. Journal of Atmosphere Sciences，65：1570-1586.

Moore A M，Kleeman R，1996. The dynamics of error growth and predictability in a coupled model of ENSO ［J］. Quarterly Journal of the Royal Meteorological Society，122：1405-1446.

Morss R E，Battisti D S，2004a. Designing efficient observing networks for ENSO prediction ［J］. Journal of Climate，17：3074-3089.

Morss R E, Battisti D S, 2004b. Evaluating observing requirements for ENSO prediction: Experiments with an intermediate coupled model [J]. Journal of Climate, 17: 3057-3073.

Mu B, Ren J H, Yuan S J, et al., 2019. The optimal precursors for ENSO events depicted using the gradient-definition-based method in an intermediate coupled model [J]. Advances in Atmospheric Sciences, 36 (12): 1381-1392.

Mu M, Duan W S, Wang J C, 2002. The predictability problems in numerical weather and climate prediction [J]. Advances in Atmospheric Sciences, 19: 191-204.

Mu M, Duan W S, Wang B, 2003. Conditional nonlinear optimal perturbation and its applications [J]. Nonlinear Processes in Geophysics, 10 (6): 493-501.

Mu M, Duan W S, Wang B, 2007a. Season-dependent dynamics of nonlinear optimal error growth and El Niño-Southern Oscillation predictability in a theoretical model [J]. Journal of Geophysical Research: Atmospheres, 112: D10113.

Mu M, Xu H, Duan W, 2007b. A kind of initial errors related to—spring predictability barrier for El Niño events in Zebiak-Cane model [J]. Geophysical Research Letters, 34 (3): L03709.

Mu M, Zhou F F, Wang H L, 2009. A Method for Identifying the Sensitive Areas in Targeted Observations for Tropical Cyclone Prediction: Conditional Nonlinear Optimal Perturbation [J]. Monthly Weather Review, 137: 1623-1639.

Mu M, Duan W, Wang Q, et al., 2010. An extension of conditional nonlinear optimal perturbation approach and its applications [J]. Nonlinear Processes in Geophysics, 17 (2): 211-220.

Mu M, Jiang N Z, 2011. Similarities between optimal precursors that trigger the onset of blocking events and optimally growing initial errors in onset prediction [J]. Journal of Atmosphere Sciences, 68: 2860-2877.

Mu M, Yu Y S, Xu H, et al., 2014. Similarities between optimal precursors for ENSO events and optimally growing initial errors in El Niño predictions [J]. Theoretical and Applied Climatology, 115: 461-469.

Mu M, Duan W S, Chen D K, et al., 2015. Target observations for improving initialization of high-impact ocean-atmospheric environmental events forecasting [J]. National Science Review, 2: 226-236.

Palmer T N, Gelaro R, Barkmeijer J, 1998. Singular vectors, metrics, and adaptive observations [J]. Journal of Atmosphere Sciences, 55: 633-653.

Riviere O, Lapeyre G, Talagrand O, 2008. Nonlinear generalization of singular vectors: Behavior in a baroclinic unstable flow [J]. Journal of Atmosphere Sciences, 65: 1896-1911.

Roads J O, 1987. Predictability in the Extended Range [J]. Journal of Atmosphere Sciences, 44: 3495-3527.

Samelson R M, Tziperman E, 2001. Instability of the chaotic ENSO: The growth-phase predictability barrier [J]. Journal of Atmosphere Science, 58: 3613-3625.

Tang Y M, Zhang R H, Liu T, 2018. Progress in ENSO prediction and predictability study [J]. National Science Review, 5 (6): 826-839.

Tao L J, Zhang R H, Gao C, 2017. Initial error-induced optimal perturbations in ENSO predictions, as derived from an intermediate coupled model [J]. Advances in Atmospheric Sciences, 34 (6): 791-803.

Tao L J, Zhang R H, Gao C, 2018. ENSO predictions in an ICM influenced by removing initial condition errors in the sensitive areas: A target observation perspective [J]. Advances in Atmospheric Sciences, 35 (7): 853-867.

Tao L J, Gao C, Zhang R H, 2019. Model parameter-related optimal perturbations and their contributions to El Niño prediction errors [J]. Climate Dynamics, 52 (3): 1425-1441.

Thompson C J, 1998. Initial conditions for optimal growth in a coupled ocean-atmosphere model of ENSO [J].

Journal of Atmosphere Sciences, 55: 537-557.

Tian B, Duan W S, 2016. Comparison of constant and time-variant optimal forcing approaches in El Niño simulations by using the Zebiak-Cane model [J]. Advances in Atmospheric Sciences, 33: 685-694.

Wang Q, Mu M, Dijkstra H A, 2012. Application of the conditional nonlinear optimal perturbation method to the predictability study of the Kuroshio large meander [J]. Advances in Atmospheric Sciences, 29: 118-134.

Wang Q, Mu M, 2015. A new application of conditional nonlinear optimal perturbation approach to boundary condition uncertainty [J]. Journal of Geophysical Research: Oceans, 120: 7979-7996.

Webster P J, Yang S, 1992. Monsoon and ENSO: Selectively interactive systems. Quarterly Journal of the Royal Meteorological Society, 118, 877-926.

Webster P J, 1995. The annual cycle and the predictability of the tropical coupled ocean-atmosphere system [J]. Meteorology and Atmospheric Physics, 56: 33-55.

Wu X R, Han G J, Zhang S Q, et al., 2016. A study of the impact of parameter optimization on ENSO predictability with an intermediate coupled model [J]. Climate Dynamics, 46: 711-727.

Xue Y, Cane M A, Zebiak S E, 1997a. Predictability of a coupled model of ENSO using singular vector analysis. Part I: optimal growth in seasonal background and ENSO cycles [J]. Monthly Weather Review, 125: 2043.

Xue Y, Cane M A, Zebiak S E, 1997b. Predictability of a coupled model of ENSO using singular vector analysis. Part II: Optimal growth and forecast skill [J]. Monthly Weather Review, 125: 2057-2073.

Yu Y S, Duan W S, Xu H, et al, 2009. Dynamics of nonlinear error growth and season-dependent predictability of El Niño events in the Zebiak-Cane model [J]. Quarterly Journal of the Royal Meteorological Society, 135: 2146-2160.

Yu Y S, Mu M, Duan W S, 2012a. Does model parameter error cause a significant "spring predictability barrier" for El Niño events in the Zebiak-Cane model? [J]. Journal of Climate, 25: 1263-1277.

Yu Y S, Mu M, Duan W S, et al., 2012b. Contribution of the location and spatial pattern of initial error to uncertainties in El Niño predictions [J]. Journal of Geophysical Research: Oceans, 117: C06018.

Yu L, Mu M, Yu Y S, 2014. Role of parameter errors in the spring predictability barrier for ENSO events in the Zebiak-Cane model [J]. Advances in Atmospheric Sciences, 31: 647-656.

Zebiak S E, Cane M A, 1987. A model El Niño Southern Oscillation [J]. Monthly Weather Review, 115: 2262-2278.

Zhang J, Duan W S, Zhi X F, 2015. Using CMIP5 model outputs to investigate the initial errors that cause the "spring predictability barrier" for El Niño events [J]. Science China Earth Science, 58: 685-696.

Zhang R H, Gao C, 2016a. The IOCAS intermediate coupled model (IOCAS ICM) and its real-time predictions of the 2015-16 El Niño event [J]. Science Bulletin, 66 (13): 1061-1070.

Zhang R H, Gao C, 2016b. Role of subsurface entrainment temperature (T_e) in the onset of El Niño events, as represented in an intermediate coupled model. Climate Dynamics, 46: 1417-1435.

Zhang R H, Tao L J, Gao C, 2018. An improved simulation of the 2015 El Niño event by optimally correcting the initial conditions and model parameters in an intermediate coupled model [J]. Climate Dynamics, 51 (1-2): 269-282.

Zhang R H, Zheng F, Zhu J, et al., 2013. A successful real-time forecast of the 2010-11 La Niña event [J]. Scientific Reports, 3 (1108).

Zheng F, Zhu J, 2016. Improved ensemble-mean forecasting of ENSO events by a zero-mean stochastic error model of an intermediate coupled model [J]. Climate Dynamics, 47: 3901-3915.

Zhou X B, Tang Y M, Deng Z W, 2008. The impact of atmospheric nonlinearities on the fastest growth of ENSO prediction error [J]. Climate Dynamics, 30: 519-531.

Zhu J, Huang B, Marx L, et al., 2012. Ensemble ENSO hindcasts initialized from multiple ocean analyses [J]. Geophysical Research Letters, 39: 9602-9608.

Zou G A, Wang Q, Mu M, 2016. Identifying sensitive areas of adaptive observations for prediction of the Kuroshio large meander using a shallow-water model [J]. Chinese Journal of Oceanology and Limnology, 34: 1122-1133.

第 7 章　总结与展望

　　ENSO 是气候系统中最强的年际变化信号，对全球的气候、生态和社会都会产生深远的影响。在过去几十年中，关于 ENSO 实时预测的研究引起学术界和社会大众的广泛关注。随着热带海气相互作用理论研究的进展、海气耦合模式的不断成熟和初始化方案的改进等，ENSO 已被证明是从季节到年际时间尺度上最可预测的气候变化信号。由于 ENSO 本身及其显著影响在季节至年际时间尺度上是可预测的，其对全球气候异常也具有一定的可预报性，这为短期气候预测提供了物理基础。及时有效的 ENSO 实时预测可以为决策者提供从季节到年际时间尺度上的气候变化信息，以便提前预告气候异常及其影响，从而减小这种自然现象对环境、社会和经济等的影响，更合理地利用和管理自然资源。

　　自 20 世纪 80 年代以来，ENSO 一直是海洋和大气科学研究的焦点之一。通过一系列国际合作计划和倡议，使得对 ENSO 的认知和预测在过去 40 年中取得了重大进展，已可利用海气耦合模式进行从季节到年际时间尺度上的气候异常实时预测。目前，已经有超过 20 个模式用于对 ENSO 现象提前半年至一年的实时预测试验（见 https://iri. columbia. edu/our-expertise/climate/forecasts/enso/current/），海气耦合模式所提前预测的热带太平洋海表温度异常结果可进一步用于全球范围内气候异常预测等的相关研究。

　　这些关于 ENSO 实时预测及相应的气候预测等方面的进展应该归因于以下几个方面的综合贡献。

　　第一，对 ENSO 动力过程认知的提高和系统性理论体系的建立和不断完善。ENSO 本身具有明确的物理过程和动力机理，是地球系统中最可以预测的年际变化信号。自从 Bjerknes（1969，见第 1 章参考文献）所做的开创性工作以来，在半个多世纪的研究中，科学家们已发展了有关 ENSO 的系统性动力学理论，包括赤道海洋波动力学理论、西太平洋风场强迫作用对赤道东太平洋海表温度的远程影响机理、热带海气相互作用不稳定性理论和 ENSO 循环理论等。具体地，发现风应力强迫所产生的温跃层变化（如海面高度异常）信号可以海洋赤道 Kelvin 波和 Rossby 波等的形式在整个热带太平洋上维持和传播，会在一些关键海区（如赤道中东太平洋）引发海表温度异常，进一步激发热带海洋大气相互作用，使海表温度异常充分发展和加强；其所对应的热带太平洋上层海洋温度年际异常信号可在季节到年际尺度上持续存在，使得由风应力强迫产生的海洋温度异常信号可保留于次表层海洋中，为热带太平洋气候系统提供低频记忆能力，这种热带太平洋上层海洋所具有的季节至年际尺度的低频记忆功能为气候系统的年际预测提供了物理基础。然而，ENSO 也表现出显著的多样性，一个典型的案例是发生于 2014-2016 年的 2015 年超强厄尔尼诺事件，它对经典 ENSO 理论和基于海洋大气耦合模式预测都带来了严峻的挑战。例如，2014 年并没有像大多数模式所预测的那样发生厄尔尼诺事件；同时，2015 年厄尔尼诺事件与 1997-1998 年和 1982-1983 年的超强厄尔尼诺事件在形成过程和增暖结构上有显著的不同，这些挑战激发了全球新一轮的 ENSO 研究热潮。近十几年来，人们的研究重点已跳出了 ENSO 经典理论框架，逐步聚焦于 ENSO 多样性和复杂性等方面的研究，包括两类厄尔尼诺增暖现象、ENSO 年代际变化、多圈层/多时间尺度和跨区域海气过程对 ENSO 的调制影响等，这些研究使得 ENSO 动力学理论进一步完善和成熟。

第二，过去几十年中已发展了各种复杂程度不同的海气耦合模式以用于 ENSO 研究。例如，通过改进物理过程参数化方案、提高空间分辨率以及加强对 ENSO 现象背后所隐含的热带海洋和大气过程及其相互作用的表征，极大地改善了模式对 ENSO 的表征、模拟和预测能力。目前，用于 ENSO 实时预测的模式主要包括两大类：一是统计模式（其主要用到的统计方法有典型相关分析、主振荡模态分析、经验正交函数分解、主回归分析、马尔科夫链以及神经网络等）；二是动力模式，包括 ICMs、HCMs 和 CGCMs 等，如第一个成功预测 1986-1987 年厄尔尼诺事件的 Zebiak-Cane（ZC）模式。但当前这些模式仍不能合理地对 ENSO 演变的全过程进行准确、有效的模拟，实时预测还存在很大的模式误差和不确定性。值得一提的是，ENSO 还表现出年代际和更长时间尺度的变化，其预测技巧也表现出相应的年代际变化等，这可能反映了年代际和全球变暖与 ENSO 间的相互作用，导致气候态及变量之间关系等的年代际改变，这进一步对 ENSO 可预报性产生影响，但全球增暖是怎样调制 ENSO 及其可预报性的等问题都还不清楚，需从理论上有所探索和认知。

第三，ENSO 实时监测系统的建立和观测资料同化技术的发展，为 ENSO 预测提供所必需的数据产品。从数学上讲，ENSO 预测问题是在海气耦合方程约束下确定未来海气状态的一个初值问题，因而 ENSO 预测技巧取决于预测模式本身、预测时刻所使用的观测资料的精度和初始化方法等。从物理上讲，海洋–大气状态受外界强迫场的驱动作用；同时，其时空演变受地球流体动力学方程的控制。例如，海洋异常主要反映了海洋对以前风应力强迫的响应信号，其中热带太平洋上层海洋热力异常在月际到年际时间尺度上可持续存在，并可在整个热带太平洋上系统性传播，从而在一些关键海区引发海表温度变化和海气相互作用。由此，海洋大气数据对于 ENSO 过程表征和实时预测至关重要，正是海洋动力和热力异常所具有的低频记忆能力为 ENSO 预测提供了物理基础。目前，通过一系列气象海洋卫星的发射和 TOGA（热带海洋和全球大气计划）、GOOS（全球海洋观测系统）、Argo（全球实时海洋观测计划）等国际观测计划的实施，观测系统建设得到了极大的发展，为 ENSO 预测提供了包括初始场在内的数据支撑。例如，为了给模式提供初始条件，观测数据应与模式有机结合起来而进行模式初始化，特别是观测到的海洋次表层状态为模式提供初始场对于 ENSO 的预测是至关重要的，这里需要利用资料同化方法把观测到的海洋状态信息（特别是海洋次表层热力异常）融合在模式初始场中。近几十年来，作为观测资料和模式相结合的资料同化技术得到了快速发展，从 20 世纪 70～80 年代所采用的简单最优插值方法，到 20 世纪 80～90 年代的三维变分和四维变分资料同化方法，再到集合卡曼滤波方法以及 20 世纪 90 年代的其他集合同化方法（如粒子滤波）等，可使模式预测的初始场尽可能准确和模式与资料间的协调相容。这样，观测数据及其同化和初始化方法成为 ENSO 预测系统的重要组成部分，在 ENSO 相关的年际变率和可预报性研究中起着重要的作用。

第四，ENSO 可预报性理论研究，包括预报误差增长动力学和内在可预报性上限估计等。地球气候系统中一种自然现象（如 ENSO）的可预报性问题可以分为两个方面：实际的预报能力和理论上的可预报性上限。前者与模式的实际预报技巧有关，可通过最大努力来改善模式、改进预测初始化方案和构建集合预报等，以尽可能达到最佳的预报技巧。而后者用于评估预报技巧的理论上限，则被称为内在可预报性或者潜在可预报性，通过对模式初始场和模式参数敏感性的认知来最大限度地改进预测能力。内在可预报性是一个物理系统的固有特征，不代表我们在实际中进行有效预报的能力。关于 ENSO 内在可预报性研究可以回答许多富有挑战性的问题，诸如 ENSO 预测技巧是否可以通过预测系统本身的改进而得到进一步提高；如果可以的话，有多大的改进空间等一系列理论问题。相关可预报性理论已经被有效地应用于 ENSO 实际预测中，如可预报性研究极大地促进了集合预测系统的发展；近年来，基于集合预测的 ENSO 概率预测方法引起了广泛的关注，并由一些科研和业务中心定期发布相关的预测产品等。

　　本书介绍了我们自主研发的一个中等复杂程度的海气耦合模式，其特点之一是开发了次表层海水上卷温度反算优化这一创新技术，可有效地改进热带太平洋海表温度异常的模拟和预测，所发展和进一步改进的 IOCAS ICM 为研究热带太平洋海气相互作用提供了一个数值模拟工具，已广泛应用于 ENSO 相关的研究。特别是，自 2015 年以来，每月定期进行 ENSO 实时预测试验，其结果以中国科学院海洋研究所冠名并收录于美国哥伦比亚大学国际气候研究所网站，以做进一步的集成分析和应用。

　　一些比较分析表明，IOCAS ICM 模拟和实时预测性能良好，如海洋模式在重构的风应力场驱动下，可再现热带太平洋主要海洋变量场年际异常的空间分布及时间演变特征。进一步，基于 IOCAS ICM 相关工作深化了对 ENSO 过程的认知，为模式进一步改进和应用提供了充分的科学依据。如揭示了次表层海水上卷到混合层的海水温度场在 ENSO 循环中的重要作用，提出了 ENSO 事件起源的一个新机制；阐明了大气风场强迫和次表层热力强迫这两者在 2010-2012 年拉尼娜事件二次变冷过程中起到同等重要的作用；揭示出 2015 年厄尔尼诺事件二次变暖过程的物理机制；阐明了大气风场随机强迫对 ENSO 的调制作用；揭示了次表层海水上卷到混合层的温度场的年代际变化对 ENSO 的影响。从实时预测结果来看，IOCAS ICM 具有很高的预测技巧，如该 ICM 成功地预测了 2010-2011 年拉尼娜事件的二次变冷现象和 2015-2016 年厄尔尼诺事件中的二次变暖现象等；总体而言，在与其他用于 ENSO 实时预测模式的比较中可以发现，IOCAS ICM 对热带太平洋 Niño3.4 区海表温度的实时预测结果趋近于大部分模式预测的平均值。

　　此外，我们也已从技术层面上寻求进一步改进 IOCAS ICM 对 ENSO 模拟和实时预测的方法和途径。如目前已将四维变分资料同化方法引入到 IOCAS ICM 中，成功建立了基于 IOCAS ICM 的四维变分资料同化预测系统，证实了通过优化模式初始场和模式参数可有效地改善 ENSO 模拟和预测效果。此外，还已将条件非线性最优扰动（CNOP）方法应用到 IOCAS ICM 中，初步开展了对 ENSO 的可预报性研究，如确定厄尔尼诺事件发生、发展的最优扰动区域和初始误差最快增长区域；识别出预测对初始场的敏感区域（即所谓的目标观测研究），为实时观测系统的构建提供了理论指导；考察了初始场误差和模式参数误差以及二者的联合作用对厄尔尼诺预测的影响，并证实了通过误差修正方法可有效地改进 IOCAS ICM 对 2015 年厄尔尼诺事件的模拟等。这里给出了一些基于 IOCAS ICM 的应用例子，总结了已有与 ENSO 相关的研究工作，为以后深入开展相关工作奠定了基础。

目前对 IOCAS ICM 进一步的改进及其应用仍在进行之中。如考虑到 ENSO 过程不仅仅局限于热带太平洋海区，还可受其他海区过程的调制影响，正在进一步扩展模式区域至整个热带海区，构建一个包括印度洋和大西洋在内的全球热带海洋与大气耦合模式，以综合考虑印度洋和大西洋海气过程对发生在热带太平洋中的 ENSO 现象的影响；将随机风场（如西风爆发事件）强迫作用引入到 IOCAS ICM 中，以考虑大气随机过程对 ENSO 的影响；用大气环流模式替换 IOCAS ICM 中的热带太平洋区域的统计大气模块，构建一个由 IOCAS ICM 中的海洋模式部分与全球大气环流模式耦合的一类新的混合型耦合模式（HCM）；进一步将四维变分资料同化方法及条件非线性最优扰动方法等整合到 IOCAS ICM 中，进行实时观测资料的同化和优化试验，开展 ENSO 可预报性和相应目标观测等研究，以期进一步改进和提高模式对 ENSO 及相关短期气候异常的实时预测水平。另外，IOCAS ICM 仍需考虑海气界面淡水通量强迫作用和盐度效应等一些尚未在模式中加以表征的过程及其对 ENSO 的调制和模拟的影响，期待所有这些对模式的改进和发展可转化为对 ENSO 实时预测水平能力的提升上。

然而，几十年来的预测实践充分表明，包括 IOCAS ICM 在内的当前各类海气耦合模式对 ENSO 数值模拟和预测的误差仍然很大，特别是模式实时预测存在很大的不确定性和模式间的差异性。当前，ENSO 实时预测精度和时效等仍不能满足防灾减灾的需求，如何有效地提高 ENSO 实时预测能力仍是当今国际性科学难题。特别是 2015 年所发生的超强厄尔尼诺事件，对目前的 ENSO 理论和认知及模式实时预测等提出了新的挑战，这一次事件又深刻地表明仍需进一步加强 ENSO 研究的紧迫性和必要性，同时也掀起了开展对 ENSO 形成机制和海气相互作用动力学等研究的新高潮。确实，ENSO 实时预测面临一个如何有效提高其精度和时效的瓶颈问题，是目前亟须解决的前沿科学问题。

综上所述，ENSO 本身极其复杂，表现出很大的可变性和多样性。影响 ENSO 模拟和实时预测精度问题的因素很多，涉及多尺度和多圈层相互作用与反馈等。众所周知，ENSO 起源于热带太平洋，除了海表温度—海表风场—温跃层相互作用这一主导过程之外，热带太平洋中还存在其他多尺度和多圈层过程，如海气界面间的淡水通量（freshwater flux，FWF）、海洋生物引发的加热效应（ocean biology-induced heating，OBH）、热带不稳定波（tropical instability waves，TIWs）、西太平洋西风爆发（westerly wind bursts，WWBs）、热带气旋（tropical cyclones，TCs）等强迫和反馈过程。这些过程一方面受 ENSO 的直接影响，另一方面它们所产生的变化又反过来影响 ENSO 的特性（即产生反馈）；而且，这些多尺度和多圈层过程相互作用共同对 ENSO 产生非线性调制影响，进一步导致 ENSO 的不规则性、多样性、可变性和复杂性。

除这些具体过程以外，不同时间尺度过程间相互作用也可对 ENSO 有调制影响［如年循环、季节内振荡（如 Madden-Julian oscillation，MJO）、准两年振荡、年际和年代际及更长时间尺度的气候内部变率、全球变化等］，使 ENSO 时空演变更具复杂性和多样性。特别，在全球变暖背景下，大尺度海洋–大气平均态可发生改变，如从 20 世纪 80 年代至 21 世纪初前后，热带太平洋的气候态出现了显著的年代际变化；从 21 世纪初以来至 2015 年前后，热带太平洋信风持续加强，西太平洋海区上层海水温度升高，而赤道东太平洋冷水上翻加强和热带东太平洋海表温度下降等。这些平均态年代际变化可调制 ENSO 的特性，如 21 世纪初前后，ENSO 特性有很大的不同（如厄尔尼诺和拉尼娜事件发生频率和强度及海表温度最大变率中心等）：21 世纪初至 2014 年，热带太平洋拉尼娜现象可持续多年，而强的厄尔尼诺现象较难发生，海表温度最大变率中心主要位于赤道中太平洋海区（即出现不同类型的厄尔尼诺事件：如一些事件起源于赤道东太平洋，而另一些事件则起源于中西太平洋等），从而会进一步改变 ENSO 循环中两个位相的不对称性和所引起的蒸馏效应（rectification effects）。进一步，年际尺度的 ENSO 现象可对全球变暖产生调制作用，如已有一些研究表明太平洋海气耦合系统可对全球变暖产生调制影响；如年际尺度上 ENSO 两个位相的不对称性发展及其累积效应可导致赤道中东太平洋海表温度的年代际变化，特别是 21 世纪初至 2015 年前后，太平洋次表层海温所表现出的年代际变低趋势，会对全球平均温度的上升趋势减缓起重要作用。虽然基于有限观测资料已揭示出一些 ENSO 与不同时间尺度过程间的相互作用及与 ENSO 可变性间的关系，但不同时间尺度过程（如年循环、准两年振荡、更低频变化和全球变暖等）间的相互作用及其对 ENSO 调制影响等的认识还很有限，对 ENSO 与全球变暖间的关系（如反馈作用和调制影响等）认识严重不足，仍然存在众多未解的科学问题。另外值得一提的是，海气耦合模式对 ENSO 预测能力有明显的年代际变化，这显然与太平洋大气和海洋平均态的改变有关，但不同平均态是如何影响 ENSO 特性及其可预报性等问题均不清楚，应开展相应的包括基于条件非线性最优扰动方法等的可预报性理论分析研究。再有，不同海区之间的相互影响也可对 ENSO 产生调制，即不同海盆中的异常信号可远距离传播并引发局地海气相互作用和反馈（如印度洋和大西洋所发生的海气异常会对热带太平洋的海表温度年际异常现象产生影响，进而对 ENSO 相关的年际异常的预测产生影响等），因此需全面考虑不同区域过程及其相互作用对 ENSO 的调制作用。

在 ENSO 预测方法和技术层面上，要借鉴数值天气预报的成功经验和方法，探索出适合于年际尺度的 ENSO 现象预测及其所引发的年际气候异常预测的理论和方法。如考虑到 ENSO 预测对初始条件的敏感性和模式间的差异性，对 ENSO 预测应采用单模式集合平均方法或多模式集成方法等；因 ENSO 的年际预测不是一个单一的初值问题而是受海气相互作用的确定性的影响，特别是海洋次表层过程所具有的低频"记忆"能力，应采用海气耦合资料同化方法和包括海洋次表层在内的多源资料同化，以考虑次表层热力场时空演变对 ENSO 预测的重要影响；因海洋的重要性和观测的困难性，应开展目标观测分析研究，为观测系统的构建和有效改进 ENSO 预测等提供理论指导，把对这些技术的开发和应用成果都用来有效提高对 ENSO 的实时预测水平上。

总之，热带太平洋是影响我国天气和气候的关键海区，其内发生的厄尔尼诺和南方涛动现象是影响我国天气和气候预测的重要因子，准确、及时、有效地预测 ENSO 事件的发生和演变具有重大的科学和实用意义。因 ENSO 涉及多源强迫和反馈过程及其相互制约、不同时间尺度过程间的相互作用、跨区域海气过程和大气随机过程等的共同影响，深入研究 ENSO 的多尺度和多圈层过程及其对 ENSO 的调制机制，以有效提高模式对 ENSO 模拟和实时预测的水平，不仅是当今短期和中期气候变化研究中的主要内容，而且有助于提早应对 ENSO 所带来的气候异常以及提高防灾减灾能力，这些都将极大地增强我国对热带太平洋海域海洋环境的监测和预测能力，为保障国家环境安全、经济和社会长期稳定发展服务。